カラー版 徹底図解

地球のしくみ

Alfred Lothar Wegener

The visual encyclopedia of the Earth

新星出版社

徹底図解 地球のしくみ

目次
はじめに

地球 Image Gallery ……7

第1章　プレートとプルームのテクトニクス　19
地球の内部構造……20
移動する大陸……22
地球を覆うプレート……24
地殻とプレート……26
プレート境界① 海嶺のしくみ……28
プレート境界② 海溝・沈み込み帯のしくみ……30
プレート境界③ 衝突帯のしくみ……32
プレート境界④ トランスフォーム断層のしくみ……34
大地溝帯……36
ハワイと天皇海山列……38
ウィルソンサイクル……40
プルームテクトニクスの誕生……42
ホットプルームとコールドプルーム……44
プルームによる超大陸分裂説……46
プルームと超巨大噴火……48
付加体による陸地の成長……50
　Column　地球最古の岩石はどこに？……52

第2章　地球の歴史　53
地球史の年代……54
46億年前（冥王代の始まり）地球と太陽系の誕生……56

40億年前（冥王代から始生代へ）海洋生成と生物誕生……58
大気の生成と進化……60
27億年前（始生代の後期）地球磁場の誕生……62
原生代の生物進化……64
19億年前（原生代の前期）超大陸の誕生……66
7.5億年前（原生代の後期）海水のマントル注入説……68
6億年前 スノーボールアース仮説……70
5.5億年前（原生代から古生代へ）カンブリア爆発──V-C境界……72
4.3億年前（古生代前期）オゾン層と古生代生物の陸上進出……74
2.5億年前（古生代から中生代へ）生物大量絶滅──P-T境界……76
中生代の地球環境……78
中生代 恐竜繁栄の時代……80
6500万年前（中生代から新生代へ）恐竜の大絶滅──K-T境界……82
新生代の生物と人類誕生……84
日本列島の歴史①……86
日本列島の歴史②……88
地下資源の成因……90
Column 未来の超大陸……92

第3章　マグマと火山　93

マグマとは何か……94
マグマができる条件……96
多様なマグマの生成……98
主な造岩鉱物……100
主な火成岩……102
海嶺・ホットスポットのマグマ……104
沈み込み帯のマグマ……106
火山噴出物……108
噴火の種類……110
火山の種類と地形①……112
火山の種類と地形②……114
Column 日本の火山災害……116

第4章　断層と地震　117

日本列島と地震……118
地震計の記録……120
震源の物理……122
地震動と震度……124
地震と震災……126
プレート境界で発生する地震……128
活断層と地震……130
地震と地殻変動……132
津波……134
日本の地震①……136
日本の地震②……138
世界の地震……140
　Column　日本の地震災害……142

第5章　岩石と地球の調べ方　143

岩石の風化・侵食……144
堆積岩のでき方……146
変成岩のでき方……148
地層から時代を知る……150
化石から時代を知る……152
石灰岩・チャートと付加体……154
身近な地形を考える①……156
身近な地形を考える②……158
放射年代測定のしくみ……160
放射年代測定の実際……162
同位体から知る地球環境……164
地球を掘って調べる……166
超高圧実験からわかること……168
　Column　浮かぶ大陸……170

第6章　地球表面から宇宙まで　171

海洋のしくみ①……172
海洋のしくみ②……174
潮汐のしくみ……176
大気のしくみ……178
大気の温室効果と熱収支……180
地球の磁気圏……182
地球の形・大きさ・重力……184
地球システムとCO_2……186
流星と隕石……188
地球という水惑星……190
システムとしての地球……192
Column　深層流のはたらき……194

第7章　地球の楽しみ方　195

景勝地や博物館を楽しむ……196

巻末資料……207

さくいん……211

はじめに

　地球科学の進展はめざましいものがあります。数年～数十年前に教科書で知った地球に関する知識には、今ではほとんど常識となった「プレートテクトニクス」という考え方は含まれていたかもしれません。しかし、「プルームテクトニクス」とよばれる理論については、教科書で目にしていない人がまだほとんどでしょう。

　日本で1990年代に始まった「全地球史解読計画」は、「地震波トモグラフィー」といった新しい技術、地球以外の天体に関する研究の世界的な進展などに加え、日本列島の地質に関する日本独自の研究手法の蓄積を世界の地質に活用して、「全地球史」を解明する壮大なテーマをもっていました。プルームテクトニクスとは、この研究の中から生まれた理論で、21世紀の今もまだまだ発展が期待されています。

　第1章では、プレートテクトニクスとプルームテクトニクスの概要がわかるようにし、第2章では、第1章の知識を生かして地球史を通して見ることができるようにしました。また、3章では、地球の活動の理解に不可欠なマグマについて解説。4章では地震、5章では地球の調べ方、6章では海洋や大気をふくめた地球の姿を扱います。7章は、景勝地を地球科学の知識をもって楽しむことの勧めです。

　本書ではこのように、さまざまな分野を幅広くカバーしています。「地球科学」の手軽な入門書として活用していただければ幸いです。

地球 Image Gallery

地球 Image Gallery

チョモランマ（エベレスト山）（中国・ネパール、8848m）
頂上下のイエローバンド（黄色～赤色の横縞）は、大陸衝突によってヒマラヤ山脈ができたことを物語っている。古代にインド大陸とユーラシア大陸が衝突し、両大陸の間の「テチス海」海底の地層が持ち上げられた。（衝突帯→p.32）

スマトラ沖地震の大津波（2004年）　スマトラ沖地震は、オーストラリア・インドプレートがユーラシアプレートに沈み込むジャワ海溝で起こった。（津波→p.134、世界の地震→p.140）

地球 Image Gallery

ピナツボ火山（フィリピン、1600m）1991年6月12日の大噴火。プリニー式噴火（噴火の種類→p.110）により、噴煙は20km以上上空の成層圏にまで達した。この火山活動はフィリピン海プレートがユーラシアプレートの下に沈み込むことで起こっている。（沈み込み帯のマグマ→p.106）

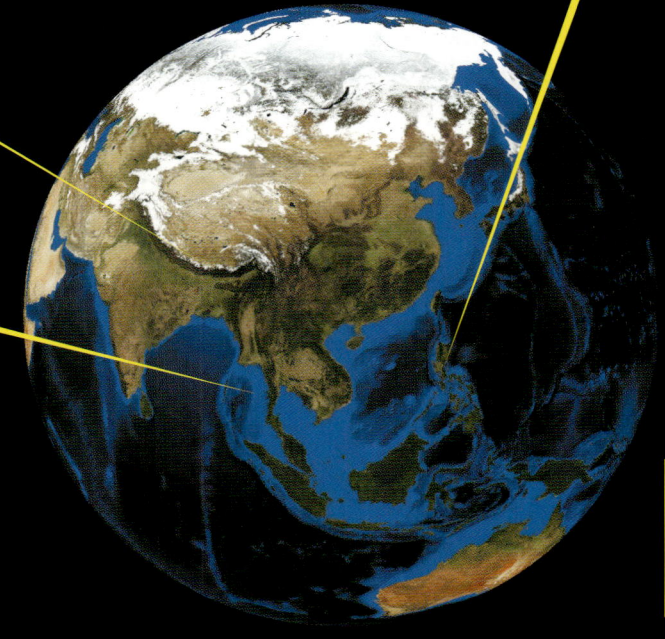

東アジアは地球最大のプレート沈み込み帯（海溝・沈み込み帯のしくみ→p.30）

NASA World Wind

9

地球 Image Gallery

富士山（日本、標高3776m、成層火山）日本最高峰の山。日本付近は、プレートの沈み込み帯にあたる。海溝から沈み込んだ海洋プレートによってマントルに「水」が注入され、マグマが発生することでできた火山のひとつ。

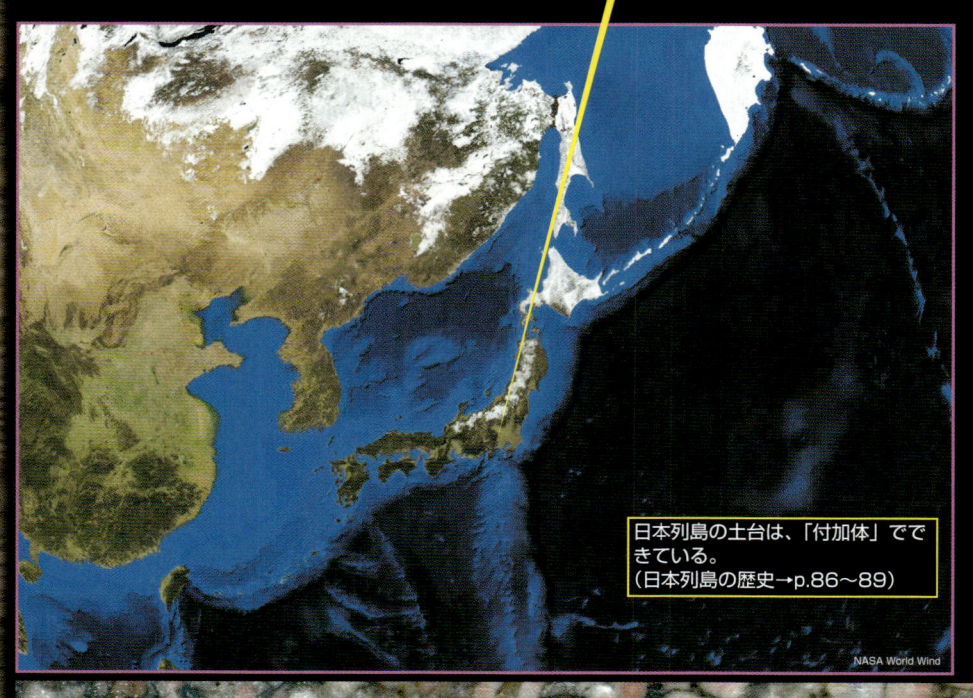

日本列島の土台は、「付加体」でできている。
（日本列島の歴史→p.86〜89）

NASA World Wind

地球 Image Gallery

キリマンジャロ（タンザニア北東部、標高5895m、成層火山）アフリカ最高峰の山。赤道から北に320kmのところにあるが、標高が高いため冠雪している。アフリカプレートがマントルのホットプルームの活動で分裂し始めてできたアフリカ大地溝帯（→p.36）の東部の形成と関連したいくつかの火山のひとつ。

ナイル川のデルタ（エジプト）
地中海
サハラ砂漠

河川は、陸の岩石からカルシウムなどの成分を海洋へと流し出している。（地球システムとCO_2→p.186）

アフリカスーパーホットプルーム（→p.44）

NASA World Wind

地球 Image Gallery

アンデス山脈のフィッツ・ロイ山（アルゼンチン・チリ、3375m）
アンデス山脈は、ナスカプレートが南アメリカプレートの下へ沈み込むことによって形成された。フィッツロイ山は、高い山が氷河によって削られた根もとの部分である。

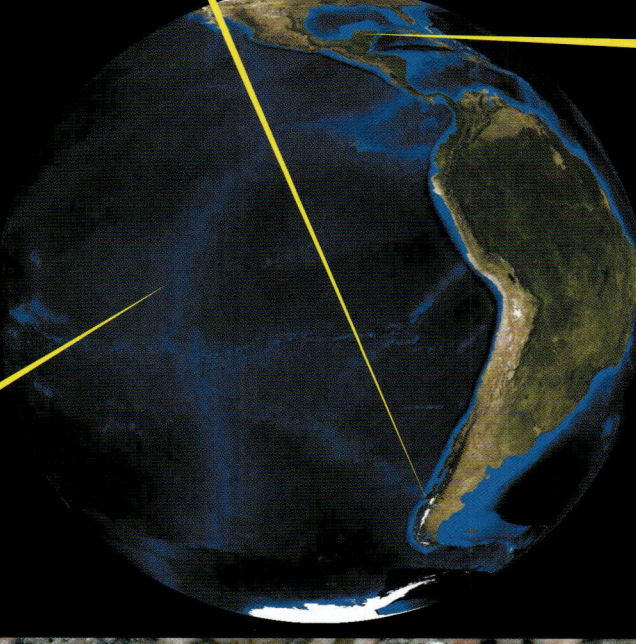

中央アメリカのユカタン半島には、恐竜絶滅をまねいた巨大隕石の衝突跡がある。（恐竜の大絶滅→p.82）

東太平洋海嶺は、西に向かって太平洋プレートを生み出し、東に向かってナスカプレートを生み出している。（海嶺のしくみ→p.28）

NASA World Wind

地球 Image Gallery

アイスランドの火山噴火　アイスランドでは、ふつう海底にしかない「海嶺（海嶺のしくみ→p.28）」の火山活動が地上に現れている。数十kmに渡る割れ目「ギャオ」から溶岩が噴き出す。

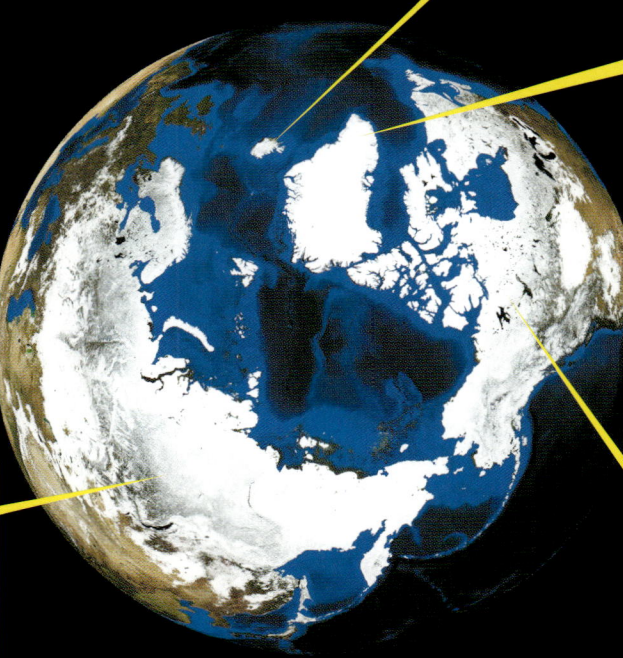

画像は2月の地球。地表面に氷床ができると太陽光を宇宙へ跳ね返し、気温低下を加速する。この作用で、6億年前には全地球表面が凍結したと言われる。（スノーボールアース仮説→p.70）

世界最古の生命の証拠は、38億年前のグリーンランドの堆積岩。（イスア堆積岩→p.52）

シベリアトラップは、日本より広い面積が厚さ数kmの玄武岩溶岩で覆いつくされている。（プルームと超巨大噴火→p.48）

現在知られる最古の岩石は、40億年前のカナダの変成岩。（アカスタ片麻岩→p.52）

NASA World Wind

地球 Image Gallery

ストロマトライト
約27億年前に出現した光合成生物がつくる「ストロマトライト」は、現在でもオーストラリアのハメリン・プールの海岸で見ることができる。

グレートバリアリーフ（オーストラリア東部）
世界最大の珊瑚礁。オーストラリアのクイーンズランドの海岸線沿いに2570kmのびる。

地球 Image Gallery

エアーズロック（オーストラリア）
周囲よりも硬い砂岩（堆積岩→p.146）が侵食によって取り残されてできた。

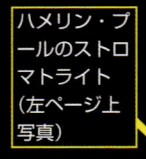

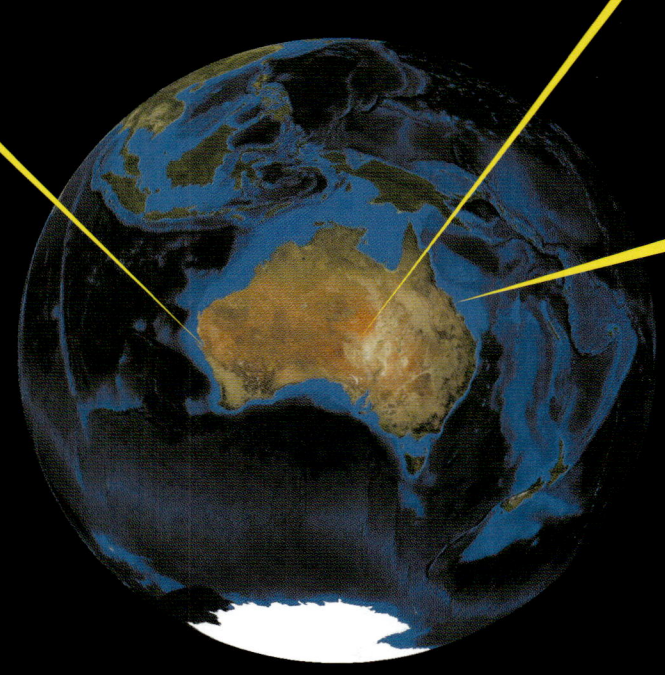

ハメリン・プールのストロマトライト（左ページ上写真）

グレートバリアリーフの珊瑚礁（左ページ下写真）

NASA World Wind

世界の海底地形

地球 Image Gallery

地球 Image Gallery

18

第1章
プレートとプルームのテクトニクス

地球の内部構造

> **Key word** 地殻・マントル・核　地球内部を地殻・マントル・核に分けられるのは、地震波の伝わり方の「不連続面」があるからである。

地球の内部を調べるには

「見えないものを見る」——それが自然科学であり、見えないものを見たいという人間の好奇心が自然科学を発展させてきた。地球の内部も然りである。掘って調べるのは容易でない。では、どのようにして掘らずに内部を「見る」か。

スイカが熟れたかどうかたたいて調べるのと同様に、地球の内部もたたいて調べられないか——つまり、自然に発生する地震を利用して調べるのである。

地震波には、最初に到着する**P波**と、後から到着する**S波**とがある（→p.120）。P波は液体中も固体中も通るが、S波は固体中しか通らない。このような地震波の性質を使って、地球の内部の様子を読み解いてみよう。

地殻とマントル

地震波が発生してから観測点に到達するまでの時間を**走時**といい、横軸に**震央**（震源の真上の地表の点）からの距離、縦軸に走時をとったグラフを**走時曲線**とよぶ。比較的近くで起こった地震の走時曲線を調べると、震央からの距離が200kmあたりで折れ曲がる。これは、地下深くに地震波（P波）が速く伝わる層があり、ある距離より遠くではその層を通ってきた地震波の方が先に到着するためだ。高速道路を使うと少々遠回りでも早く着くのと同じ原理だと考えるとよい。

地震波は、地下のある深さのところで急に速くなる。つまり、不連続な変化が見られる。この不連続面を、発見者（モホロビチッチ1857～1936、旧ユーゴスラビアの地震学者）の名をとって**モホロビチッチ不連続面**（略して**モホ面**）という。モホ面より上を**地殻**、下を**マントル**とよぶ。モホ面の深さは海洋地域で約5～10km、大陸地域で30～50kmと、大陸地域の方が深い。

1-1 近距離地震の届き方

モホ面より下（マントル）を通ってくる地震波（P波）は、地殻を通ってくる地震波を追い越して到着する。

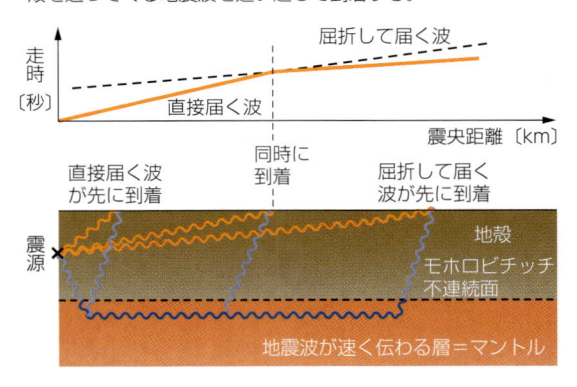

豆知識 マントルは、岩石の結晶構造が圧力によって変化する深度670kmを境界にして、上部マントルと下部マントルとに分けられる。

マントルと核

次は、比較的遠くで起こった地震の走時曲線を見てみよう。震央距離を地球の中心における角度で表すと、103°～143°の地域には、P波が届かないことから、この地域をP波の影（**シャドーゾーン**）とよぶ。また、103°より遠くには、S波は届かない。このことから、地下約2900kmの深さのところにも不連続面があり、その下はS波が伝わらないことから液体であるということがわかる。この不連続面を**グーテンベルク不連続面**といい、この面より上をマントル、下を**核**という。

1-2 遠距離地震の届き方

震央から103～143°の地帯へは、地震波のP波が届かずシャドーゾーンができる。

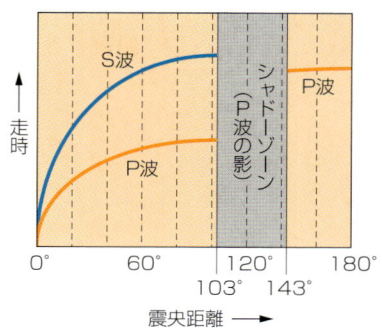

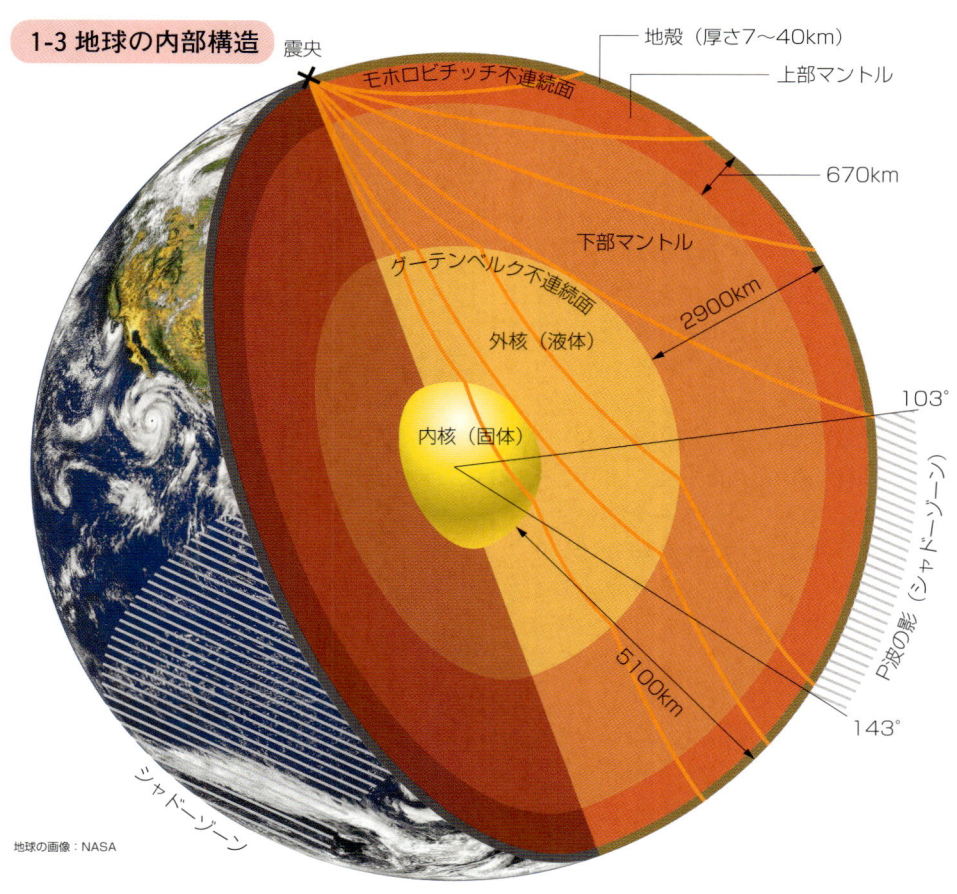

1-3 地球の内部構造

地球の画像：NASA

豆知識 核は、さらに約5100kmより上の外核（液体の鉄）と、下の内核（固体の鉄）とに分けられる。

移動する大陸

Key word ウェゲナー　ドイツの地球物理学者。大西洋をはさむ南米大陸とアフリカ大陸の海岸線の形などから、大陸移動説を発表した。

ウェゲナーの大陸移動説

　現在の地球表面には、6つの大陸がある。硬い岩石でできた大地（大陸）は不動のものであるというのが、今も昔も共通の日常的な感覚であろう。

　しかし、1910年代にドイツの地球物理学者**ウェゲナー**は、大西洋をはさむアフリカ大陸と南米大陸の海岸線の形の類似性から、「かつてこの2つの大陸はひとつではなかったか」という着想を得て、その証明をしようと考えた。

　そしてウェゲナーは、両大陸にまたがって、メソサウルスとよばれる爬虫類の化石やグロッソプテリス植物群とよばれる化石が分布し、また、地質構造の連続性もあることを発見した。また、古生代後期の大陸氷河が、南米南部・アフリカ南部・オーストラリア・インドにまで広がっていたことを、氷河の流れたときにできる削り跡を調べて発見した。これらの発見は、かつてこれらの大陸がひとつにまとまっていたことを示唆していた。

　ウェゲナーは、現在の大陸はかつてすべてひとつにまとまっていたと結論づけ、1912年に「大陸と海洋の起源」という論文を発表した。

　しかし、大陸が動くという途方もない学説は当時受け入れられなかった。なぜなら、大陸を動かす原動力を説明することができなかったからである。このため、大陸移動説は歴史の表舞台からしばらく消えることとなった。

1-4 ウェゲナーの大陸移動説

古生代の終わりから中生代の始めにかけて、大陸は地球上の1カ所に集まって超大陸をつくっていた。

古生代石炭紀（約3億年前）

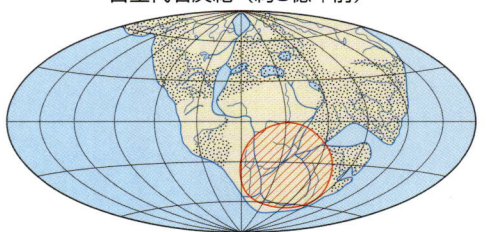

新生代第三紀（約5500万年前）

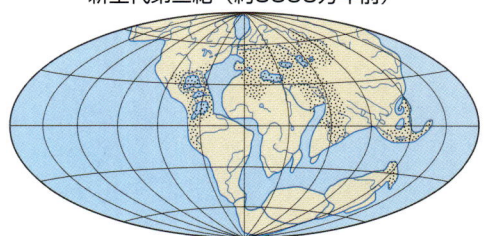

新生代第四紀（約150万年前）

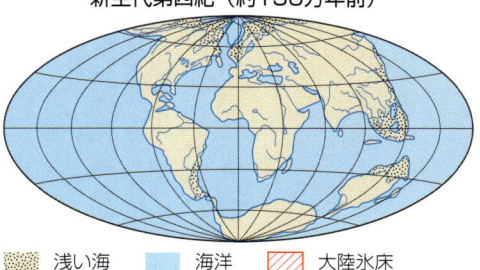

浅い海　　海洋　　大陸氷床

参考資料：〔Wegener,1929〕『地球の内部で何が起こっているか』

豆知識 ウェゲナー（1880〜1930）は、1930年グリーンランド探検の帰還の途中で消息を絶った。

超大陸パンゲア

大陸が地球の1ヵ所に集まっているとき、この大陸は**超大陸**とよばれる。ウェゲナーが大陸移動説の中で考えた超大陸は、南アメリカ・アフリカ・インド・オーストラリア・南極の各大陸がひとつとなって「ゴンドワナ」とよばれる大陸を形成し、ヨーロッパ・北アメリカ・アジアの各大陸がひとつとなって「ローラシア」とよばれる大陸をつくっているというものだった。さらに、この2つの大陸は陸続きとなり、超大陸**パンゲア**を形成していた。「パンゲア」とはギリシア語で「すべての大陸」という意味があり、ウェゲナーが命名したものである。

大陸移動説の復活──海洋底拡大説

1950年代になり、大陸移動説は復活をとげた。マグマが冷却して岩石ができるとき、当時の地球磁場の方向が岩石に**残留磁気**として残る。大昔にできた火成岩の残留磁気を調べると、その当時の地球磁場を再現することができるのだ。北米大陸とヨーロッパ大陸の残留磁気を時代ごとに調べると、磁北が一致しないという結果が出た。磁北を一致させるためには、2つの大陸を移動させる必要があった。

また、東西冷戦時代にアメリカが行った海底地形調査では、海洋底の巨大山脈（海嶺）の存在が明らかになった。

さらに、この大山脈を中心にした左右の海洋底に残された古地磁気を調べると、左右対称の縞模様になった（縞は地球磁場が逆転したことを示す）。このことから大西洋の海洋底は中央海嶺を中心に2つに分かれて拡大を続けていると考えざるを得なくなったのだ。

ウェゲナーが唱えた大陸移動説は、この**海洋底拡大説**によって説明されることになる。これらの学説をもとにして、**プレートテクトニクス理論**が生まれて発展することとなった（→p.24）。

1-5 海洋底拡大説　海嶺で海洋地殻が生まれ、左右に分かれていく。新しく生まれた海洋地殻の岩石は、マグマが冷却するときにそのときの地球磁場の状態を記憶する。地球の磁場が南北逆転した場合にはその様子が記録されることになる。テープレコーダーが磁気テープに録音をする原理と同じである。その結果、海洋底には海嶺を中心として左右対称の磁気縞模様ができることになる。

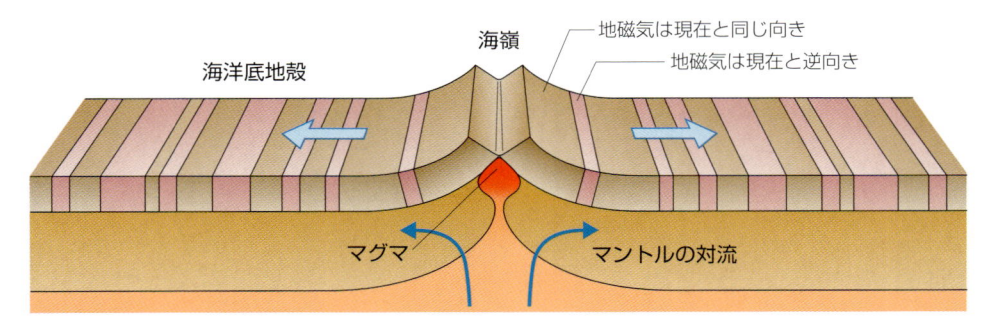

豆知識　大昔にできた火成岩の残留磁気を調べることでその当時の地球磁場を再現する学問を古地磁気学という。

地球を覆うプレート

Key word **プレートテクトニクス** 地球表面を覆う十数枚の硬いプレート（岩盤）の運動をもとにさまざまな地殻変動を説明する理論

1-6 世界のプレート

- ▲▲▲ 沈み込み帯・衝突帯
- ⊢⊣ トランスフォーム断層
- ╫ 海嶺
- ---- 不明瞭なプレート境界
- → プレート運動の向き

ヒマラヤ山脈
アリューシャン海溝
日本海溝
千島海溝
サンアンドレアス断層
伊豆・小笠原海溝
マリアナ海溝
太平洋プレート
フィリピン海プレート
ジャワ海溝
インド・オーストラリアプレート
東南インド洋海嶺
太平洋・南極海嶺

豆知識 プレートの形は、水平な板ではなく、丸みを帯びた球殻の一部であり、各プレートはひとつの回転軸の周りに回転する運動をしている。

プレートテクトニクス

　地球表面は十数枚の硬い板状の岩盤（プレート）で覆われており、プレートはゆっくりとマントルの上を移動している。プレートは海嶺で生まれて海溝へ沈み込み、プレートどうしが衝突したりすれちがったりする。

　現在では、ウェゲナーの提唱した大陸移動説はもちろんのこと、巨大山脈の形成、地震や火山の発生原因など、さまざまな地殻変動を説明することができる。

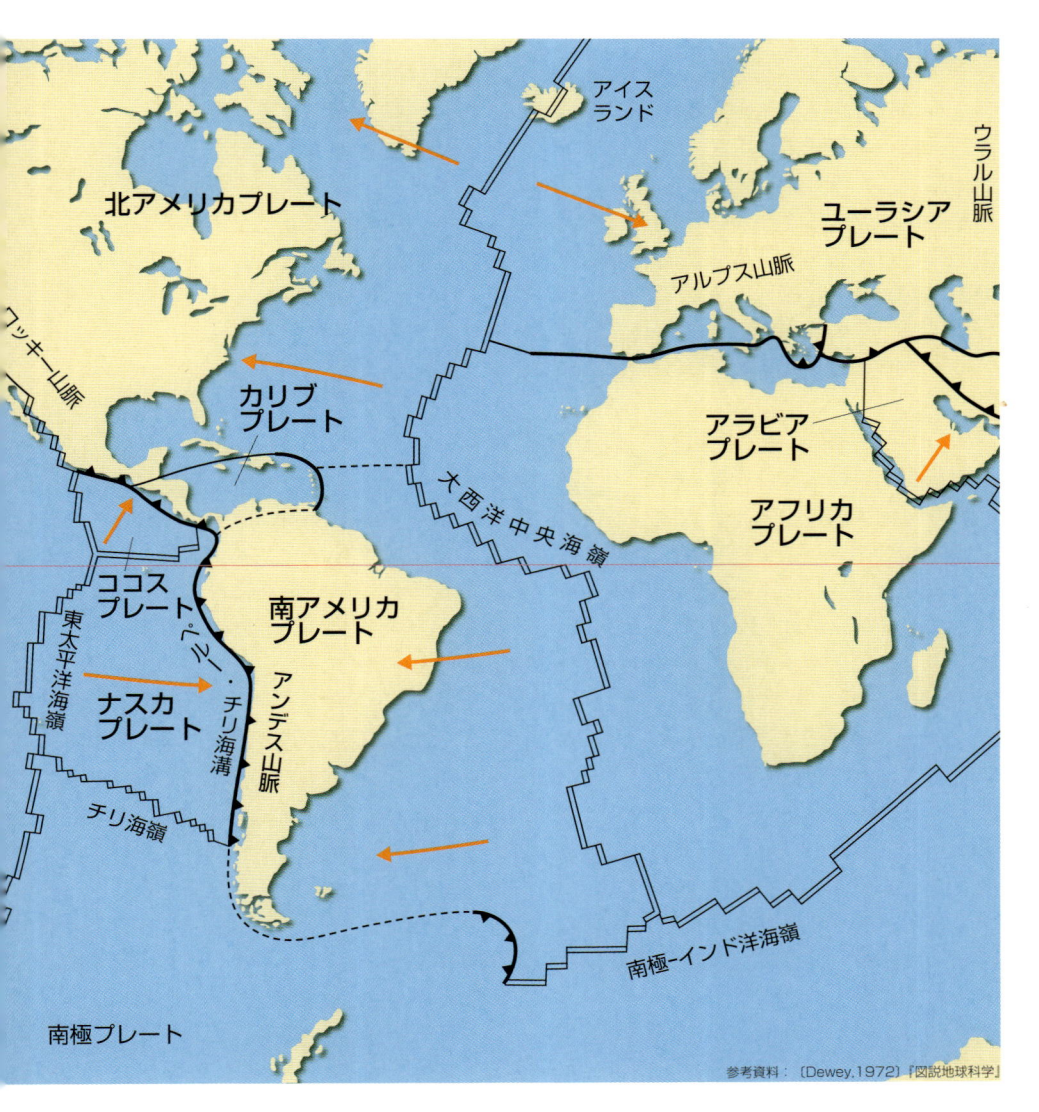

参考資料：〔Dewey,1972〕『図説地球科学』

豆知識 世界最大のダイアモンド原石は1905年南アフリカプレミア鉱山で発見され、3106カラットの大きさを誇り「カナリン」と名づけられた。

地殻とプレート

> **Key word** **プレート** 地球表面を覆う十数枚の硬い岩盤のこと。1年間に数cmから10cm程度のゆっくりとした速度で動いている。

地殻の構造

地球の断面を見たときに最も外側に存在する部分が地殻である。人類はまだ地殻より深い部分まで大地を掘ったことはなく、私たちが見ることのできる地球の固体部分は、唯一地殻だけである。

地殻には、大陸をつくる**花崗岩質の大陸地殻**と海洋底をつくる**玄武岩質の海洋地殻**とがある。花崗岩と玄武岩の違いについては、3章を参照して欲しい。

地殻の厚さは、大陸部分では平均35kmあるが、海洋部分では平均5～10km程度であり大陸よりずっと薄い（図1-7）。

軽い大陸地殻（密度約2.7g/cm^3）が、少し重い海洋地殻（密度約3.0g/cm^3）の上に乗り、その下に重いかんらん岩のマントル（密度約3.3g/cm^3）がある。このように、密度の小さい岩石が密度の大きいマントルの上に浮かんでいるとする考え方を**アイソスタシー**（→p.170）いう。

プレートと地殻は同じようで同じではない

ウェゲナーの大陸移動説から数十年後の海洋底拡大説によって、大陸移動説が証明され、プレートテクトニクスの理論が誕生した。プレートとは、地球表面を覆っている厚みが数十km～200kmの硬い岩石層で、大きく十数枚のブロックに分けられる。

プレートと地殻は同じものなのだろうか？ 実はそうではない。地殻とマントルは、地震波のP波の速度の違いで分類されているが（→p.20）、これは「化学成分」による物質の違いを反映している。マントルを構成する**かんらん岩**は地殻の岩石よりも重く、密度差があるのだ。

これに対して、プレートは力学的区分つまり「柔らかいか硬いかの違い」で識別がなされている。地表面付近にある厚み70～150kmの硬い岩石部分を**リソスフェア**といい、硬く割れやすい性質をもっている。リソスフェアは、地殻とマントル上部の硬い部分が合わさってできており、リソスフェアが十数枚に分割したものが**プレート**である。

一方、リソスフェア（プレート）の下には**アセノスフェア**という柔らかい部分がある。アセノスフェアは固体ではあるが、溶けかけて流動しやすくなっており、そのためアセノスフェアの上をプレートが運動することが可能なのである。

プレートには、海洋底をつくっている**海洋プレート**と大陸をつくっている**大陸プレート**があり、大陸プレートは海洋プレートよりもずっと厚くなっている。

豆知識　大西洋中央海嶺のケーン断列帯という場所で見つかった「亀の甲」状の不思議な地形では、海洋地殻の薄い部分で生じた断層によりマントルの一部が海底に露出しているという仮説がある。

1-7 地殻とプレートのつくり

大陸地殻は海洋地殻よりもずっと厚くなっている。

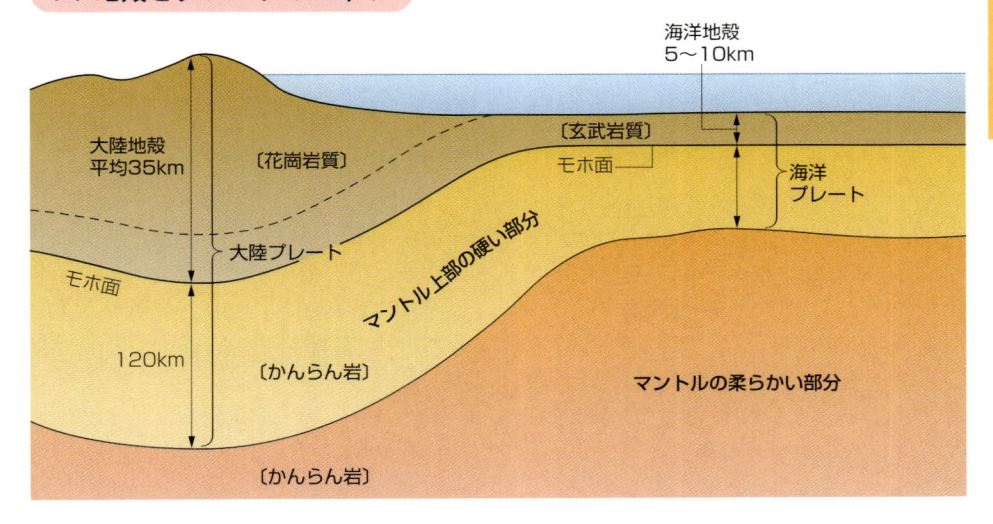

- 海洋地殻 5〜10km
- 大陸地殻 平均35km
- 〔花崗岩質〕
- 〔玄武岩質〕
- モホ面
- 海洋プレート
- 大陸プレート
- マントル上部の硬い部分
- モホ面
- 120km
- 〔かんらん岩〕
- マントルの柔らかい部分
- 〔かんらん岩〕

1-8 地殻とプレートの違い

地殻の下のマントルの一部は硬く、地殻と一体になってプレートをつくっている。

物質の違いによる区別

地殻
海洋地殻は主に玄武岩でできており、大陸地殻は安山岩や花崗岩なども見られる。マントルのかんらん岩よりも密度が小さい。

マントル
地殻をつくる岩石より密度の高いかんらん岩（写真→p.96）という岩石でできている。
上部マントルと下部マントルの境界では、圧力の違いによりかんらん岩の結晶構造が変化しており、上部マントルと下部マントルには密度の違いがある（→p.168）。

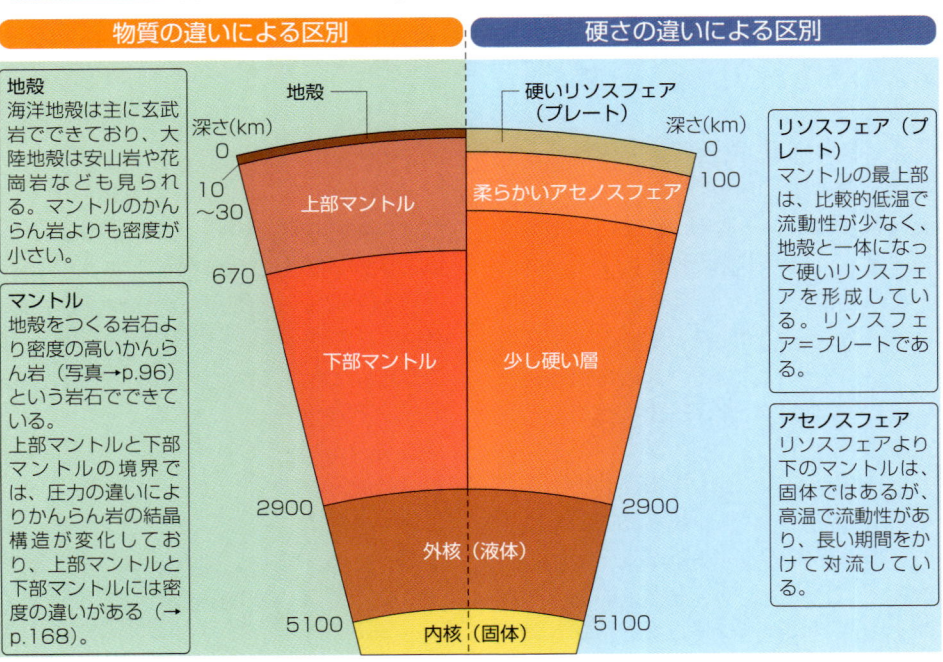

- 地殻
- 深さ(km) 0
- 10〜30
- 上部マントル
- 670
- 下部マントル
- 2900
- 外核（液体）
- 5100
- 内核（固体）

硬さの違いによる区別

- 硬いリソスフェア（プレート）
- 深さ(km) 0
- 柔らかいアセノスフェア
- 100
- 少し硬い層
- 2900
- 5100

リソスフェア（プレート）
マントルの最上部は、比較的低温で流動性が少なく、地殻と一体になって硬いリソスフェアを形成している。リソスフェア＝プレートである。

アセノスフェア
リソスフェアより下のマントルは、固体ではあるが、高温で流動性があり、長い期間をかけて対流している。

参考資料：『地球は火山がつくった』

豆知識 「誕生石」は、1952年にアメリカ宝石協会とジュエリー産業委員会によって決められたものが、各国に広がっている。日本では1958年全国宝石商組合が決めたものが使われているという。

プレート境界①
海嶺のしくみ

> **Key word** **海嶺** 海洋底にある壮大な海底山脈を海嶺という。海嶺では、新しいプレートが生まれている。

海嶺とは何か？

　大西洋やインド洋、東太平洋の海底には高さが3000m、幅が1000kmを超える大山脈がある。この大山脈を**海嶺**という。

　海嶺の中軸部分には、深い溝（リフトともいう）があり、**海嶺中軸谷**とよばれる。ここでは震源が浅い地震が数多く発生している。海嶺の中軸谷はマントルが上昇している部分であり、地下でマグマが生成して活動しているのである。このマグマは中軸谷の海底に上昇して海水に触れ、冷却されて板状の**新しい海洋プレート**をつくる。新しい海洋プレートが左右に広がる速度は年間数cmである。

　海洋地殻（海洋プレート上部）をつくる玄武岩は、噴出したマグマが水中で急に冷却されるため、枕を積み重ねたような形の**枕状溶岩**（写真→p.108）として存在している。

　ところで、海嶺の中軸谷の近くでは遠洋性堆積物（プランクトンの遺骸など）はほとんど見られないが、中軸谷から遠ざかるにつれて厚くなるという特徴が発見されている。これは何によるのだろうか？　理由は簡単で、海嶺に近い海洋プレートほど年齢が若いことを示しているのだ。

海底の大山脈大西洋中央海嶺

　北大西洋上に浮かぶアイスランドは、海底から噴出した溶岩が固まってできた島である。島の中央部には南北に地溝帯が走っており、「ギャオ」という広範囲にわたる大地の割れ目があり、そこから溶岩が湧き出している。他の地域の地上の火山には見られない火山活動の形態である（写真→p.13）。

　実は、アイスランドは海嶺が海面上に顔を出した島であり、海嶺の活動を地上から観察できる貴重な場所なのである。現在でも、アイスランドの地面は、年間約1cmずつ地溝帯を境にして広がり続けている。

　アイスランドの北にある北極海からこの島の中心部を通り、大西洋の中央を南にS字カーブを描きながら南極大陸付近まで延びている海底大山脈が**大西洋中央海嶺**である。その長さはおよそ1万3000kmにもおよび、海底から2～3000mの高さにそびえている。もしも地球上にある海水がすべて干上がったとすれば、巨大山脈が出現することになるだろう。

　中央海嶺は、大西洋だけではなくインド洋から太平洋へと連なっており、総延長距離はおよそ8万kmにもおよぶ。海嶺は数多くのトランスフォーム断層によって切られ、ずれている。

豆知識 海洋底には「海膨」とよばれ、海嶺よりも勾配が緩やかな地形があるが、これも海嶺と同様にプレートの生産が行われている場所。東太平洋海嶺は、「東太平洋海膨」ともよばれる。

1-9 大西洋中央海嶺の地形

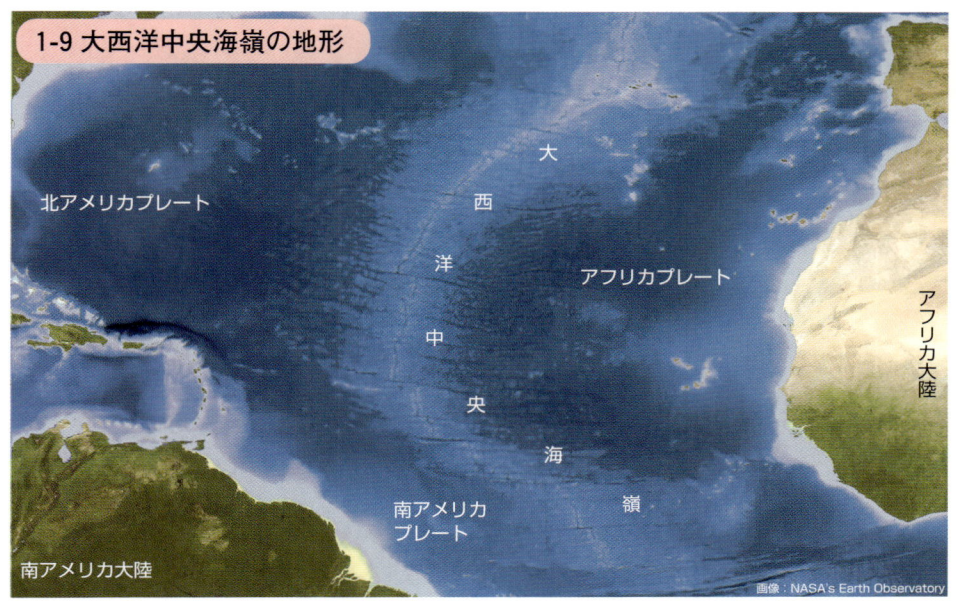

北アメリカプレート
大西洋中央海嶺
アフリカプレート
南アメリカプレート
アフリカ大陸
南アメリカ大陸

画像：NASA's Earth Observatory

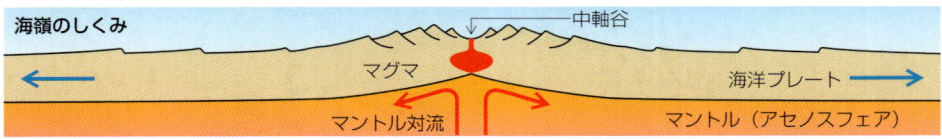

海嶺のしくみ
中軸谷
マグマ
海洋プレート
マントル対流
マントル（アセノスフェア）

1-10 海洋底の年代分布

海嶺に近い海洋底ほど年代が若くなっている。これは、海洋底が海嶺で生産されている証拠である。

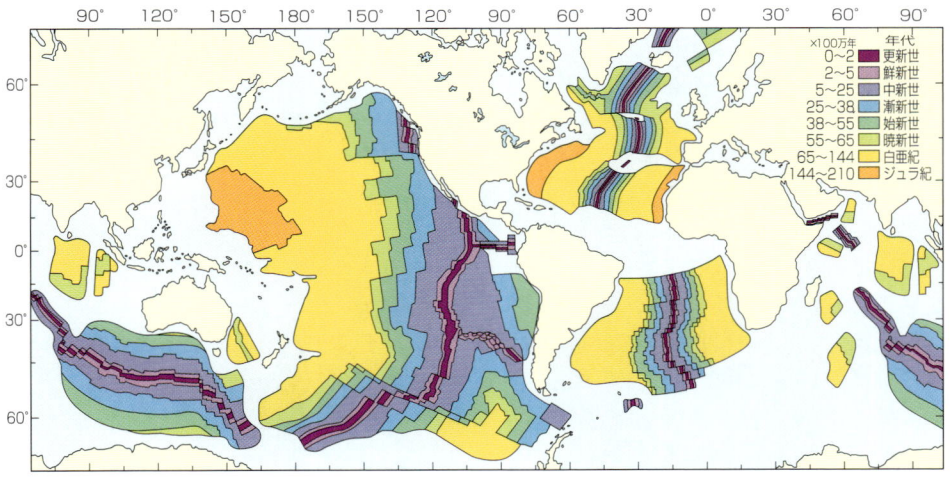

×100万年／年代
0～2　更新世
2～5　鮮新世
5～25　中新世
25～38　漸新世
38～55　始新世
55～65　暁新世
65～144　白亜紀
144～210　ジュラ紀

参考資料：〔Pitmanほか,1974〕『図説地球科学』

豆知識 宝石とは、「鉱物」の中で、産出量が少なく、色や輝きが美しくアクセサリーなどに利用されるものをさすことが多い。

プレート境界② 海溝・沈み込み帯のしくみ

Key word **海溝・沈み込み帯** 海底の深い谷を海溝という。海洋プレートは海溝からマントルに沈み込む。この場所を沈み込み帯という。

海溝・沈み込み帯の構造

海嶺で生まれた海洋プレートは、一生の最後にマントルの中に沈み込んでいく。プレートが沈み込む場所を**沈み込み帯**という。ここでは、沈み込み帯にできる地形について考えよう。

海洋プレートの沈み込みにより、海洋底には、細長く溝状に連なる地形ができる。このような地形の中で最深部の深さが6000m以上あるものを**海溝**という。また、最深部の深さが6000mに満たない場合には**トラフ**といい、海溝と区別をしているが、本質的には同じものである。地球上の多くの海溝は、大陸周辺部に位置している。

海溝部分の断面図を見ると海洋プレートが大陸プレートの下に沈み込んでおり、このプレートの境界部分では、地震が多く発生する（詳しくは→p.128）。

また、このプレートの境界部分では、マグマが発生していることも特徴である（詳しくは→p.106）。

日本列島をはじめ海溝付近でつくられた弓状に並ぶ列島は、**弧状列島**とよばれている。

太平洋プレートが日本付近につくる海溝と弧状列島

太平洋の東側にある東太平洋海嶺で生まれたプレートは、それぞれ東西に広がっていく。西に進んで日本に近づいてくる太平洋プレートは、日本付近の海溝でユーラシアプレートやフィリピン海プレート、北アメリカプレートの下に沈み込む。そしてこれらの海溝に沿って、日本列島をはじめ、伊豆小笠原諸島・アリューシャン列島・琉球諸島などの弧状列島を形成している。

東北地方の太平洋沖合を見てみよう。ここには、日本海溝がある（図1-12）。日本海溝は太平洋プレートが北アメリカプレートの下に沈み込んでいる場所であり、平均水深7000m、長さ800kmにも及んでいる。

日本海溝の北に目を移すと、千島・カムチャツカ海溝、アリューシャン海溝が続き、南には太平洋プレートがフィリピン海プレートの下に沈み込む伊豆・小笠原海溝がある。さらにその先のマリアナ海溝は、世界で最も深く、1万920mである。

西日本の太平洋側には、伊豆半島から琉球諸島にかけて南海トラフや琉球海溝とよばれる海溝があるが、これはフィリピン海プレートがユーラシアプレートの下に沈み込む場所になっている。このように、日本列島は、世界有数のプレートの沈み込み帯に位置している。

豆知識 東太平洋海嶺で生まれて東へ進んだナスカプレートは、南米大陸を形成している南アメリカプレートの下に沈み込むことで、チリ海溝とアンデス山脈を形成している。

1-11 海溝と弧状列島の形成

海溝では、海洋プレートが大陸プレートの下に沈み込んでおり、沈み込み帯という。このプレートの境界部分では、地震が多く発生し、マグマが発生している。海溝に沿って弓状に並ぶ列島は、弧状列島とよばれる。

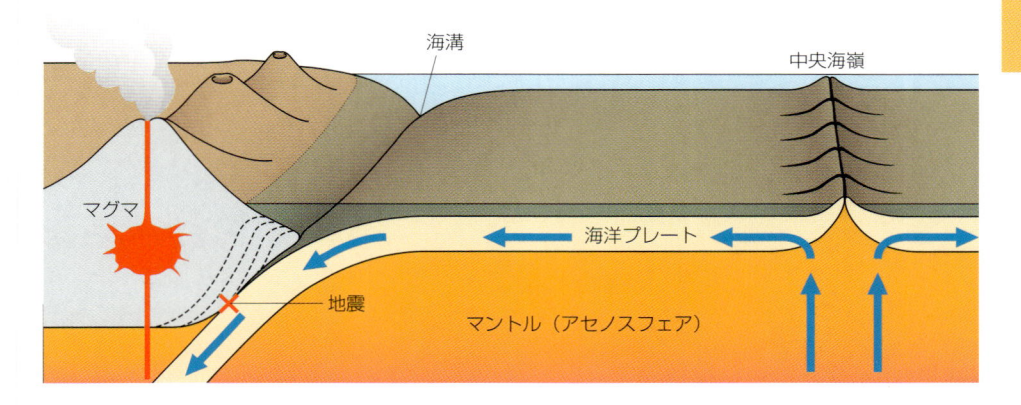

1-12 日本付近の海溝とトラフ

数字はプレートの移動速度（cm/年）

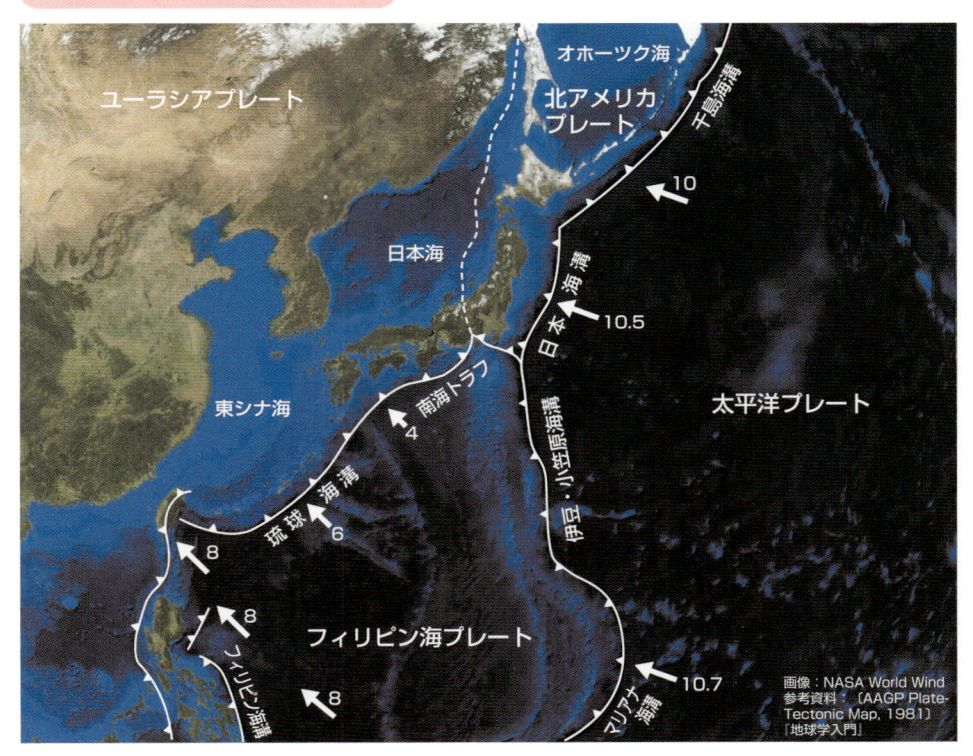

豆知識 弧状列島は、「島弧」（海洋性島弧）ともよばれる。

プレート境界③
衝突帯のしくみ

Key word **衝突帯** 大陸プレートと大陸プレートがぶつかると、山脈をつくる造山運動が起こる。このような領域を衝突帯という。

ヒマラヤ山脈の化石

　世界の屋根といわれるヒマラヤ山脈の標高7000mあたりには、**イエローバンド**とよばれる黄色い地層がある（写真→p.8）。イエローバンドの地層は、海成堆積層であり、そこに含まれる化石は海の生物のものである。実際に、イエローバンドからはアンモナイトの化石が発見されている。

　イエローバンドの地層は海底で堆積したはずだ。世界一の高山に地層があるのはなぜだろうか？

　実は、現在ヒマラヤ山脈となっているところは、中生代には**テチス海**とよばれる海であり、アンモナイトなどの海生生物が多く生息していたのである。つまり、ヒマラヤをトレッキングすれば、道端の石ころの中にアンモナイトの化石が入っている可能性が十分あるのだ。

インド大陸の移動と衝突

　テチス海の地層は、どのようにして8000mを超える高さのヒマラヤ山脈になったのだろうか？

　およそ2億年前に起こったパンゲア超大陸の一部であるゴンドワナ大陸の分裂により、インド大陸が南極大陸から北上を始めた。そのときの移動速度は1年間におよそ10cmであった。

　そして、北上するインド大陸は、約5000万年前にアジア大陸に衝突し始めた（図1-13）。その結果、間にあったテチス海の海底の地殻は、インド大陸の地殻により下から持ち上げられ、それまで海底にあった地層が地表面に顔を出すことになった。また持ち上げられた地層は、押し寄せてくるインド大陸によって水平方向にも力を受け、**褶曲**（地層が曲がること）しながら地上高く盛り上がることになった。

　高く盛り上がった地層は、風化作用や侵食作用を受けて削り取られながらも、現在「世界の屋根」とよばれるヒマラヤ山脈とその北部に広がるチベット高原を形づくった。

　宇宙からヒマラヤ山脈とチベット高原を見ると、まるでインド大陸の衝突によってつくられたユーラシア大陸の巨大な「しわ」のようである（図1-14）。

　インド大陸は、現在もおよそ1年間に5cmの速度で北上を続け、ヒマラヤ山脈はその影響で隆起している。

　大陸どうしが衝突した例として、インド以外では、アフリカ大陸の一部であったアラビア半島がユーラシア大陸へ衝突したことなどがある。

豆知識 【誕生石】1月/ガーネット/かんらん岩の中に見つかるざくろ石の美しい結晶をガーネットという。2月/アメジスト（紫水晶）/石英の結晶（水晶）の紫色で美しいものをアメジストという。

1-13 パンゲア分裂後のインドの移動とヒマラヤ山脈の形成

パンゲア分裂により南極大陸から離れたインドはアジア大陸に衝突した。

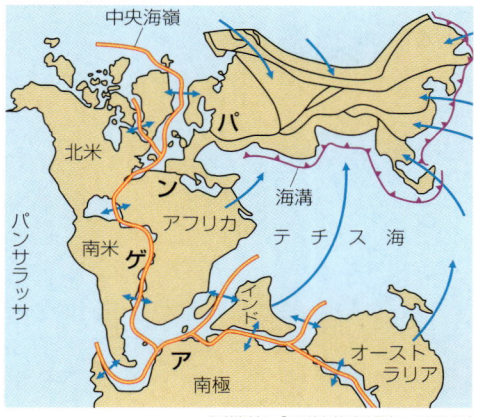

テチス海の海底がインド大陸に押し上げられて、ヒマラヤ山脈になった。

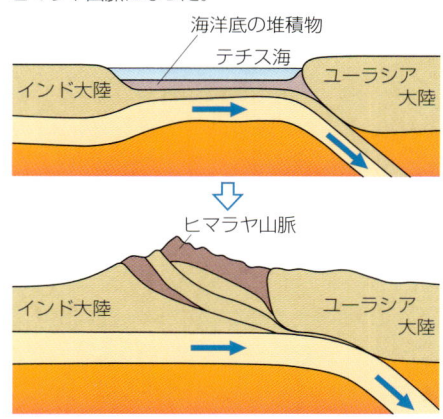

1-14 インド・ヒマラヤの衝突帯

インド大陸のプレートがユーラシア大陸のプレートに衝突することでヒマラヤ山脈とチベット高原ができた。

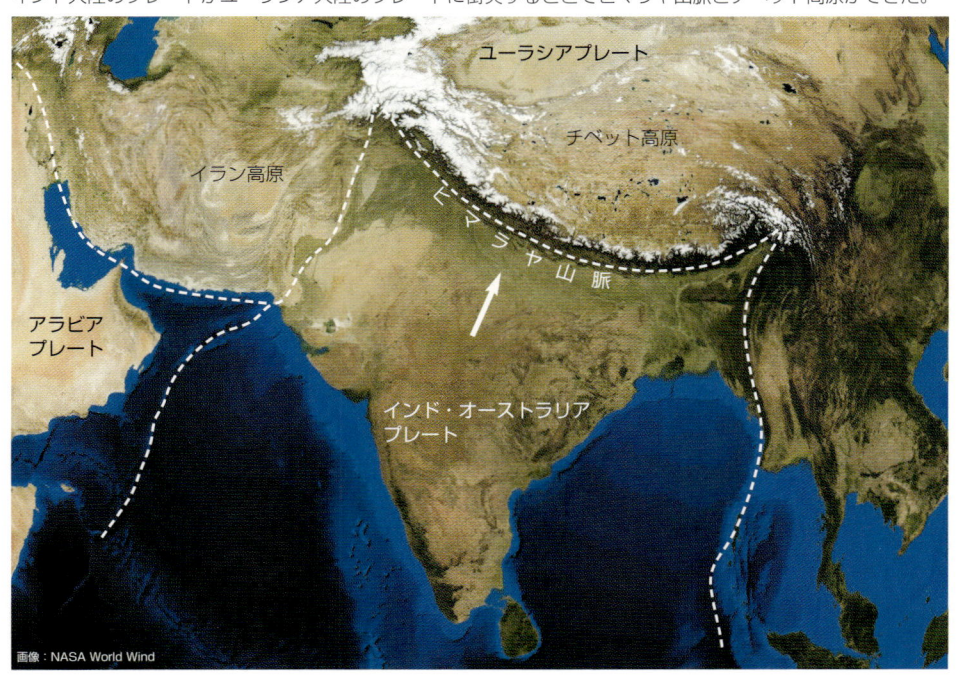

豆知識 【誕生石】3月/アクアマリン・サンゴ/緑柱石のうち青色透明で美しいものをアクアマリンという。4月/ダイヤモンド/炭素の結晶で最も硬い鉱物である。

プレート境界④
トランスフォーム断層のしくみ

> **Key word** **トランスフォーム断層** 海嶺によりできた海洋プレートが左右に分かれて移動するとき、すれ違いにより生じる断層

海嶺とトランスフォーム断層

図1-9の海洋底の地形図を見ると、海嶺の延びている方向と直交した断層によって海嶺は寸断され、ずれた状態で連なっているのがわかるだろう。

この断層は**トランスフォーム断層**とよばれる。海嶺周辺にトランスフォーム断層が数多くあることは、海嶺でプレートがつくられて両側に移動していることの証拠にもなっている。

海嶺周辺のトランスフォーム断層は、海嶺と海嶺を結ぶ部分（図1-15の「活動的」の部分）で活動的な**横ずれ断層**になっているが、海嶺から遠ざかると隣り合う地殻の移動方向は同じであることから、断層は見られなくなっている（図1-15の「非活動的」の部分）。

もうひとつの重要な特徴は、海嶺や海溝の端はトランスフォーム断層になっているということだ。トランスフォーム断層によって海嶺と海溝はつながり、囲まれた部分が1枚のプレートを形づくる。そして、トランスフォーム断層は、プレートとプレートがすれちがうタイプのプレート境界になっているのである。

サンアンドレアス断層

サンアンドレアス断層は、アメリカ西海岸にある全長1400kmにもおよぶ大断層である。誕生はおよそ3000万年前と考えられている。

この断層は、北アメリカプレートと太平洋プレートの境界に位置するトランスフォーム断層である。誕生以来、現在までにおよそ300km移動をしており、今も年間約3.4cm動いている。

陸上を通っているため、アメリカ西海岸はアメリカでは例外的な大地震の多発地帯となっている。特に、断層が通っているサンフランシスコやロサンゼルスという大都市では、地震による被害を受けている。次にあげるのは、サンアンドレアス断層の活動で起こった歴代の大地震である。

サンアンドレアス断層周辺で起こった地震

- サンフランシスコ大地震（サンフランシスコが壊滅状態となったことで有名な地震）
  1906年4月18日　M7.8～7.9
- サンフェルナンド地震
  1971年2月9日　M6.5
- ロマプリータ地震
  1989年10月17日　M7.1
- ランダース地震
  1992年6月28日　M7.5
- ノースリッジ地震
  1994年1月17日　M6.8

豆知識 【誕生石】5月/ヒスイ・エメラルド/緑柱石のうち緑色透明で美しいものをエメラルドという。
6月/真珠・ムーンストーン/青みを帯びた白色透明の長石を月長石（ムーンストーン）という。

1-15 トランスフォーム断層のしくみ

ずれた海嶺中軸谷を結ぶ部分がトランスフォーム断層になっている。

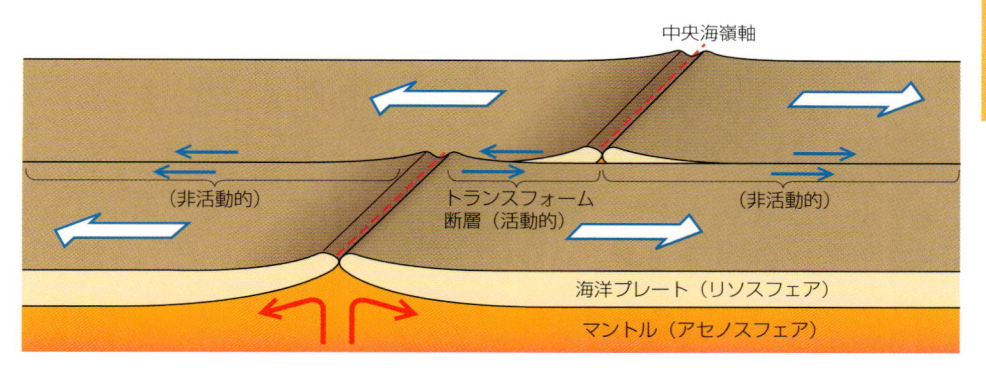

中央海嶺軸
(非活動的) トランスフォーム断層（活動的） (非活動的)
海洋プレート（リソスフェア）
マントル（アセノスフェア）

1-16 サンアンドレアス断層

カリフォルニア湾には海嶺があり、海底が拡大している。カリフォルニア半島の付け根の部分がトランスフォーム断層になっている。

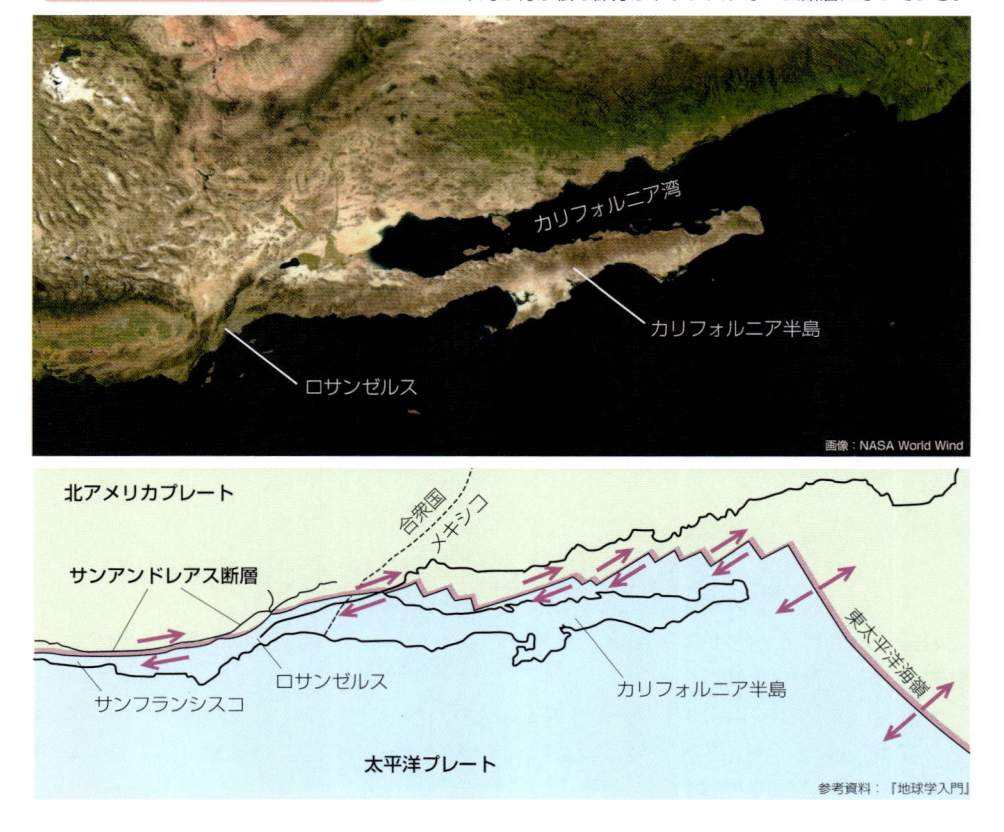

カリフォルニア湾
カリフォルニア半島
ロサンゼルス

画像：NASA World Wind

北アメリカプレート
合衆国／メキシコ
サンアンドレアス断層
サンフランシスコ
ロサンゼルス
カリフォルニア半島
東太平洋海嶺
太平洋プレート

参考資料：『地球学入門』

豆知識　【誕生石】7月／ルビー／コランダム（鋼玉）という鉱物の赤く美しいものをルビーという。
8月／サードオニキス・ペリドット／かんらん石の完全な結晶をペリドットという。

大地溝帯

> **Key word** 　**大地溝帯**　アフリカ大陸東部にある地殻の割れ目で、将来は紅海のように海水が進入してくる。

アフリカ大地溝帯

　アラビア半島とアフリカ大陸に挟まれたところに紅海とよばれる細長い海がある。この海は、アラビア半島がアフリカ大陸から切り離されることによって生まれた。およそ1500万年前に始まった事件である。

　紅海海底には海嶺が存在しており、ここは、かつて溶岩が湧き出して、アラビア半島とアフリカ大陸を引き裂いた場所である。海嶺は、紅海とアデン湾を結ぶ海峡付近海底から枝分かれをして、アフリカ大陸内部へと大地の割れ目として延びている。大陸内部へと延びた割れ目（リフトという）は、**アフリカ大地溝帯─別名グレート・リフト・バレー**とよばれる巨大な谷である。

　アフリカ大地溝帯は、総延長7000kmあまり、幅40〜100km、高いところでは落差100mの急峻な崖となっている。東西2つの列があり、東側はエチオピア高原からケニア、タンザニアを通りザンビアにいたる。西側はナイル川上流からヴィクトリア湖の西を通りモザンビークに達している。地溝帯の最深部には水深の深い湖が連なっている（図1-17）。

　この大地溝帯は、プレートが離れていくことを陸上で観察できる貴重な場所だ。大地溝帯の形成は1000万年〜500万年前に始まったと考えられている。地下マントルの上昇流が地殻にぶつかり、火山活動を起こして地表を盛り上がらせ、さらに裂け目ができて左右に広がることでアフリカ大陸を東西に分裂させている。この結果、大地溝帯の周りには高い山と火山、大地溝帯の中心部分には深い谷という地形ができあがった。

　このままの状態が続けば、数十万年〜数百万年後には大地溝帯に海水が流れ込み、アフリカ大陸は分裂すると考えられている（図1-18）。

人類誕生の地

　ケニアやタンザニアなどの大地溝帯では、多くの人類化石が発見されている。このことから、大地溝帯は人類誕生の地とよばれることがある。

　大地溝帯ができる以前の1000万年前のアフリカには、広大な熱帯雨林が広がっていたが、大地溝帯が形成されると、気候が変化して乾燥し、熱帯雨林はサバンナへと変化していった。樹上生活により果実を得て生活していた人類の祖先にあたる類人猿は、食料を得るために樹上からサバンナへ降りて他の樹木へと移る生活を余儀なくされたことが、二足歩行の起源であるといわれている（→p.84）。

豆知識　【誕生石】9月／サファイア／コランダム（鋼玉）という鉱物の青いものをサファイアという。10月／オパール・トルマリン／蛋白石の半透明で美しいものをオパールという。

1-17 アフリカ大地溝帯

大地溝帯の深い谷は、湖の連なりとして見ることができる（下図左）。

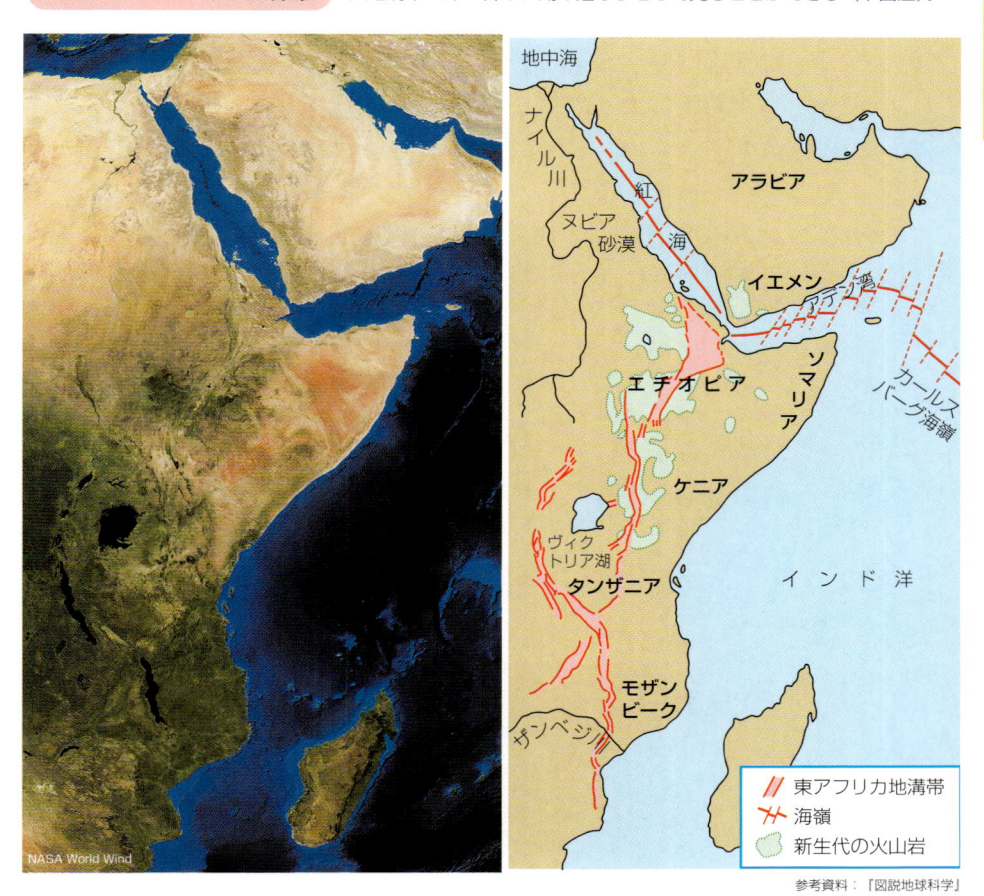

地中海／ナイル川／ヌビア砂漠／紅海／アラビア／イエメン／エチオピア／ソマリア／カールスバーグ海嶺／ケニア／ヴィクトリア湖／タンザニア／インド洋／ザンベジ川／モザンビーク

凡例：
- ／／ 東アフリカ地溝帯
- ※ 海嶺
- 新生代の火山岩

参考資料：『図説地球科学』

1-18 アフリカ大地溝帯による大陸の分裂

アフリカ大地溝帯には、将来海水が入って海となり、紅海のように海底に海嶺が形成される見込みである。

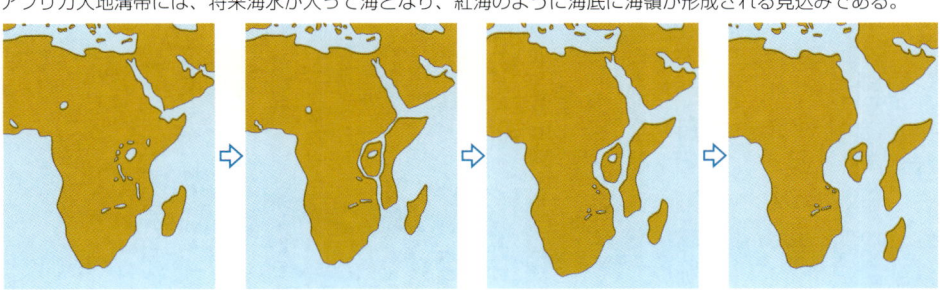

豆知識【誕生石】11月／トパーズ・シトリン／200kg以上もあるトパーズの結晶がある。12月／トルコ石・ラピスラズリ／ラピスラズリは青色の宝石だが「群青色」の顔料としても用いられる。

ハワイと天皇海山列

> **Key word** ホットスポット　マントル深部には、ホットスポットとよばれる熱い部分があり、地表に点々と火山をつくっている。

ハワイ諸島と天皇海山列

　ハワイ諸島の並びを見ると、ハワイ島から北西方向にマウイ島、ラナイ島、モロカイ島、オアフ島というように、多くの島が直線状にずらっと並んでいる。また、それぞれの島の年齢を調べると、おもしろいことに、ハワイ島から遠く離れる島ほど年齢は古くなっているのだ。このようなハワイ諸島のつくりは、太平洋プレートが実際に動いていることのひとつの証拠である。

　現在ハワイ島があるところの地下のマントル中には、**ホットスポット**とよばれる熱い部分があり、地殻の下にまで届く細い上昇流をつくっている。このホットスポットによる火山活動で火山島がつくられるが、太平洋プレートは北西方向に動いているため、できた島はプレートとともに移動をしていくことになる（図1-19）。ホットスポットからずれてしまった島では、マグマ供給がなくなって火山活動が収まり、ホットスポット上部に新しい火山島がつくられていくことになる。

　太平洋の海水を取り除くとハワイ島から北西方向にハワイ諸島が山脈のように並んでいる。その先には、ほぼ北の方角に向かって天皇海山列が並んでいる。これらもかつてホットスポットから供給されたマグマによってつくられた島である。ハワイ島から離れるにしたがって島の年齢は古くなっていることと、ハワイ諸島や天皇海山列の並び方から太平洋プレートの移動方向や移動速度の変化を推定することができる。

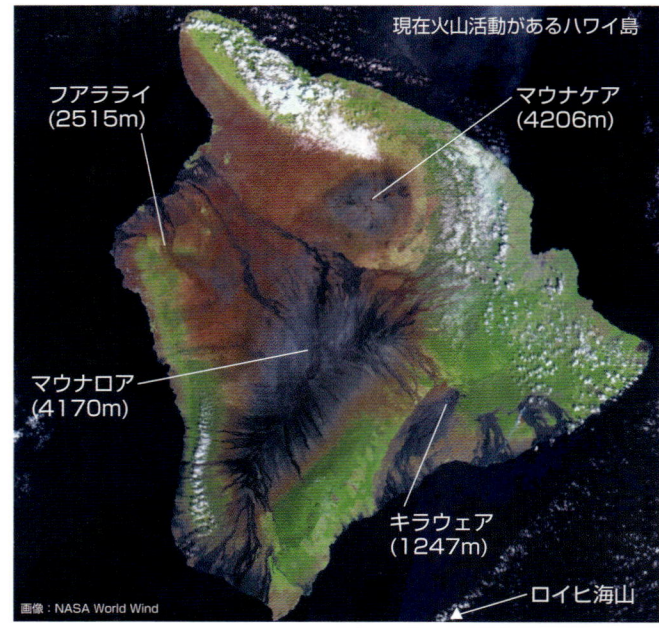

現在火山活動があるハワイ島
フアラライ (2515m)
マウナケア (4206m)
マウナロア (4170m)
キラウェア (1247m)
ロイヒ海山

画像：NASA World Wind

豆知識　ハワイ島の南東のロイヒ海山は、ハワイのホットスポットによってできた新しい海底火山。新たな島に成長する可能性がある。

1-19 ハワイ諸島と天皇海山列

数字は、火山活動のあった年代（×万年前）。北西へ行くほど年代が古くなっている。

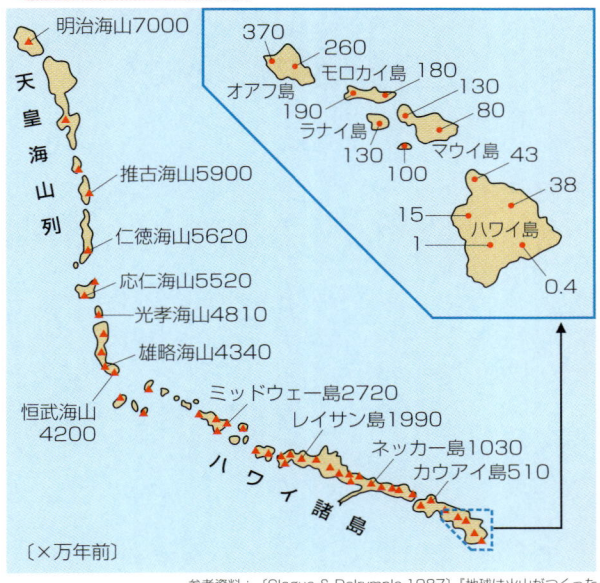

明治海山 7000
推古海山 5900
仁徳海山 5620
応仁海山 5520
光孝海山 4810
雄略海山 4340
恒武海山 4200
ミッドウェー島 2720
レイサン島 1990
ネッカー島 1030
カウアイ島 510

天皇海山列
ハワイ諸島

オアフ島 370、260
モロカイ島 180
190
ラナイ島 130
マウイ島 130、80、43
100
ハワイ島 15、38、1、0.4

〔×万年前〕

参考資料：〔Clague & Dalrymple, 1987〕『地球は火山がつくった』

1-20 ホットスポットの火山のでき方

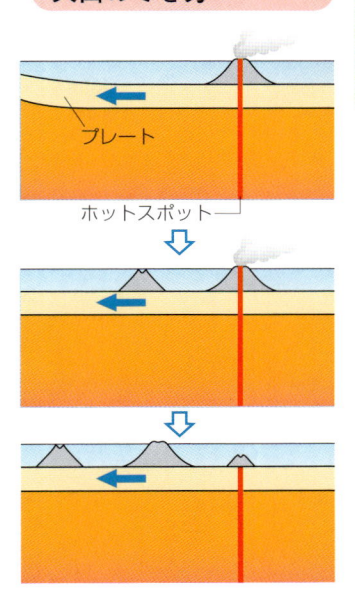

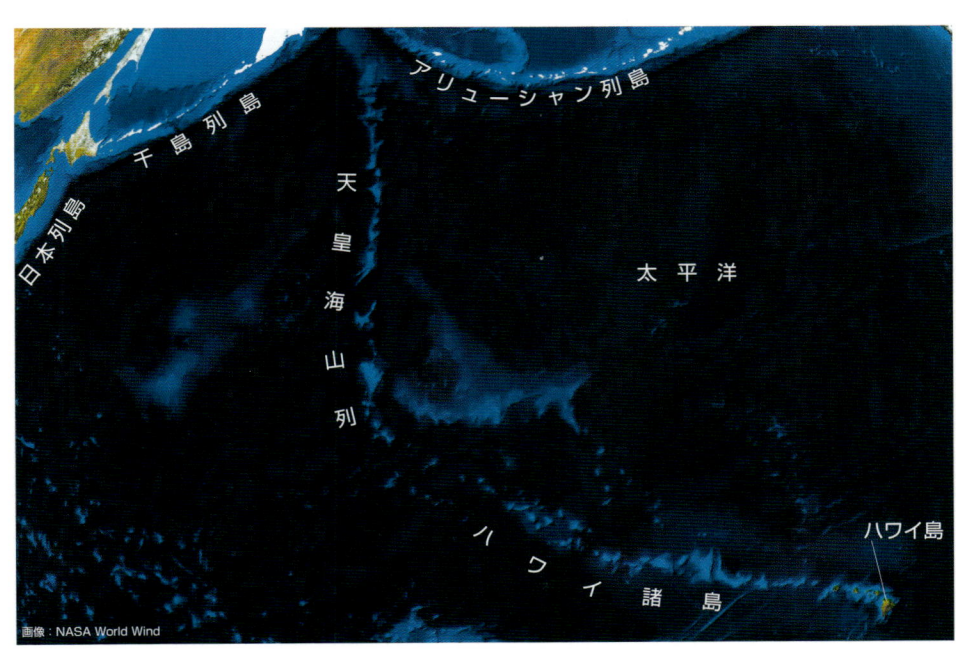

プレート
ホットスポット

日本列島　千島列島　アリューシャン列島　天皇海山列　太平洋　ハワイ諸島　ハワイ島

画像：NASA World Wind

豆知識 天皇海山列やハワイ諸島は、1億年ほどで日本付近の海溝へと沈み込む運命である。

ウィルソンサイクル

> **Key word** **ウィルソンサイクル** 大陸が分裂して海洋が広がり、後に再び大陸が合体して海洋が消滅するというプレート運動のサイクル

太平洋と大西洋の違い

　太平洋と大西洋は、それぞれ海嶺が生産した海洋プレートでできているが、大きな違いがある。太平洋では大陸の縁で海溝に海洋プレートが沈み込んでいるが、大西洋では大陸の縁に海溝がなく、海洋プレートは沈み込んでいないのだ。この違いは何なのだろうか？

　プレートテクトニクスの構築に貢献したツゾー・ウィルソンは、プレート運動がライフサイクルをもっており、6つのステージに分けて理解できることを示した（図1-21）。

　これを見ると、どのような海洋プレートも、いずれマントルへ沈み込んで地表から消えてしまうことが見てとれるだろう。一方、大陸はマントルへ沈み込むことがなく、分裂や衝突を繰り返しながら地表に存在し続ける。

ウィルソンサイクルの6つのステージ

①大陸分裂の開始　大陸の下でマントルの上昇流が活動することにより、大陸に断裂ができ2つに分裂し始める。現在のアフリカ大地溝帯はこの段階である。

②大陸分裂　大陸の分裂が進み、間に海洋プレートができる。その上に海水が入り込んで海洋が誕生する。現在の紅海やアデン湾はこの段階である。

③海洋拡大　海嶺が海洋プレートを生産し続け、海洋は拡大を続ける。大陸プレートの縁と海洋プレートは直接つながったままである。現在の大西洋はこの段階である。

④沈み込み型造山帯　大陸プレートの移動が妨げられると、海洋プレートとの境界に破断が生じ、海洋プレートが大陸プレートの下に沈み込み始める。沈み込み帯では火山活動が起こり、弧状列島や山脈ができる。現在の太平洋の西側（日本列島付近など）や、太平洋の南アメリカ西岸がこの段階である。また、海洋は縮小しつつある段階でもある。

⑤大陸縁成長・海洋縮小　海嶺は海溝から沈み込み、海洋底の生産は終わる。海洋は縮小し、両側の大陸が接近する。地中海はこのようにして形成された。

⑥大陸衝突・海洋の消滅　海洋は消滅し、大陸どうしが衝突する。これにより山脈が形成される。現在のインドとヒマラヤがこの段階である。

　ウィルソンサイクルによって、3～9億年ごとに超大陸の生成と分裂が繰り返されていると考えられている。大西洋は一番最近の超大陸パンゲアの分裂によってでき、太平洋はそれよりさらに前の超大陸の分裂によってできた。

豆知識　ツゾー・ウィルソン（1908〜1993）は、カナダの地球物理学者。プレートテクトニクスの構築にもっとも貢献した科学者といわれる。

1-21 ウィルソンサイクル

大陸の分裂による新しい海洋の誕生から消滅・大陸衝突までの6つのステージが周期的に繰り返される。

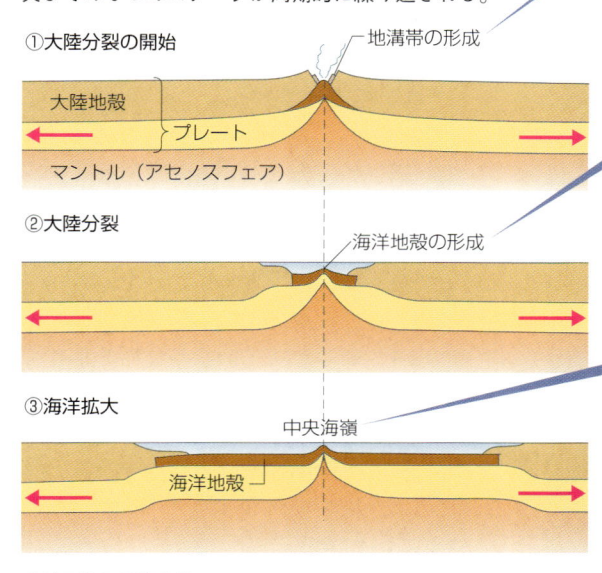

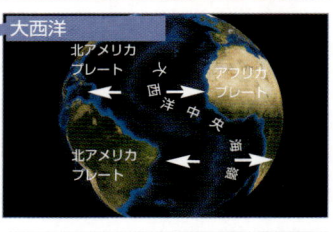

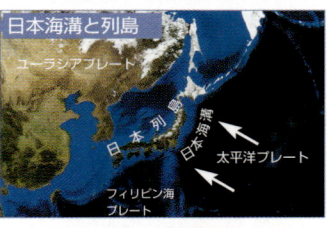

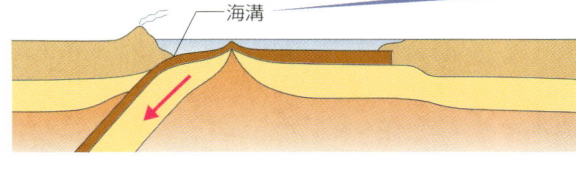

①大陸分裂の開始
- 地溝帯の形成
- 大陸地殻
- プレート
- マントル（アセノスフェア）

②大陸分裂
- 海洋地殻の形成

③海洋拡大
- 中央海嶺
- 海洋地殻

④沈み込み型造山帯
- 海溝

⑤大陸縁成長・海洋縮小
- 海洋の縮小

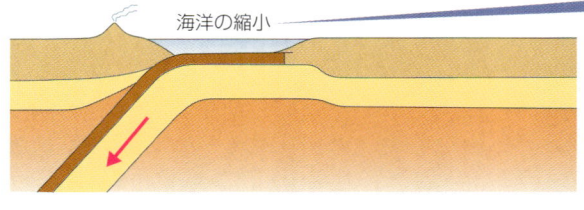

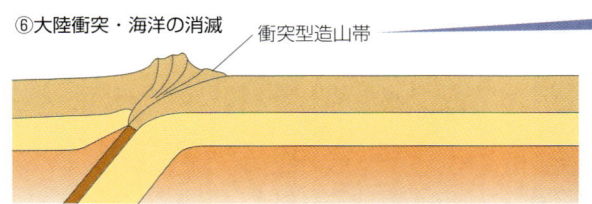

⑥大陸衝突・海洋の消滅
- 衝突型造山帯

アフリカ大地溝帯（アフリカプレート／大地溝帯／アフリカプレート）

紅海（アラビアプレート／紅海／アフリカプレート）

大西洋（北アメリカプレート／大西洋／中央海嶺／アフリカプレート／北アメリカプレート）

日本海溝と列島（ユーラシアプレート／日本列島／日本海溝／太平洋プレート／フィリピン海プレート）

地中海（ユーラシアプレート／地中海／アフリカプレート）

ヒマラヤ山脈（ユーラシアプレート／ヒマラヤ山脈／インドプレート）

画像：NASA World Wind

豆知識 大西洋は現在拡大しつつある海洋であり、太平洋は現在縮小しつつある海洋である。

プルームテクトニクスの誕生

> **Key word** 　**地震波トモグラフィー**　人体の断層撮影を行うCTスキャンのようにして、地震波を使って地球の内部を透視する技術

全地球史解読計画——プレートテクトニクスからプルームテクトニクスへ

　超大陸の生成と分裂はなぜ起こるのか？そもそもプレートはどのような力学で動くのか？沈み込んだプレートはどうなるのか？これらの疑問は、地球半径の10分の1程度の深さまでしか扱わないプレートテクトニクスでは解明できない。

　プレートテクトニクスが築き上げられた1960年代の後半から1970年代では、プレートの下のマントル対流のようすは未知であり、その問題は棚上げしたまま理論が構築されたと言ってよいだろう。プレートテクトニクスに沿ってあえて予想するならば、マントル対流は、海溝に沈み込む板状のプレートや海嶺に沿った「カーテン状」の流れであるということになる。しかし、その後の劇的な観測技術の発展によって、それとは異なるマントル内部の姿が知られることになった。

　日本で1990年代に始められた「全地球史解読計画」は、進歩してきていた科学の諸分野の成果を結集して未解明の問題に挑み、新しい統一的な地球観を形づくる世界に先駆けた研究である。その鍵となったのが、「地震波トモグラフィー」とよばれる観測技術によって見つかったマントル中の巨大な「キノコ型」の対流——**プルーム**の発見である。

　プルームを手がかりにして、超大陸の生成と分裂、生物大絶滅など「地球史の重大事件」を説明できる可能性を拓いた新しい理論は、**プルームテクトニクス**と名付けられている。

地震波トモグラフィー

　地震波トモグラフィーは、世界中の地震波観測データを使って地球内部の構造を画像にする技術であり、1990年頃に日本で発達した。この技術は、医療用のCT（computed tomography）スキャンに似ている。CTスキャンでは、複数の方向からのX線撮影とコンピュータによるデータ処理を組み合わせて人体の断層画像をつくるが、地震波トモグラフィーでは、電磁波であるX線の代わりに地震波を用いる。得られたマントルの画像は、**マントルトモグラフィー**ともよばれる。

　図1-22に示されたマントルトモグラフィーでは、マントル内部の地震波の速度が平均より速い領域（青色）と遅い領域（赤色）の分布が描き出されている。この分布は、温度が低い領域（青色）と温度が高い領域（赤色）を示している。

　東アジアの地震波トモグラフィーを見ると、日本海溝から沈み込んだ「冷たい」プレートの姿が明確に描き出されているのが驚きだ。

豆知識　プルーム（plume）は、キノコ型の熱い上昇流をさす言葉。冷たい下降流に対しても使われる。

また、全球のマントルトモグラフィーを見ると、南太平洋の下には、マントルと核の境界からマントル上部へとわき上がるような高温の領域があるのが見える。この高温の巨大なキノコ型の上昇流は、**ホットプルーム**とよばれる。これに対して、マントル内の冷たい巨大な下降流は**コールドプルーム**とよばれる。

1-22 地震波トモグラフィーで見たマントル内部の構造

東アジアのマントルトモグラフィー

日本海溝から大陸の地下へと横たわるように見える青い領域は、地震波の速度が速く「低温」であると考えられる。これは、沈み込んだ太平洋プレートの姿だ。核とマントルの境界にも低温部分があり、マントルの底へと落下したプレートの残骸であると予想されている。

全球のマントルトモグラフィー

南太平洋（タヒチ）と南アフリカの地下に見える核とマントルの境界からわき上がるように見える赤い領域は、スーパーホットプルームである。この領域は、地震波の速度が遅く「高温」であり、マントル中の巨大な上昇流であると考えられている。

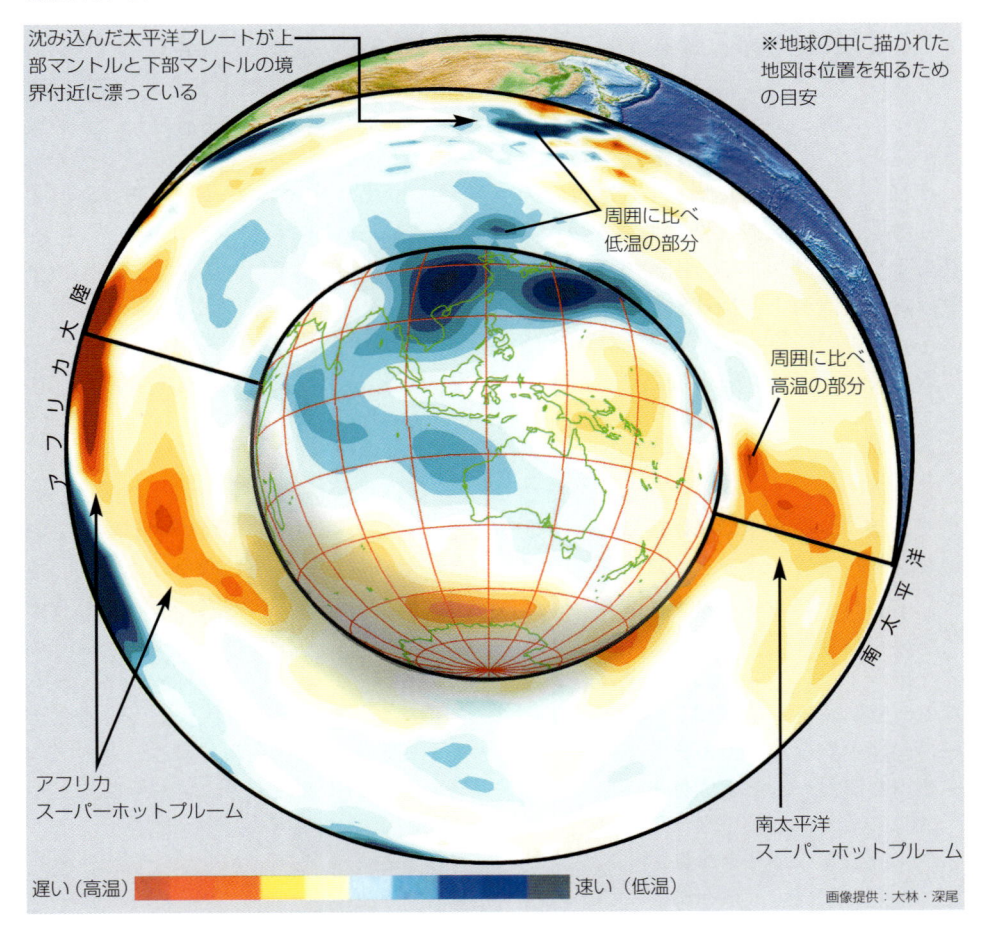

- 沈み込んだ太平洋プレートが上部マントルと下部マントルの境界付近に漂っている
- ※地球の中に描かれた地図は位置を知るための目安
- 周囲に比べ低温の部分
- 周囲に比べ高温の部分
- アフリカ大陸
- 南太平洋
- アフリカスーパーホットプルーム
- 南太平洋スーパーホットプルーム
- 遅い（高温） 速い（低温）
- 画像提供：大林・深尾

豆知識 マントルトモグラフィーに現れる違いは、地震波の速度の違いなので、温度の違いのほか、構成物質の違いを反映している可能性もある。

ホットプルームとコールドプルーム

Key word スーパーホットプルーム　マントル内にある巨大なキノコ型の高温域。マントル内の巨大な上昇流であると考えられている。

プレートの墓場とコールドプルーム

　何億年にも渡ってマントル中に沈み込んだプレートは、その後どうなっているのだろうか？　深度670kmまでは、沈み込むプレートの起こす地震の震源の分布によって、プレートの形が維持されていることが確かめられている。しかし、それ以上深いところでは、地震波トモグラフィーの情報が頼りだ。

　p.43図1-22を見ると、沈み込んだプレートは、上部・下部のマントル境界付近で変形して「漂った」状態になっている。特にアジア大陸の下は、周囲の海溝から沈み込んだ大量の**プレート残骸**が漂って「プレートの墓場」とでも言うべき状態になっている。プレート残骸が上部・下部のマントル境界に漂うのは、プレートの密度が上部マントルよりは大きいが下部マントルよりも小さいためだ。

　また、場所によっては、プレート残骸が「ちぎれて」下部マントル中を落下していると思われるようすが見られる。さらに、アジア地域のマントルの底には、地震波トモグラフィの高速度域（青い領域）が見られ、これは、「墓場」から落下したプレート残骸であると考えられている。

　アジア大陸の下で起こっている、大量のプレート残骸の落下による巨大なマントル中の下降流は、**アジアスーパーコールドプルーム**とよばれる（図1-23）。

スーパーホットプルーム

　地震波トモグラフィーによって発見された下部マントル中の熱い領域は、上下のマントル境界でかさを広げたキノコ型をしており、巨大な上昇流であると考えられ、ホットプルームという。特に、南太平洋の下とアフリカ大陸の下には強大なホットプルームが存在し、**南太平洋スーパーホットプルーム、アフリカスーパーホットプルーム**とよばれる（図1-23）。

　ところで、ホットプルームの運動がかさを広げるようなキノコ型であるのに対し、地表のプレートの動きがそのようになっていないのはなぜだろうか？　これは、地球表面が硬い板状のプレートでできており変形が容易ではないためだ。地球と異なり、地殻の温度が高くやわらかい金星では、プルームによる巨大な隆起地形が見られ、柔らかい地殻はプルームの頂上から四方八方に広がるような動きをしていると考えられている。太古の地球も金星のように地表まで熱く柔らかかった時期があり、その頃は地表までプルームのテクトニクスが支配していたのだろう。

豆知識　沈み込んだプレートは容易にマントルに融合してしまうことなく、冷たいままかたまりになっている。日常経験するのとちがい、巨大な質量をもつ岩石の塊は簡単には温まらない。

現在の地球では、下部マントルのスーパーホットプルームは、上部マントルに二次的なホットプルームをつくり、これらが海嶺やホットスポットの活動に対応していると推測されている。

しかし現在、地震波トモグラフィーの解像度がそれほど高くないため、これらの二次的なプルームの構造は観測からは明らかにされていないものが多い。例えば、南太平洋ホットプルームの北の方へのびた「かさ」は、見かけ上ハワイのホットスポットの下へ行っているが、関連は明らかではないようである。

今後、地震波トモグラフィーの解像度が向上すれば、プルームの構造の詳しい解明が進む可能性がある。プルームテクトニクスは、まだまだ今後の発展が期待されるエキサイティングな研究分野だ。

1-23 現在のマントル中のプルーム

現在の地球マントル中の大きな対流は、冷たい下降流である「アジアスーパーコールドプルーム」と、熱い上昇流である「南太平洋スーパーホットプルーム」および「アフリカスーパーホットプルーム」があることが、地震波トモグラフィーによって解明されている。詳細な構造はまだ明らかではないので以下は模式図である。

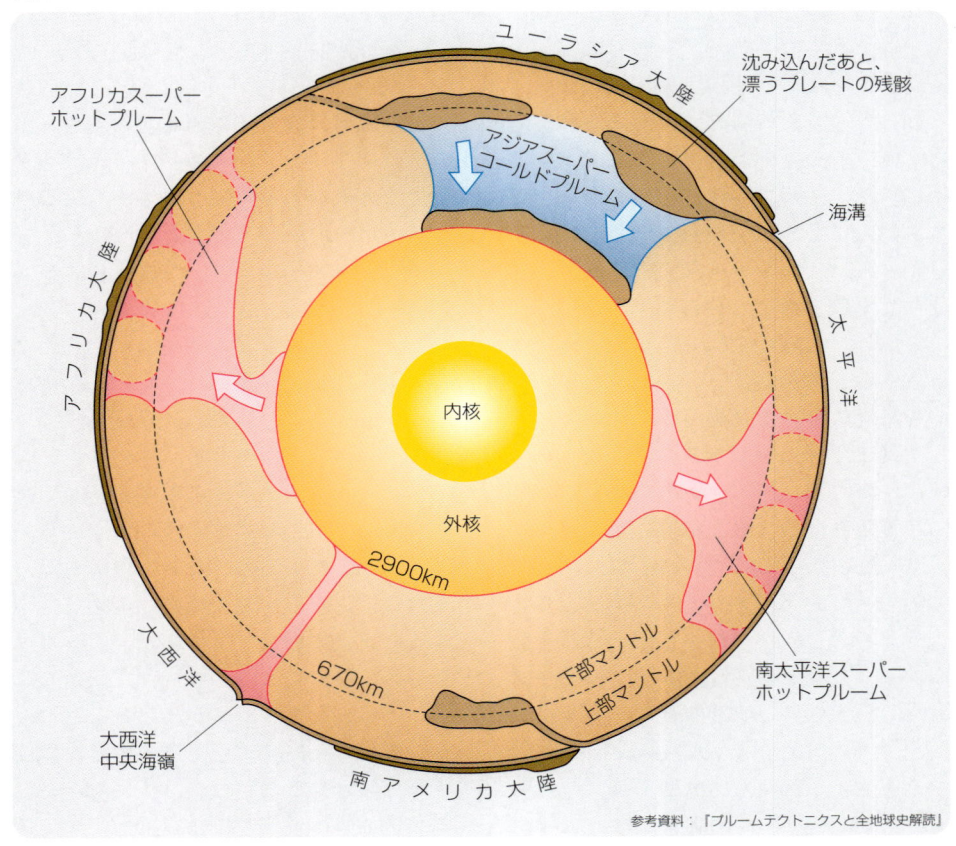

参考資料：『プルームテクトニクスと全地球史解読』

豆知識 スーパーコールドプルームができると、これに向かってすべてのプレートが吸い込まれていく運動を始める。

プルームによる超大陸分裂説

Key word **超大陸分裂の原因** 超大陸の下にできるスーパーホットプルームが超大陸を分裂させる。

超大陸を生成・分裂させた原因は何か？

超大陸は、p.23でふれたパンゲア（3億年前）だけでなく、5.5億年前のゴンドワナ、10億年前のロディニア、19億年前のヌーナがあった。また、現在は太平洋がしだいに縮小しており、2.5億年後には、アジア大陸にオーストラリア大陸とアメリカ大陸が衝突して、再び超大陸が形成される見通しだ（→p.92）。

このような超大陸の形成と分裂の繰り返しは、何が原因で起こるのだろうか？

次に示すプルームテクトニクスによる説は、このサイクルをみごとに説明している。鍵を握るのは、新たなホットプルームの生成である。

プルームテクトニクスによる超大陸分裂説

図1-24①の通常期では、海溝から沈み込んだプレートの残骸は上部マントルと下部マントルの境界に漂っている。マントル対流は2層に分かれており、上部マントルには、プレートテクトニクスに対応した対流がある。数百万年単位で起こる変動——大陸衝突による造山運動やホットスポットの活動——は、この通常期の中で起こりうる変動である。

上部と下部のマントルの境界では、高温高圧のため、プレート残骸の岩石はゆっくりと密度の大きな物質に変成していく（→p.168）。そしてついに、プレートの残骸の密度が下部マントルの物質よりも大きくなると、突然落下し始める。このようにして生じるのが図1-24②のパルス期だ。巨大な質量の物質がマントル中を落下するので、入れかわるようにして、マントルの下部から上昇する物質の流れ（ホットプルーム）が活発になり、マントルの全層におよぶ対流が生まれる。このようにして、マントルの上下の物質が大きく入れかわるという考えを「**マントルオーバーターン**」仮説という。

マントルオーバーターンは1億年くらいの周期で起こり、このときスーパーホットプルームが活発化するので、火山活動が活発化する。また、プレートの動く速度が速くなり、海溝へ沈み込んでゆくプレートの量が多くなる。

大陸が衝突合体を繰り返すと、超大陸が形成される。超大陸の下には、周りから沈み込んだ大量のプレート残骸が漂っており、これらが超大陸の周辺部で落下すると、大規模なマントルオーバーターンが起こり、超大陸の中央部に新たなスーパーホットプルームが生じることになる。このスーパーホットプルームが超大陸を分裂させるというわけだ（図1-24③）。

豆知識 超大陸の生成と分裂の過程をウィルソンサイクルとよぶこともある。

1-24 プルームの活動の3つのパターン

①通常期
海溝から沈み込んだプレート残骸がマントルの上部・下部の境界付近に漂っている時期

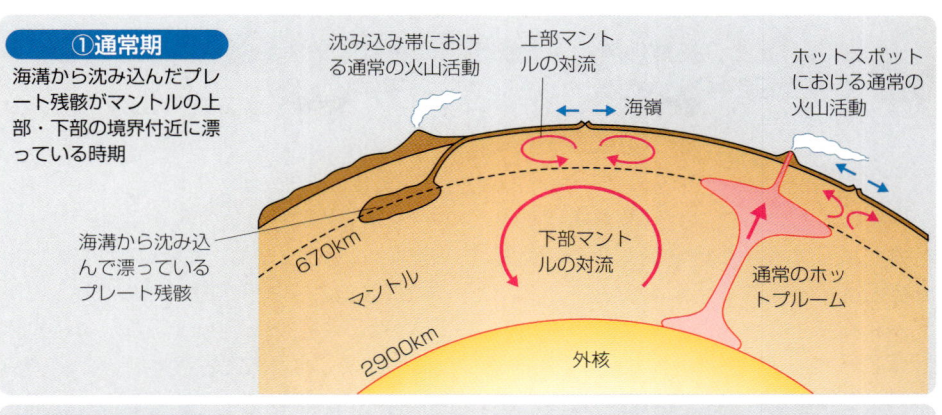

- 海溝から沈み込んで漂っているプレート残骸
- 沈み込み帯における通常の火山活動
- 上部マントルの対流
- 海嶺
- ホットスポットにおける通常の火山活動
- 670km
- マントル
- 2900km
- 下部マントルの対流
- 外核
- 通常のホットプルーム

②パルス期
スーパーコールドプルームが発生し，スーパーホットプルームが活性化する時期

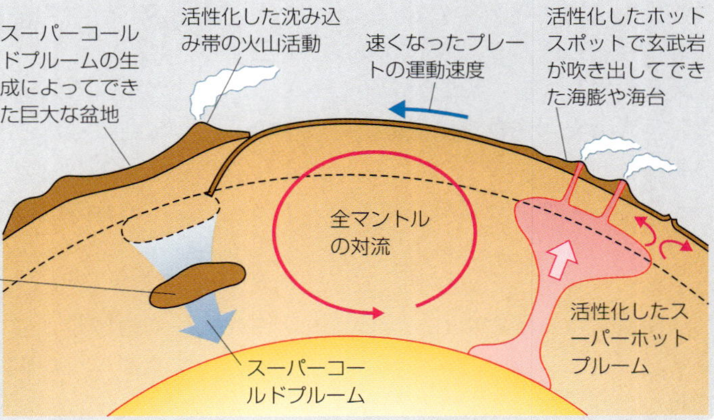

- スーパーコールドプルームの生成によってできた巨大な盆地
- 活性化した沈み込み帯の火山活動
- 速くなったプレートの運動速度
- 活性化したホットスポットで玄武岩が吹き出してできた海膨や海台
- 高温高圧で変成して密度が高くなり，突然落下を始めたプレート残骸
- 全マントルの対流
- スーパーコールドプルーム
- 活性化したスーパーホットプルーム

③超大陸分裂期
超大陸の周辺に漂っていた大量のプレート残骸が落下し，超大陸の下に新たなスーパーホットプルームが生成する時期

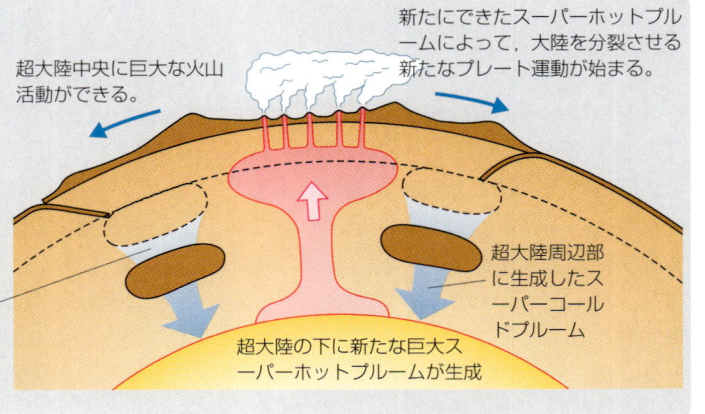

- 超大陸中央に巨大な火山活動ができる。
- 新たにできたスーパーホットプルームによって，大陸を分裂させる新たなプレート運動が始まる。
- 超大陸周辺部に生成したスーパーコールドプルーム
- 超大陸周辺部に生成したスーパーコールドプルーム
- 超大陸の下に新たな巨大スーパーホットプルームが生成

豆知識 超大陸を分裂させる原因となるスーパーホットプルーム生成の原因については、超大陸が「毛布」の効果を発揮して超大陸下のマントルを熱くさせるためであるとする説もある。

プルームと超巨大噴火

> **Key word** **超巨大噴火** 通常の火山活動の数百から数万倍もの規模の噴火で、洪水玄武岩台地をつくり、地球環境にも深刻な変化をもたらす。

巨大火成岩石区──プルームの化石

　世界のあちこちに、大量の玄武岩溶岩が噴き出してできた地域があり、**巨大火成岩石区**とよばれる。例えば、インドのデカン高原、太平洋のオントンジャワ海台などだ（図1-25）。

　これらの地域をつくる溶岩の量は、通常の火山活動で噴き出す溶岩に比べてけた違いに多い。巨大火成岩石区は、火山が数百から数万個も一度に噴火したような**超巨大噴火（異常火山活動）**の跡なのである。

　インドのデカン高原やロシアのシベリアトラップなどでは、大量のマグマが噴き出した結果、洪水のようにして広い地域を数kmの厚さで溶岩が埋めつくした平らな地形が延々と続いている。このような地形は、**洪水玄武岩台地**という。もちろん現在の地球では、このような想像を絶する超巨大噴火は起こっていない。

　超巨大噴火は、過去にスーパーホットプルームの頂上が地殻に達したことによって起こったという見方が定説になってきている。いわば、巨大火成岩石区は、**プルームの化石**なのである。

スーパーホットプルームによる超巨大噴火と地球環境の大変動

　火山噴火は、現在でも、雲仙普賢岳の火砕流災害や、1991年ピナツボ火山噴火で舞い上がった火山灰による地球の平均気温低下（−0.6度）など地球環境に影響をもたらしている。しかし、過去のスーパーホットプルームの活動による超巨大噴火が地球環境へ与えた影響は、これらの比ではなかった。

　超巨大噴火が起こり洪水玄武岩に覆われた地域の生物は、もちろん絶滅したであろう。また、それより広範な地域の生物も、大量の有毒ガスによるガス中毒や、酸性雨によって被害を被っただろう。

　さらに、成層圏まで舞い上がった大量の火山灰は地球全体を覆い、太陽光を遮って地球の気温を低下させ、地球全体の生物圏に深刻な影響を与えただろう。このように、プルームの活動による超巨大噴火が原因で太陽光が遮られて起こると考えられる寒冷期は「**プルームの冬**」とよばれる。

　地球史の中で、数度の**生物大量絶滅**のうちいくつかは、このような異常火山活動によって引き起こされたと考えられている。例えば2.5億年前は、シベリアなどで洪水玄武岩が噴き出した時期であるが、こればば超大陸パンゲアが分裂を始めた時期と一致し、また古生代の生物が大量絶滅した時期とも一致している。

豆知識 プルームの冬は、全面核戦争によって舞い上がる粉塵によって引き起こされる「核の冬」と似ている。

1-25 巨大火成岩石区

現在の世界に見られる巨大火成岩石区は、過去の異常火山活動の跡。シベリアの巨大岩石区「シベリアトラップ」は、日本列島の数十倍もの区域が洪水玄武岩で覆われている。

- アイスランド北大西洋岩石区
- シベリアトラップ
- 天皇海山列
- コロンビア台地
- デカン高原
- シャツキー海台
- ハワイ諸島
- カリブ海岩石区
- 赤道
- オントンジャワ海台
- ケルゲレン海台
- 巨大火成岩石区

参考資料:『地球は火山がつくった』

1-26 超大陸分裂時の異常火山活動と地球環境への影響

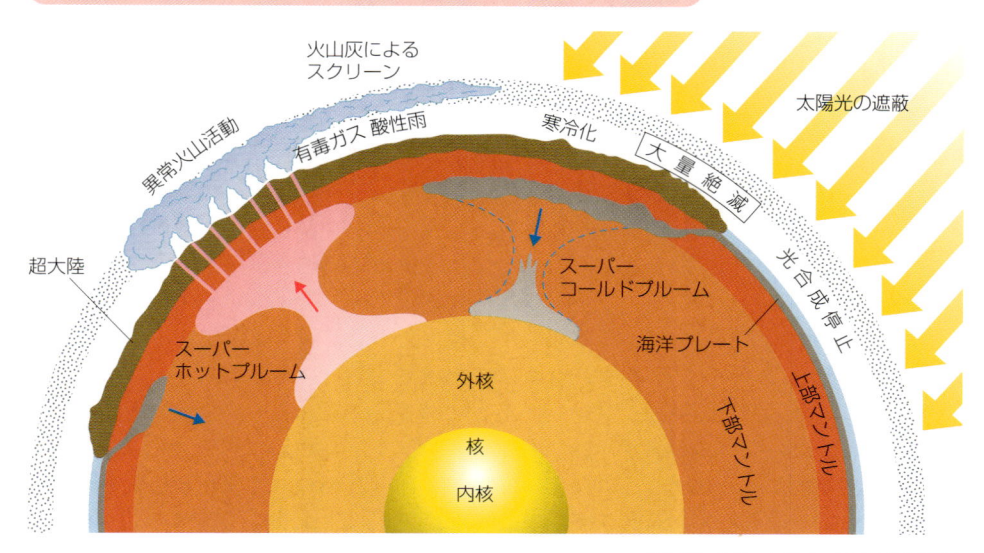

- 火山灰によるスクリーン
- 異常火山活動
- 有毒ガス 酸性雨
- 寒冷化
- 大量絶滅
- 太陽光の遮蔽
- 光合成停止
- 超大陸
- スーパーホットプルーム
- スーパーコールドプルーム
- 海洋プレート
- 上部マントル
- 下部マントル
- 外核
- 核
- 内核

参考資料:『プルームテクトニクスと全地球史解読』

豆知識 世界三大美女の一人といわれた古代エジプトのクレオパトラは自らエメラルド鉱山を所有していた。自身が身を飾るだけでなく家臣への褒章にも利用していたという。

付加体による陸地の成長

> **Key word** **付加体** 海溝から海洋プレートが沈み込むことによって、海洋プレートの表層が大陸側のプレートにつけ加わったもの。

陸地はプレートの沈み込みで成長する

これまでの研究から、少なくとも約38億年前には、すでに地球表面は海水によって覆われ、大陸プレートと海洋プレートが存在し、プレートテクトニクスが機能していたことが明らかにされている。当時の大陸プレートの大きさは、現在に比べてずっと小さく、数も多かったと考えられている。

陸地はどのようにして成長していくのだろうか？ 地球表面を埋め尽くしたプレートが移動すれば、当然プレートどうしが衝突する。小大陸どうしの衝突により、さらに大きい大陸ができたと考えられる。しかし、本質的に大陸を成長させた過程は、もうひとつの別のしくみであった。それは海溝でのプレートの沈み込みのとき起こる**付加体**の形成というプロセスであった。

海溝における付加体の成長で大陸は大きくなる

図1-27は大陸プレートに海洋プレートが沈み込む様子を示した模式図である。海溝は、起源の異なる2つの堆積物が合流する場となっている。ひとつは、陸地から供給される主に砂や泥の互層からなる堆積物（タービダイトという）、もうひとつは海洋地殻の上の遠洋性堆積物である。遠洋性堆積物というのは、遠洋性の泥や海洋性プランクトンで、これらの基盤に海洋地殻の上部である枕状溶岩が存在している。

海溝では海洋プレートを覆う堆積物の上に陸側から流れ込んだ堆積物が重なる。こうして合体した両者は、プレートの沈み込みにともない、海溝から地球内部へ引きずり込まれる。プレート自体は地球深部まで到達するのに対し、海洋プレート上の堆積物と枕状溶岩の一部は、海溝から程なくして海洋プレート本体から削ぎ落とされて大陸地殻の先端に付け加わる。こうして次々に付け加わった部分を付加体というのである。

付加体が成長すると、陸地は海溝側に向かって広がってゆくことになる。ただし、これでいきなり陸地が広がるわけではなく、付加されたばかりの地層は大量に水を含んでおり陸地とは言えない。相次ぐ付加体の積み重なりによって脱水・圧密・セメント化の岩石化作用（続成作用という→p.146）が起こって初めて陸地が成長したといえるだろう。

図1-28に北アメリカ大陸を構成する地層の年代分布を示したが、中心ほど古く、周辺部ほど新しい地層から構成されている。これはまさしく付加体によって大陸が成長してきたことを示すものである。

豆知識 付加体の概念は、1990年代に日本の研究者により提案された。その後、世界の古い造山帯にも付加体の概念を適用して、地球史の研究に優れた研究成果を残している。

さらに陸地の成長を起こす

付加体によって広がった陸地をさらに成長させる仕組みが、花崗岩マグマの貫入である。後述するプロセスでつくられた花崗岩マグマは既に岩石化された（内陸側の）付加体部分に貫入するのである。

付加体によって水平方向に広がった陸地は、花崗岩マグマの貫入によって垂直方向にも「太る」といえるだろう。

1-27 付加体 海洋地殻上部の岩石（枕状溶岩）や遠洋性プランクトンが海底に堆積してできた「チャート」という岩石などが、海溝で陸側のプレートに付け加わって付加体になる。

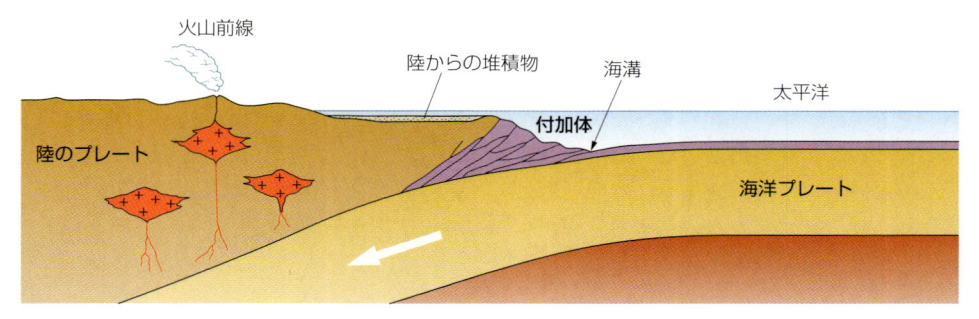

付加体の成長 付加体は下から付け加わっていく。

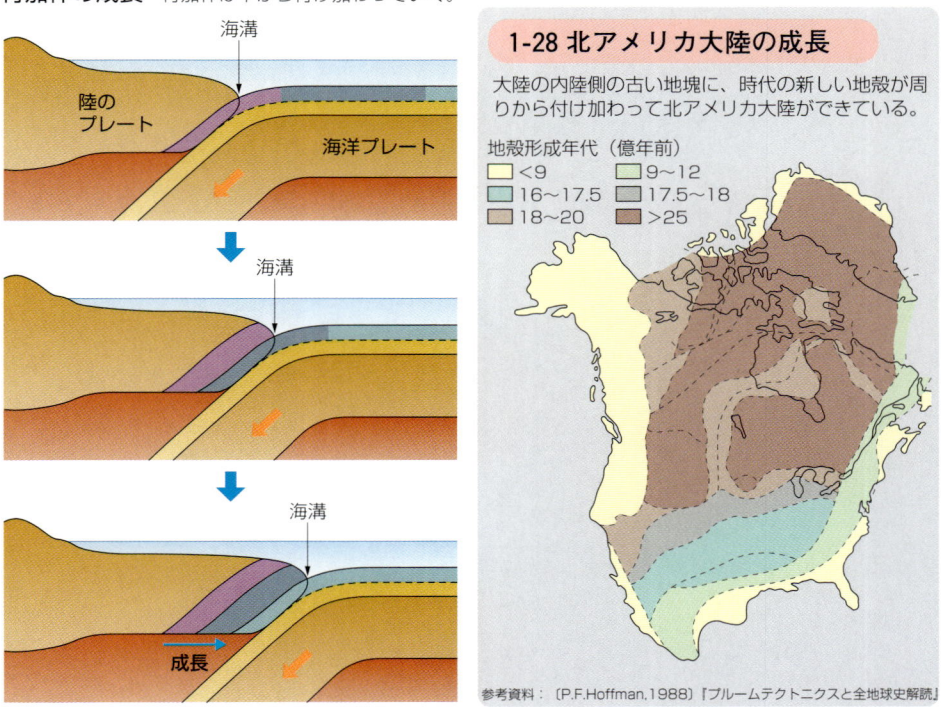

1-28 北アメリカ大陸の成長

大陸の内陸側の古い地塊に、時代の新しい地殻が周りから付け加わって北アメリカ大陸ができている。

地殻形成年代（億年前）
- <9
- 9〜12
- 16〜17.5
- 17.5〜18
- 18〜20
- >25

参考資料：〔P.F.Hoffman,1988〕『プルームテクトニクスと全地球史解読』

豆知識 付加体を構成する地層には、手がかりとなる大型示準化石が少なく、かつては「時代未詳」と扱われることが多かった。

Column

地球最古の岩石はどこに？

造山帯と盾状地

　地球の歴史を知る上で、岩石からの情報は重要だ。地球でもっとも古い岩石はどこに残っているだろうか？

　地殻変動が激しく山脈が形成されたり火山活動が起こったりする場所を**造山帯**という。現在のプレート境界はもっとも新しい造山帯だ。過去に活動した造山帯の跡が地球上には残っており、そこには古い岩石がある。図に示した始生代・原生代の造山帯は、現在ではほとんど地殻変動が起こらない安定な場所になっており、**盾状地**ともよばれている。盾状地は、侵食が進んで平坦化しているのが特徴だ。

　下の図は、最古の岩石や生命の証拠が発見された場所を示しているが、このような古い岩石は、地球上の古い造山帯、つまり盾状地にあることがわかるであろう。

世界の造山帯と海洋底の年代分布・古い岩石の発見地

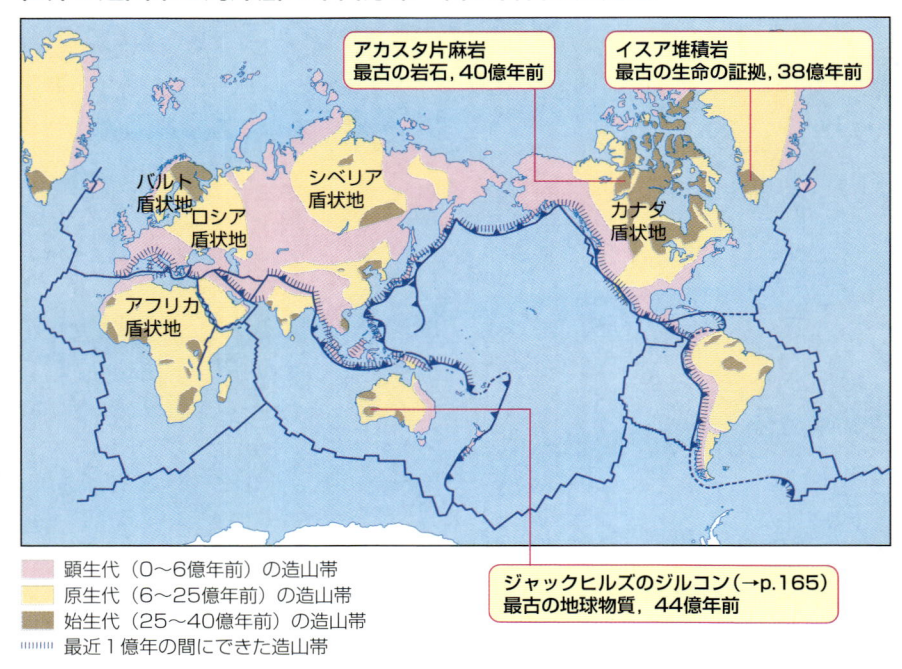

アカスタ片麻岩
最古の岩石，40億年前

イスア堆積岩
最古の生命の証拠，38億年前

バルト盾状地
ロシア盾状地
シベリア盾状地
カナダ盾状地
アフリカ盾状地

ジャックヒルズのジルコン（→p.165）
最古の地球物質，44億年前

- 顕生代（0～6億年前）の造山帯
- 原生代（6～25億年前）の造山帯
- 始生代（25～40億年前）の造山帯
- 最近1億年の間にできた造山帯

参考資料：『科学』第68巻第10号，1998／『日経サイエンス』2006年2月号

第2章
地球の歴史

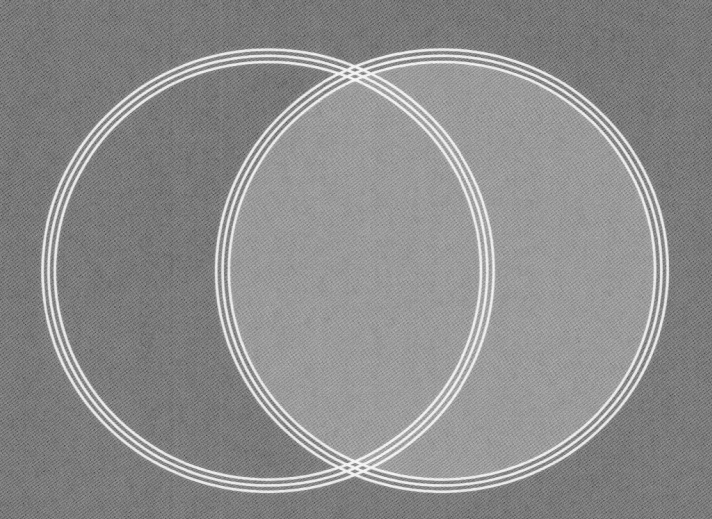

地球史の年代

> **Key word** **地質年代** 岩石や化石などの証拠に基づき決定される地球の過去の年代を地質年代という。

地質年代の分け方

46億年の地球の歴史は、古い年代から順に、**冥王代・始生代・原生代**、および、**古生代・中生代・新生代**の6つに分けられる。また、冥王代・始生代・原生代は、一括して**先カンブリア時代**ともよばれる。かつては、古生代の「カンブリア紀」よ

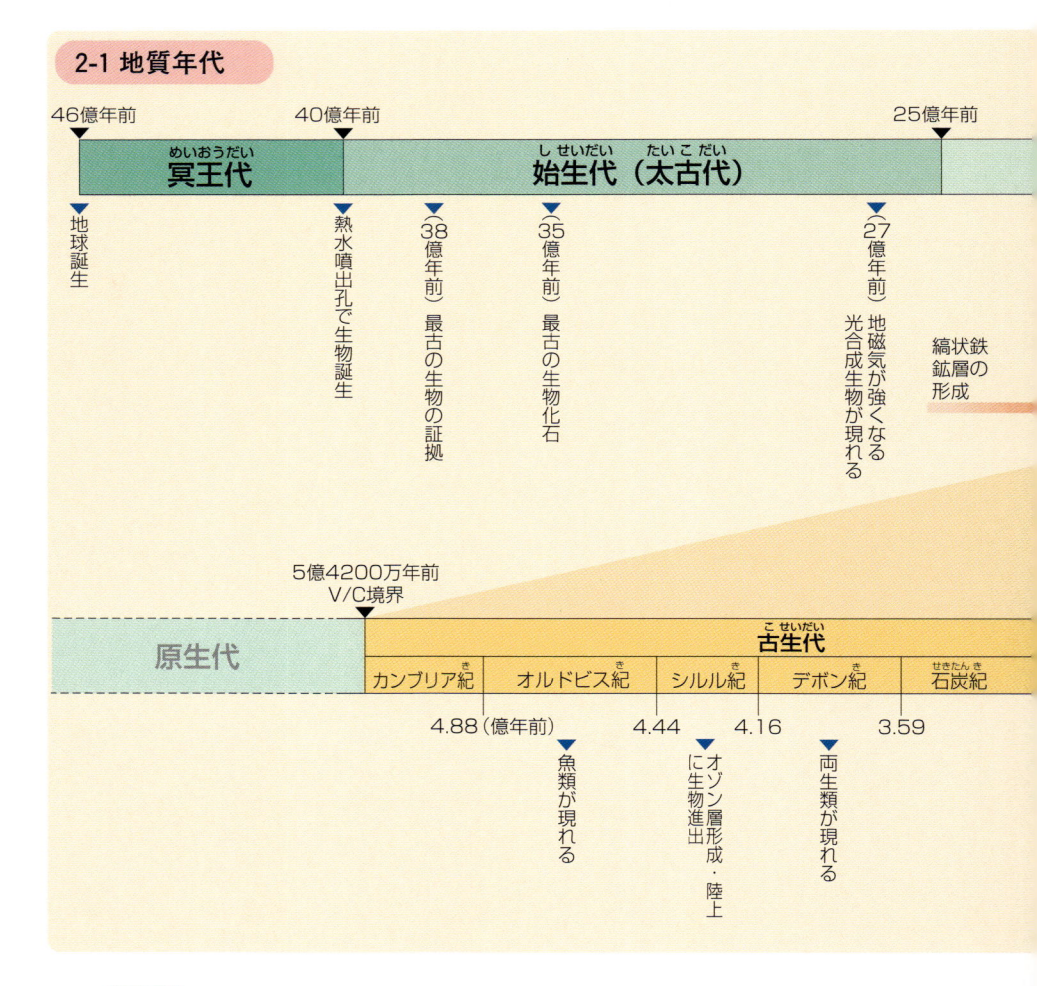

2-1 地質年代

- 46億年前：地球誕生
- 冥王代
- 40億年前：熱水噴出孔で生物誕生
- 始生代（太古代）
  - （38億年前）最古の生物の証拠
  - （35億年前）最古の生物化石
  - （27億年前）地磁気が強くなる／光合成生物が現れる
- 25億年前
- 縞状鉄鉱層の形成
- 原生代
- 5億4200万年前 V/C境界
- 古生代
  - カンブリア紀 4.88（億年前）：魚類が現れる
  - オルドビス紀 4.44：オゾン層形成・陸上に生物進出
  - シルル紀 4.16
  - デボン紀 3.59：両生類が現れる
  - 石炭紀

> **豆知識** 「地質時代」という言葉は、文明が起こる前の、地質学的な記録しかない時代を指す。

り古い時代は、地層中の化石がほとんどなく、区分できなかったためだ。しかし、化石以外にも、岩石の年代測定や太陽系の他の惑星との比較、隕石の研究などさまざまな手法が発達して、先カンブリア時代のこともかなりわかるようになり、冥王代・始生代・原生代の3つの年代の名前がつけられるようになった。

6つの年代の区分は、均等な時間間隔になっているかというとそうではない。新しい時代ほど多くの情報があるため、細かく区分されている。先カンブリア時代（冥王代・始生代・原生代）と古生代・中生代・新生代の境目は、約5.4億年前なので、46億年地球の歴史の中で前の3つの時代が圧倒的に長い。生物誕生は40億年前なので、多くの化石が産出されるようになる前にも35億年もの生物進化の時代があり、地球と生命はともに進化してきたといえるだろう。

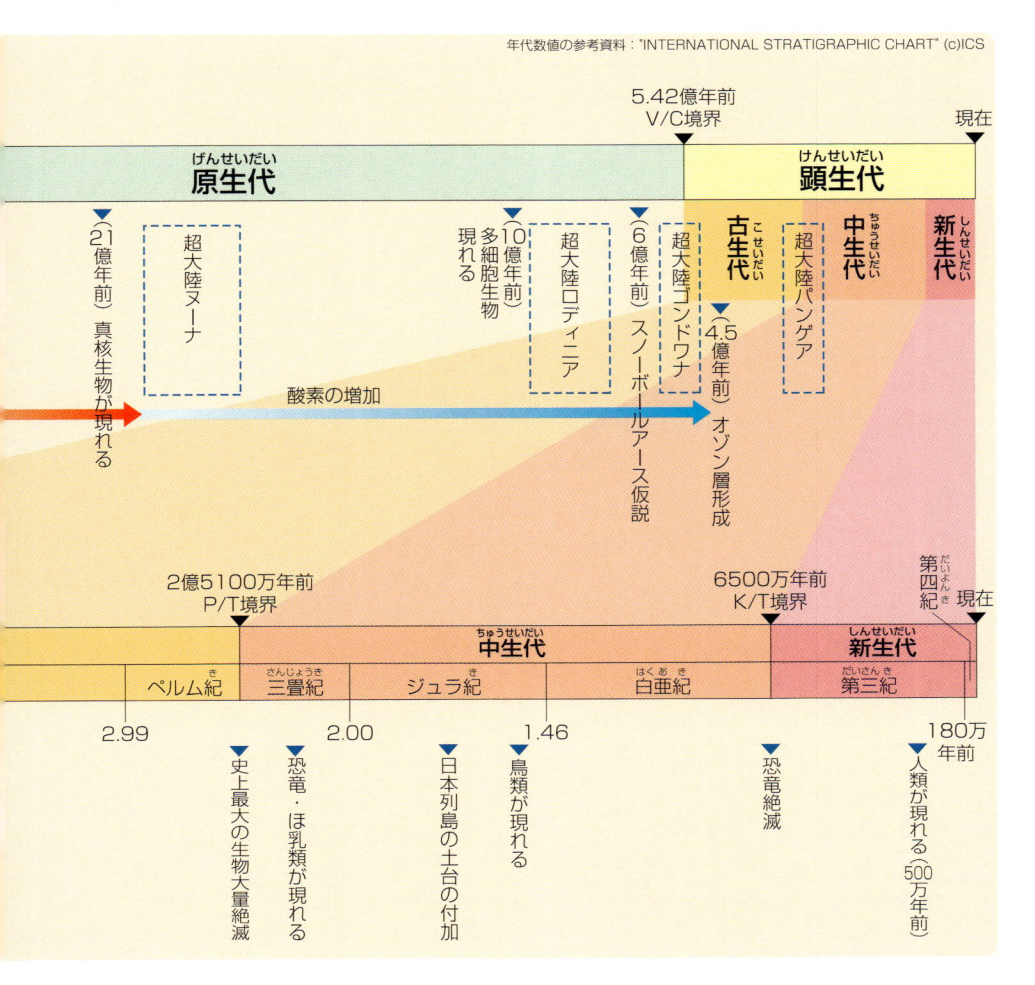

第2章

年代数値の参考資料："INTERNATIONAL STRATIGRAPHIC CHART" (c)ICS

原生代 | **顕生代**

5.42億年前 V/C境界 | 現在

- （21億年前）真核生物が現れる
- 超大陸ヌーナ
- 酸素の増加
- （10億年前）多細胞生物現れる
- 超大陸ロディニア
- （6億年前）スノーボールアース仮説
- 超大陸ゴンドワナ
- **古生代**
- （4.5億年前）オゾン層形成
- 超大陸パンゲア
- **中生代**
- **新生代**

2億5100万年前 P/T境界 | 6500万年前 K/T境界 | 現在

中生代				新生代	第四紀
ペルム紀	三畳紀	ジュラ紀	白亜紀	第三紀	
2.99	2.00	1.46			180万年前

- 史上最大の生物大量絶滅
- 恐竜・ほ乳類が現れる
- 日本列島の土台の付加
- 鳥類が現れる
- 恐竜絶滅
- 人類が現れる（500万年前）

豆知識 地質年代の区分の仕方や時間は、研究の進展によって変更されることがよくあり、学説によって異なることもある。

46億年前（冥王代の始まり）
地球と太陽系の誕生

> **Key word**　**原始惑星の衝突**　水星ほどの大きさの原始惑星が衝突合体して地球が誕生した。

恒星の一生が繰り返され太陽系の材料がつくられた

　宇宙誕生の137億年前から太陽系誕生の46億年前までは90億年もの時間があった。初期の宇宙には、元素は水素とヘリウム、リチウムしかなかったが、恒星の内部で起こる核融合反応によって、ヘリウムから炭素、酸素、ケイ素などがつくられ、最後に鉄までがつくられた。さらに、恒星の一生の最後に起こる超新星爆発などで、鉄より重い元素が合成され、これらの元素が宇宙空間にばらまかれて新たな恒星ができる材料となった。

　このような恒星の一生が何度も繰り返されることで、太陽系の材料、ひいては地球や私たち生物の材料となる元素が用意された。つまり、私たちの体も星のかけらでできているのである。

太陽系と地球の誕生

　太陽系誕生と同じ46億年前頃に、地球も誕生した。太陽系をつくる材料となったのは、宇宙空間に漂っていた水素・ヘリウムなどの「ガス」と「**ダスト**」の雲——**分子雲**である。ダストとは、$1\ \mu m$（マイクロメートル）つまり1000分の1mm程度の大きさの固体の微粒子のことだ。

　分子雲の密度の大きいところが重力で集まり始め、中心に原始太陽ができ、その周りを回る、ガスとダストの円盤状の雲——**原始惑星系円盤**ができた。

　原始惑星系円盤中のダストは、太陽から遠いところでは岩石と氷からなる**氷質ダスト**であったが、太陽に近いところでは熱のために氷質ダストは存在できず、**岩石質ダスト**であった（図2-2①）。この違いが、水星から火星までの**地球型惑星**と、**木星型惑星・天王星型惑星**の違いになったと考えられている。

　これらのダストがしだいに集まって大きさ数km程度の**微惑星**が多数できた（図2-2②）。彗星はこの微惑星の生き残りであると考えられている。微惑星は互いに衝突し合って合体し、**岩石原始惑星**と**氷原始惑星**に成長していった。

　地球は、この岩石原始惑星が、数千万年から数億年かけて衝突合体して生まれた。岩石原始惑星は水星くらいのサイズがあったと考えられているので、地球誕生は巨大衝突の結果であったといえよう。原始惑星の衝突に加えて、残っていた微惑星が盛んに原始地球に衝突し、その衝突のエネルギーで原始地球は熱く溶かされ、**マグマオーシャン**ができた。

　最後の原始惑星の衝突は**ジャイアント・インパクト**とよばれ、このとき原始地球の一部がちぎれて月ができたというのが、月誕生の有力な説である。

豆知識　宇宙空間の「ダスト」は「塵（ちり）」ともよばれる。

2-2 太陽系の惑星の誕生

①ダストの円盤
太陽に近いところは岩石質ダストだが、太陽から遠いところは岩石の微粒子と氷の微粒子が混じった氷質ダストだった。両者の境界は雪境界線といい、現在の火星と木星の間にある。

②微惑星の生成
ダストが集まり大きさ数km程度の微惑星が多数できた。雪境界線をはさんで、岩石微惑星と氷微惑星に分かれている。

③原始惑星の生成
微惑星が衝突合体を繰り返して大きくなり、原始惑星ができた。岩石原始惑星の数は20個程度でそれぞれ水星から火星程度の大きさであったといわれている。これらがさらに衝突合体していった。

④惑星の生成
岩石原始惑星から、水星・金星・地球・月・火星ができた。また、氷原始惑星が衝突合体した惑星のうち、木星と土星は周りのガスを多く集めて**木星型惑星**になり。天王星と海王星は氷を主成分とする**天王星型惑星**になった

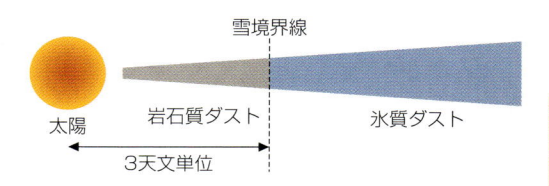

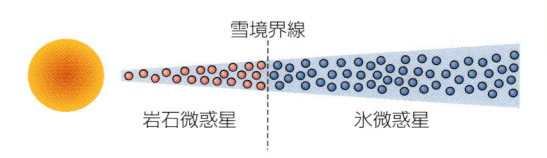

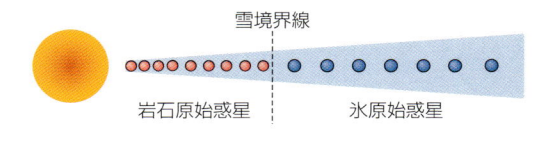

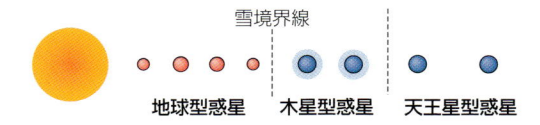

参考資料:『宇宙と生命の起源』

2-3 マグマオーシャンができた原始地球

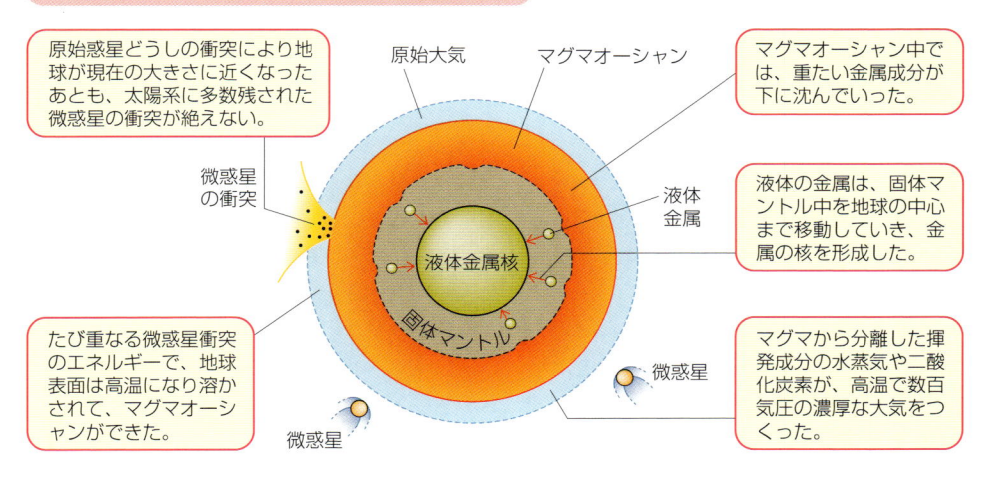

- 原始惑星どうしの衝突により地球が現在の大きさに近くなったあとも、太陽系に多数残された微惑星の衝突が絶えない。
- たび重なる微惑星衝突のエネルギーで、地球表面は高温になり溶かされて、マグマオーシャンができた。
- マグマオーシャン中では、重たい金属成分が下に沈んでいった。
- 液体の金属は、固体マントル中を地球の中心まで移動していき、金属の核を形成した。
- マグマから分離した揮発成分の水蒸気や二酸化炭素が、高温で数百気圧の濃厚な大気をつくった。

豆知識 マグマオーシャンの深さについては諸説がある。

40億年前（冥王代から始生代へ）
海洋生成と生物誕生

> **Key word** **熱水噴出孔** 深海の火山活動領域にあり、200〜300℃の熱水を吹き出している。生物誕生の舞台となったと考えられている。

海洋の生成——熱湯の豪雨が降り注いだ

原始の地球表面に微惑星が衝突して**マグマオーシャン**ができたとき、ガス成分である**水蒸気（200気圧）**や二酸化炭素が岩石から出て原始の大気をつくった。

また、地表の温度は1000℃以上もあった。上空の低温の大気中でできた雲からの雨は地表には到達できず、途中で水蒸気に戻って循環していた（図2-4①）。

地表がしだいに冷えて数百℃まで下がると、雨が地表にまで届くようになった（図2-4②〜③）。高圧の大気中では、水蒸気は数百℃でも液体になる。大気中の大量の水蒸気が数百℃の熱湯の豪雨となって地表に降り注ぎ、地球は原始の海に覆われた。**海洋**ができた年代は、45億年前〜40億年前である。

プレートテクトニクス開始——地球最古の陸地ができる

38〜39億年前にはプレートテクトニクスが開始されていた。この証拠は、グリーンランドの古い造山帯から日本の研究者によって発見されている。プレートの沈み込み帯でできる付加体の構造が見つかったのだ。また、40億年前の**地球最古の岩石**であるカナダのアカスタ片麻岩は、もともと花崗岩か安山岩であり、このような岩石はプレートテクトニクスの活動でできた可能性がある。

花崗岩がつくられることで初めて地球には陸地ができる。玄武岩の海洋地殻は、マントル中へ沈み込んでしまうからだ。当時、地表は海ばかりで、小さな島弧が存在してはいたが、まだ大きな大陸は存在していなかった。

生命の誕生

地球最古の化石は、西オーストラリアで発見された35億年前のバクテリア化石である。生命誕生は、海洋の誕生からまもない40億年前〜38億年前であったと考えられている。

生命の材料タンパク質をつくるアミノ酸は、隕石や彗星から発見されており、太陽系の材料となった分子雲（→p.56）の中でつくられたと考えられている。また原始の地球大気の環境でも合成されることが実験によって確かめられている。

かつては、浅い海底で生命は誕生したと考えられていた。しかし現在では、海底の**熱水噴出孔（ブラックスモーカー）**が舞台となり、200〜300℃の熱水と岩石との反応や、海水に溶け込んだアミノ酸をもとに「化学進化」を繰り返して、生命は誕生したと考えられている。

豆知識 グリーンランド産の38億年前の岩石（イスア堆積岩）から、生物起源と考えられる炭素が発見されている。生物の活動の痕跡となる物質は「化学化石」とよばれる。

2-4 海洋の生成

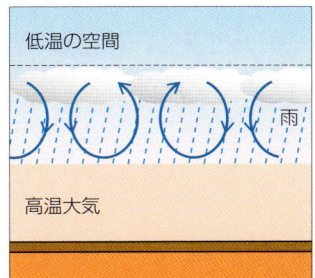

①マグマオーシャンと高温の大気
上空では水蒸気が冷えて雲ができ雨が降ったが、地表に届く前にマグマオーシャンからの熱で再び水蒸気になり、大気の上層を水蒸気と水が循環していた。

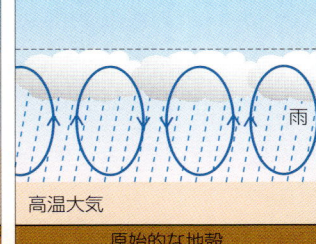

②大気の冷却が進行
地表が冷え、マグマオーシャンの表面が固まり、原始的な地殻ができた。雨が地表の熱で再び水蒸気になる下限の高さがしだいに低くなっていった。

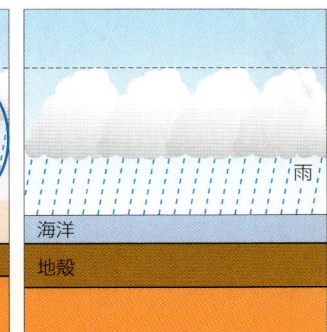

③海洋と原始的な地殻の形成
雨が地表まで降下するようになり、地表に降り注いだ雨によって海洋ができた。海洋底には多数の熱水噴出孔があった。

2-5 生命誕生の舞台──熱水噴出孔（ブラックスモーカー）

現在の地球の熱水噴出孔は、海嶺など火山活動が活発な海底に見られる。深海の高い水圧のため水温が200～300℃という特殊な環境であるが、現在でも高熱菌という生物が生きている。地球最初の生命は、この熱水噴出孔で、豊富なエネルギーをもとに複雑な化学変化を繰り返して生まれたと考えられている。

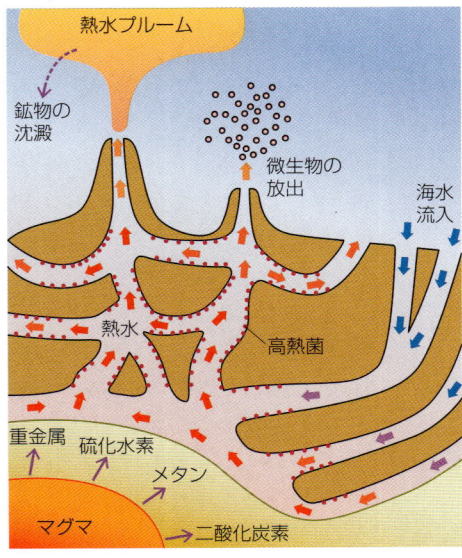

豆知識 熱水噴出孔だけでなく、地下深くにも「地下微生物圏」が存在することが確かめられている。

大気の生成と進化

> **Key word　原始の大気**　地球ができた頃の原始地球大気は、現在のように窒素が主成分ではなく、水蒸気や二酸化炭素が主成分だった。

第1段階の原始大気——水蒸気の大気

原始の地球大気は、微惑星の衝突によって微惑星に含まれていたガス成分が蒸発してできた。

微惑星と同様の成分をもっていると思われる隕石を加熱して調べたり、現在の地球のマグマから放出されるガスを調べたりすると、原始大気は次のような組成であったと考えられる。

〔1位〕水蒸気（200気圧くらい）
〔2位〕二酸化炭素
〔3位〕窒素
〔4位〕硫黄・フッ素・塩素など

水蒸気は大気の高層で雨となったが、地表に達せずに蒸発して、大気の高層で循環していた。

第2段階の原始大気——二酸化炭素の大気

第2段階の地球大気は、水蒸気が雨となって地表にまでとどき、海洋をつくったあとの大気である。海洋ができる前は2番目の順位だった二酸化炭素が、大気の主成分になった。

〔1位〕二酸化炭素（10気圧くらい）
〔2位〕窒素（1気圧くらい）

硫黄・フッ素・塩素は水に溶けて海洋を酸性にしたと考えられる。二酸化炭素は、中性の水には少し溶ける性質をもっている。しかし、当時の海水は酸性であったためすぐには溶けなかった。

第2段階の原始大気組成を見ると、現在の金星や火星の大気組成と順位が一致している。特に金星と似ているが、金星には海洋がないにもかかわらず、大気中に水蒸気が少ないのが異なるところだ。

金星大気は、かつて水蒸気が多かった。しかし、海洋ができなかったため、大気の上層で長期間紫外線にさらされ、水蒸気は酸素と水素に分解した。水素は宇宙空間に逃げ、酸素は地表の物質を酸化して固定されたと考えられている。

二酸化炭素の大気は非常に高い「温室効果」をもっており、惑星の表面を保温するはたらきがある。

2-6 大気の組成の歴史的変化

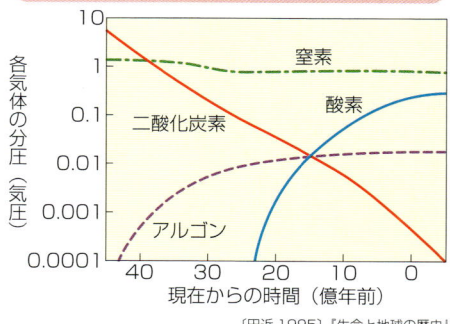

〔田近,1995〕『生命と地球の歴史』

豆知識　火山の噴煙中で火山灰や火山礫が互いにぶつかり合って静電気が発生し、「火山雷」とよばれる放電現象が見られることがある。

第3段階の原始大気——二酸化炭素が減少し、窒素が主成分に

岩石から海水にナトリウムイオンやカルシウムイオンが徐々に溶け出し、海水を中和してからは、二酸化炭素は海水に溶け込むようになった。

二酸化炭素（炭酸）は、海水中のカルシウムイオンと反応して炭酸カルシウムになり、石灰岩を大量につくって、大気から取り除かれていった。その結果地球大気には窒素が残り、窒素が大気の主成分となったのである。また、27億年前に登場したシアノバクテリアや古生代に登場したサンゴなども、石灰岩質の殻や骨格をつくり二酸化炭素を固定し始めた。

〔1位〕窒素（1気圧くらい）
〔2位〕二酸化炭素（徐々に減少）

2-7 海洋による二酸化炭素の吸収

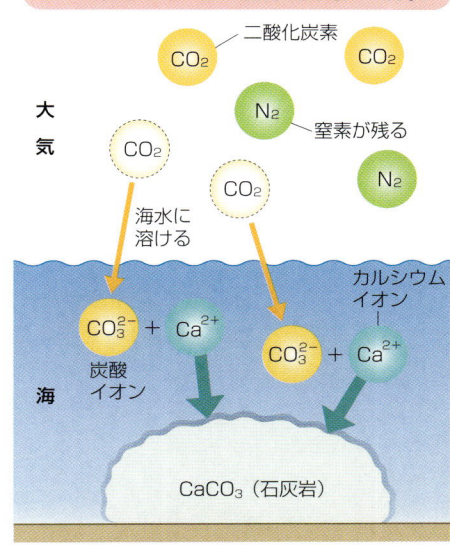

酸素がしだいに増えて現在の大気へ

シアノバクテリアは、地球史上初めての光合成を行う生物として、およそ27億年前の海に出現して繁栄し、大気中に大量の酸素を放出していった。そして現在のような水準の酸素の量になるまで、25億年ほどかかった（酸素の増加の歴史についてはp.64とp.74も参照）。

2-8 現在の惑星大気

	水星	金星	地球	火星
半径〔地球=1〕	0.38	0.95	1	0.53
表面気圧〔地球=1〕	ほぼ0	90	1	0.006
表面温度〔℃〕	260	460	20	−20
大気組成〔%〕				
窒素	-	3.4	78	2.7
酸素	-	0.0069	21	0.13
水蒸気	-	0.14	1〜2.8	0.03
二酸化炭素	-	96	0.032	95
アルゴン	-	0.002	0.93	1.6

参考資料：『理科年表』／画像：NASA

豆知識 ルイ14世を病死させ、ルイ16世とマリーアントワネットを断頭台の露と消えさせるなど所有した人を不幸に陥れたことで有名なのは、42.5カラットの青い色をしたホープダイヤモンド。

27億年前（始生代の後期）
地球磁場の誕生

> **Key word** **地球磁場のダイナモ理論** 地球の外核が発電機のような役割をして、地球磁場をつくっている。

地球ダイナモ

地球磁場は、27億年前頃、急に強くなったことがわかっている。そもそも地球の磁場はどのようにして発生しているのだろうか？ 内部に永久磁石があるのかというとそうではない。地球内部の数千℃の高温では永久磁石は磁力を失ってしまう。残る可能性は、電磁石のようなしくみがあるということだ。

地球の磁場を説明する「**ダイナモ理論**」によると、地球の磁場の発生は、**外核の鉄（液体）の対流**と地球の自転によって説明が可能である。ここでいうダイナモとは発電機のことである。

コイルに電流を流すと電磁石になる。外核は鉄なので、コイルのような電流が流れることは可能である。ではその電流はどうやって起こるのか？ 磁場の中でコイルを回すと電流が流れるというのが発電機のしくみであり、磁場さえあれば電流は生じる。これは「ニワトリが先か、たまごが先か」のような議論だ。しかし、ダイナモ理論によれば、いったん磁場の中で外核の鉄の対流が発電機のように発電を始めれば、それによって生じた渦状の電流により新たな磁場が発生し、その磁場によって電流が強化され持続することが可能である。これは、いわば発電機と電磁石をあわせたような仕組みだ。

外核の液体の鉄にこのような対流が起こるきっかけとなったのは何であるかは、内核との作用で説明するなど諸説があるが、まだ定説はないようである。ここでは、マントルオーバーターンによる説を次に紹介する。

27億年前のマントルオーバーターン仮説

プレートテクトニクスが始まってから10億年以上の間、沈み込んだ原始的なプレートの残骸は、上下のマントルを2層に分ける「しきり」になっていたと考えられている。このため、海溝から沈み込んだプレートの残骸が、下部マントルには落ちていかない時代が続いたが、27〜28億年前に初めて下部マントルの底へプレート残骸が落ちていき、マントルオーバーターン（→p.46）が起きたらしい。この仮説によれば、外核の上へと落ちた冷たいプレート残骸は、外核の一部分を冷やした。このことで外核の一部に下降流を起こして対流活動を活発にさせ、これが地球ダイナモ始動のきっかけになった可能性があるという。

27億年前のマントルオーバーターン仮説は、このあとの時代に起こる火成活動の活発化や、超大陸の形成についてもうまく説明している（→p.66）。

豆知識 地球ダイナモを動かした原因として、核の安定成層が崩壊したとする仮説もある。

地球磁場のバリア

　地球磁場ができる前は、宇宙からの放射線が地表に降り注ぐため、放射線の届かない深海にしか生命は生息できなかった。しかし、27億年前頃に強くなった磁場は、電荷を帯びた宇宙からの放射線を遮るバリアの役割をして、生命が浅い海底に生息できる条件を整えた。そして、時を同じくして、生命は浅い海底に進出し光合成を始め、酸素の放出を始めることとなったのである（→p.64）。

2-9 生命を守る地球磁場のバリア

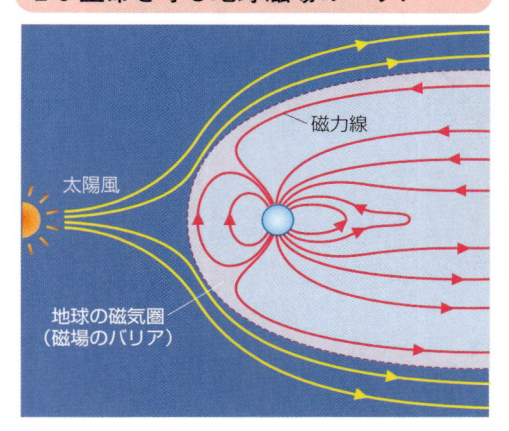

磁力線
太陽風
地球の磁気圏（磁場のバリア）

2-10 地球ダイナモの始動―マントルオーバーターンによるとする説

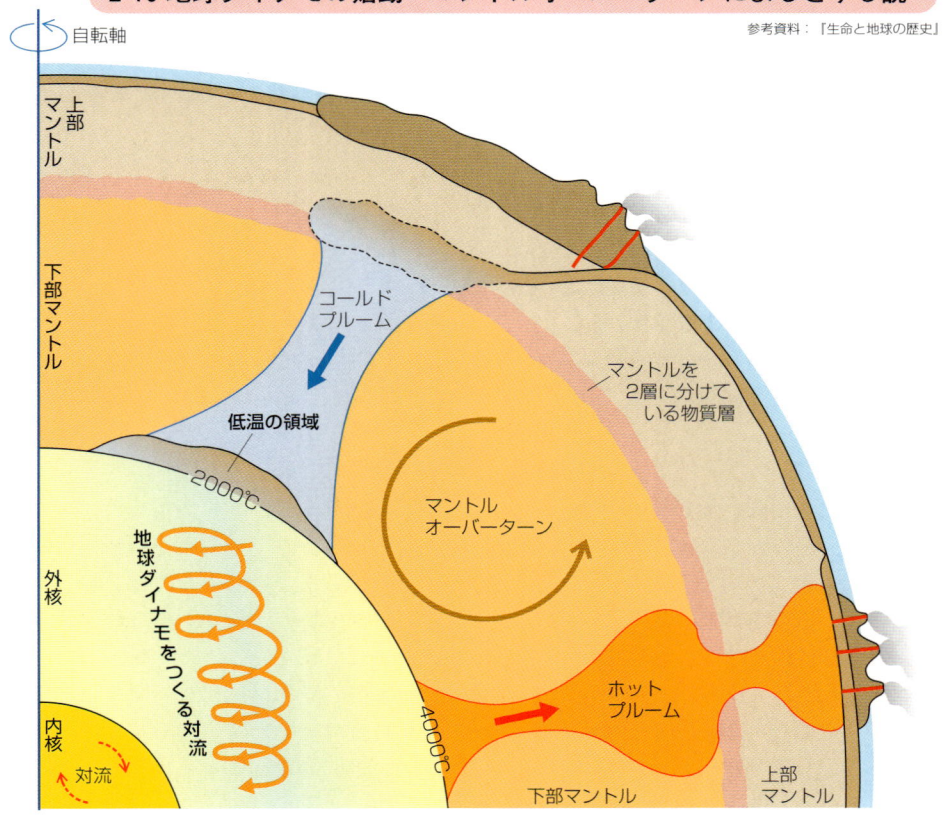

参考資料：『生命と地球の歴史』

自転軸
上部マントル
下部マントル
コールドプルーム
低温の領域
2000℃
マントルを2層に分けている物質層
マントルオーバーターン
外核
地球ダイナモをつくる対流
4000℃
ホットプルーム
下部マントル
上部マントル
内核
対流

豆知識 1640年の北海道駒ヶ岳の噴火では、山頂部が崩壊して岩屑雪崩を起こし、それが東側の内浦湾に流れ込んだ。津波が発生し、内浦湾沿岸で約700人の死者を出した。

原生代の生物進化

> **Key word** **原生代の生物** 25億年前〜5.4億年前が原生代。ここでは27億年前の光合成生物登場から硬骨格生物出現以前までを解説する。

光合成生物の誕生—27億年前

27億年前頃に強くなった地球磁場は、宇宙からの放射線を遮るバリアの役割をした（→p.63）。時を同じくして、生命は浅い海底に進出して**光合成**を始めた。

最古の光合成生物の化石は、27億年前の**ストロマトライト**とよばれる層状の構造をもった岩である（写真→p.14）。ストロマトライトは、**シアノバクテリア**という光合成を行う微生物の集合体がつくるものだ。

光合成生物が浅い海で増えるようになってすぐに大気中に酸素が増えたかというとそうではない。当時の海水中には、現在とは違って大量の鉄イオンが存在していた。鉄イオンは酸素と結びついて酸化鉄の沈殿となり、海底に降り積もった。そのピークは25〜18億年前であった。この証拠は、現在金属資源として大量に利用されている**縞状鉄鉱層**である。つまり、私たちが現在利用している鉄は、太古の光合成生物がつくり出したものである。

海水中の鉄イオンは、20億年前には大方なくなってしまい、海水中には次第に余った酸素が増えてくるようになり、大気中にも放出されていった。

2-11 酸素の発生と縞状鉄鉱層形成

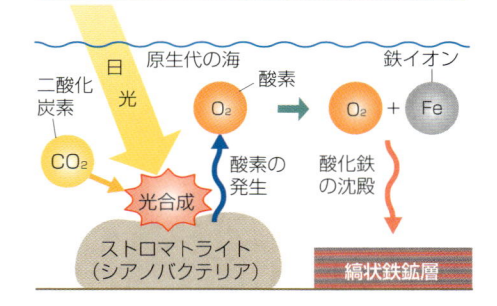

（図：二酸化炭素 CO_2、日光、原生代の海、光合成、ストロマトライト（シアノバクテリア）、酸素の発生 O_2、鉄イオン Fe、酸化鉄の沈殿、縞状鉄鉱層）

原核生物から真核生物への進化—21億年前

酸素は生命活動の源のように普段私たちは感じているが、実は毒でもある。それまで酸素のない環境で生きてきたバクテリアは、細胞内に酸素が入ってくると、酸素によってDNAが壊されてしまう危険にさらされる。

一方、光合成生物の登場と並行して、酸素を利用して呼吸を行うバクテリアも登場していた。酸素を利用すると、同じ栄養を分解するときに19倍ものエネルギーが得られるので、これを積極的に利用したのである。当時の生物は、酸素を好む好気性生物と、酸素を嫌う嫌気性生物に分かれていた。

海水中の酸素増加によって生存の危機に立たされていた嫌気性バクテリアの中には、画期的な進化をとげて環境に適応するものが現れた。

豆知識 真核生物は、複数のバクテリアが1つの細胞に「共生」することで進化したと考えることができる。

自らの細胞の中に、好気性バクテリアを取り込んで**ミトコンドリア**とよばれる呼吸器官にし、細胞内の酸素を消費させたのである。またDNAを膜で包んで**細胞核**とし、酸素の危険から守った。

多細胞生物への進化—10億年前

真核生物は、細胞内にミトコンドリアなどの器官を持つことで、原核生物のバクテリアに比べて細胞が100倍以上に大型化した。また、活動能力が向上し、環境の変化に対応しやすくなった。

真核生物は、さらに進化して、10億年前頃になると、**多細胞生物**が現れた。12.5〜9.5億年前の地層からは藻類（ノリなどの仲間）の化石が、9億年前の地層からはさらに菌類（カビやキノコなどの仲間）の化石が発見されている。

これは原始的な**原核生物**（細胞核がない）から、高等な**真核生物**（細胞核がある）への進化である。さらに光合成を行うシアノバクテリアを細胞内に取り込んで葉緑体とする生物も現れた。

その後、全地球的な氷河時代（→p.70）がおとずれたあと再び温暖な気候になった5.9億年前頃には、大型の生物が現れた。化石としては、オーストラリアのエディアカラで見つかった数cmから1mの大きさの**エディアカラ生物群**がある。薄っぺらな体形で、硬い骨格や循環器官などはなかった。表面積の大きな体形から、藻類や菌類を共生させる宿主としての生物であったという説や、巨大ではあるが単細胞生物であったとする説もある。

2-12 原核生物と真核生物

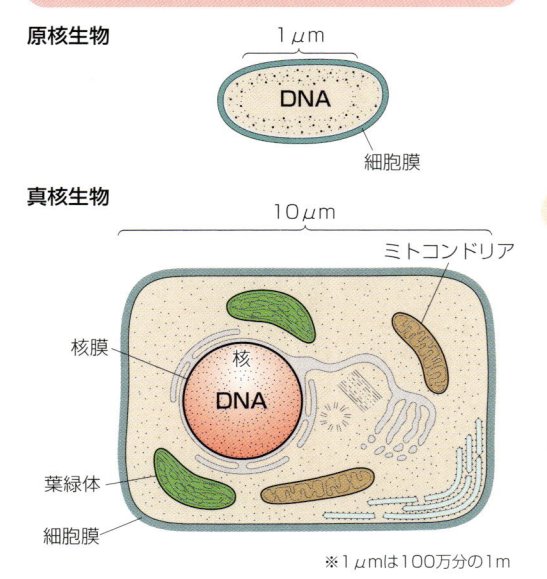

原核生物

1μm

DNA
細胞膜

真核生物

10μm

ミトコンドリア
核膜
核
DNA
葉緑体
細胞膜

※1μmは100万分の1m

2-13 エディアカラ生物群の体形

エディアカラ生物群の生物は、硬い骨格や循環器などはなく、全体が扁平な体形をしている。

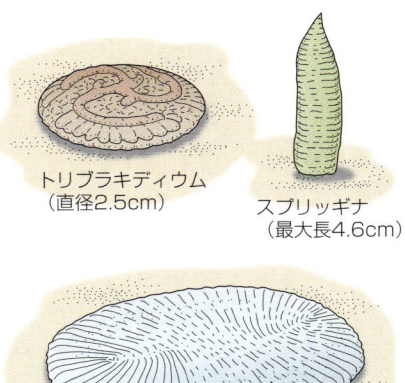

トリブラキディウム
（直径2.5cm）

スプリッギナ
（最大長4.6cm）

ディッキンソニア
（最大長1m）

豆知識　シアノバクテリアは藍藻（らんそう）類ともよばれる。

19億年前（原生代の前期）
超大陸の誕生

Key word　**ヌーナ**　19億年前頃、小さい陸地がプレートの運動で集まってできたと考えられる最初の超大陸。

19億年前初代超大陸ヌーナ

地球に地殻ができ、海洋ができたばかりの始生代では、陸地はほとんどなく、海ばかりが広がる世界であった。

海洋ができたとき、プレートテクトニクスはすでに機能していたとする説もある。海嶺で海洋地殻がつくられ、プレートの運動によって運ばれ、海溝へ沈み込んだ。沈み込んだ海洋地殻は、その当時は温度が高いため、地殻自体が溶融してマグマとなり、海溝に沿って火山活動を起こして花崗岩の陸地がつくられたと考えられる。これは、現在の沈み込み帯の弧状列島と似ているが、違う点もある。現在では、沈み込んだ海洋地殻から遊離した「水」が重要な役割をしている（詳しくはp.68で述べる）。

海溝に沿った火山活動によってできた花崗岩は、海洋プレートをつくる玄武岩よりも軽いため、プレートがマントルへ沈み込んでも、花崗岩は沈み込まない。このようにして、陸の地殻がつくられ始めた。

花崗岩の陸地は始生代には島のようなものであったが、プレートの運動によりしだいに衝突・合体して大きくなっていったと考えられる。

27億年前に起こったとされる最初の**マントルオーバーターン**（→p.62）により、マントル対流のパターンが変わって、ひとつの対流の大きさが大きくなったらしい。また、**スーパーコールドプルーム**ができると、すべてのプレートはそこへ吸い込まれていくようになる。19億年前、ついに陸地が1カ所に集まって、初めての**超大陸ヌーナ**が誕生した。ヌーナは北アメリカ大陸の主体・グリーンランド・スカンジナビア半島・南極大陸の東部を合わせた広がりをもっていた。

分裂した超大陸の切れ端が次の超大陸をつくる

初めての超大陸ヌーナの形成のあと、超大陸は分裂と形成の繰り返し——**ウィルソンサイクル**（→p.40）に入った。

分裂したヌーナの切れ端は、別の場所に集まり始め、約10億年前には**超大陸ロディニア**が形成された。図2-15の復元図を見ると、ロディニアは、古い陸地（超大陸ヌーナの切れ端）と、新しい超大陸が形成される過程での新たな造山運動による陸地からできている。

その後、ロディニアは分裂して、次の超大陸ゴンドワナ、さらに次の超大陸パンゲアの一部となった。現在の大陸は、過去の超大陸の切れ端と新たな造山運動によってできた陸地が合わさってできているのだ。

豆知識　1985年コロンビアでは、ネバド・デル・ルイス火山が噴火し、火砕流が氷河をとかして大規模な火山泥流が発生した。死者2万5000人。

2-14 初めての超大陸の誕生

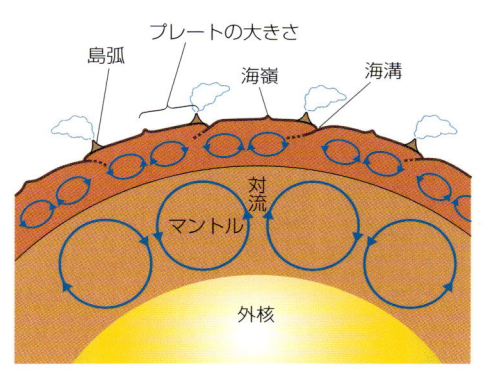

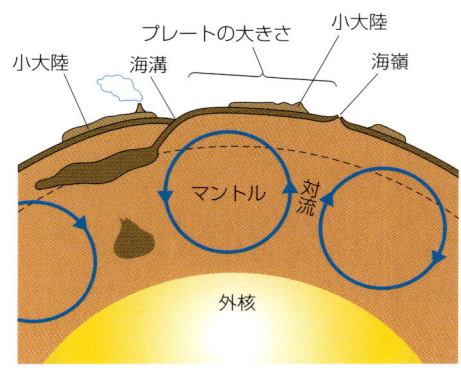

図ラベル（左図）：島弧／プレートの大きさ／海嶺／海溝／対流／マントル／外核

図ラベル（右図）：小大陸／プレートの大きさ／海溝／小大陸／海嶺／対流／マントル／外核

最初は小さな陸地しかない

38～39億年前からマントル対流が開始されていたが、陸地は沈み込み帯でできる弧状列島ようなものしかない。マントル対流の大きさが小さく、小規模な陸地どうしの衝突・合体があっても、陸地が地球の1カ所に集まることはあり得なかった。

マントル対流が変わり超大陸ができる

27億年前ごろからマントル対流のパターンが変わり始め、対流の大きさが大きくなった。面積を増やしてきていた小大陸どうしが衝突し、ついに19億年前に北米大陸より少し大きいくらいの超大陸ヌーナができた。単一のスーパーコールドプルームができると、地球上のすべてのプレートがそこへ吸い込まれていき、大陸が1カ所に集まって超大陸になる。

2-15 2番目の超大陸ロディニアのつくり

10億年前に形成された超大陸ロディニアは、2種類の陸地からできている。

① ロディニア以前の古い陸地（超大陸ヌーナの切れ端）

② 新しい超大陸が形成される過程での、衝突帯における新たな造山運動による陸地

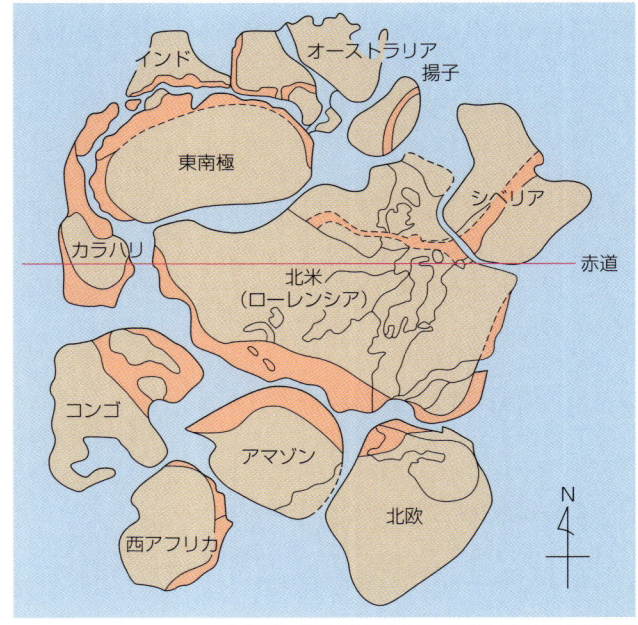

図ラベル：インド／オーストラリア／揚子／東南極／シベリア／カラハリ／北米（ローレンシア）／赤道／コンゴ／アマゾン／北欧／西アフリカ

参考資料：〔P.F.Hoffman〕『プルームテクトニクスと全地球史解読』

豆知識 火山噴火の際に火口から出た衝撃波の面で光が屈折し、「光環」とよばれる光の環が広がるように見えることがある。

7.5億年前（原生代の後期）
海水のマントル注入説

> **Key word　マントルへの海水注入**　マントルに水が入り始めると、地球の活動にさまざまな変化が生まれる。生物の進化をも促したかもしれない。

なぜ海水がマントルに入るのか？

　私たちの日常の感覚では、**水**は地表の川や海と空の間を循環しているものである。少し想像力を広げても地下数十メートルに地下水が流れていることを考えるくらいだ。しかし、地球史の長い時間の流れの中で見ると、水は、地球のもっと内部に入り込み、地球全体の活動に大きな影響を与えているらしい。

　海嶺では、海洋プレートがつくられるとき、マグマが海水と反応して、水と鉱物がむすびついた**含水鉱物**をつくる。つまり、海洋プレートには、水が固定されているのである。このプレートが海溝からマントルへ沈み込んでいくときに、海水もいっしょにマントルへ入っていく。この水がマントルを溶けやすくさせ、沈み込み帯に火山活動を起こすのである（マグマのでき方については→p.106）。

　しかし、海洋プレートといっしょに沈み込んだ水の行方は、7.5億年前を境に、その前と後とでは変化が生じていたという説がある。

　7.5億年前以前には、マントルの温度が高く、そのため沈み込んだプレートの含水鉱物は、浅いところで水とドライな鉱物に分解して、水は熱水として地表に戻っていたと考えられるという。しかし、マントルの温度が下がってくると、含水鉱物が完全には分解しないままマントル中に入り、そこで水を放出する。つまり、7.5億年前から**マントルに水が注入**され始めて、現在に至っているのだ。

海水のマントル注入によって何が起こるのか？

　マントルに水が注入されると、地球の活動にはどのような変化が生じると考えられるのだろうか？

　ひとつは、先に述べたように、沈み込み帯での**火山活動が活発化**しただろうということである。

　次に、マントルの粘性が低くなり**プレートの移動速度が上昇**しただろうと考えられる。超大陸ロディニアは7.5億年前から分裂を始めたが、わずか2億年後の5.5億年前には、次の超大陸ゴンドワナが形成されている（→p.73）。これは、プレートの移動速度が急上昇したことを物語っている。

　さらに、驚くべきことに、何億年にも渡って水が注入され続けることで、**海水の量が減少**しているという。これによって海水面が低下し、陸地の面積が増えることで、巨大河川などによる陸地の侵食作用が増え、大量の土砂を海に流し出して堆積岩が盛んにつくられるようになった。

豆知識　「砂鉄」は、火成岩や凝灰岩に含まれている「磁鉄鉱」という鉱物が、風化して壊れ、ばらばらの粒になったものである。

堆積岩がつくられる作用が増えた結果、生物活動による有機物が堆積物に埋もれて、堆積岩に固定された。有機物が腐って分解すると酸素を消費するため環境中の酸素が増えないが、堆積岩中に固定されると酸素が消費されず、**酸素が増加**する。酸素の増加により大型生物への進化が可能になった。また、大気中に放出されて増えた酸素は後にオゾン層を形成し、生物の陸上進出を可能にした。

このように、海水のマントル注入説では、海水注入が始まった7.5億年前を境に、生物圏を含めた地球環境に大きな変化が生じたと考えられている。

2-16 海水のマントル注入のしくみ

現在の東北日本をモデルとしたマントルへ水が運ばれるしくみ

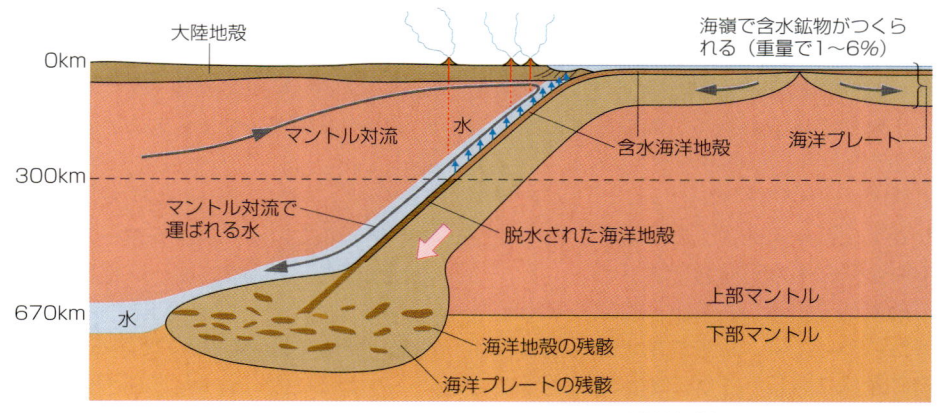

- 大陸地殻
- 海嶺で含水鉱物がつくられる（重量で1〜6%）
- マントル対流
- 水
- 含水海洋地殻
- 海洋プレート
- マントル対流で運ばれる水
- 脱水された海洋地殻
- 上部マントル
- 下部マントル
- 水
- 海洋地殻の残骸
- 海洋プレートの残骸

参考資料：『プルームテクトニクスと全地球史解読』

2-17 海水のマントル注入によって起こったと予想される地球環境の変化

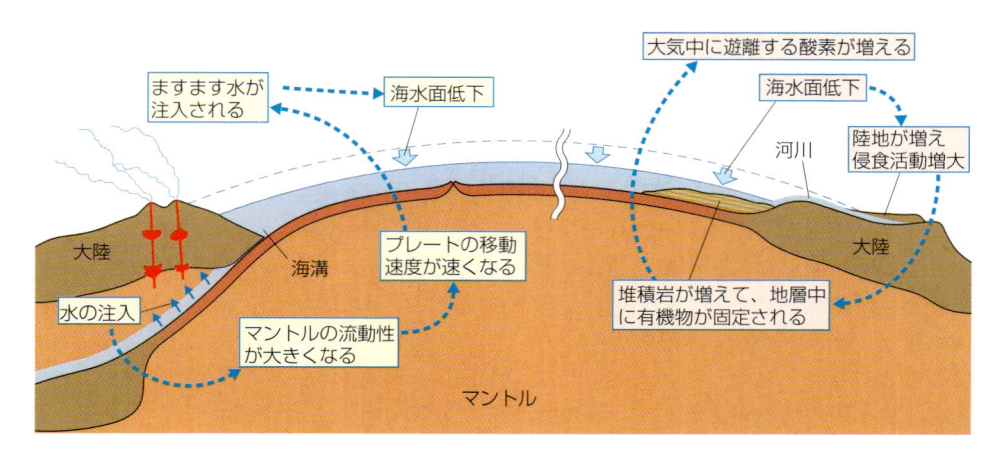

- ますます水が注入される
- 海水面低下
- 大気中に遊離する酸素が増える
- 海水面低下
- 陸地が増え侵食活動増大
- 大陸
- 海溝
- プレートの移動速度が速くなる
- 河川
- 大陸
- 水の注入
- マントルの流動性が大きくなる
- 堆積岩が増えて、地層中に有機物が固定される
- マントル

豆知識　サンフランシスコ郊外では、砂漠の中を走るサンアンドレアス断層の露頭をみることができる。

6億年前
スノーボールアース仮説

> **Key word**　スノーボールアース（雪玉地球）仮説　地球全体が厚い氷に覆われた大氷河時代があったとする仮説。「全球凍結」仮説ともよばれる。

氷河時代とは？

　地質時代で、大規模な氷床が存在した時代を**氷河時代（氷河期）**という。意外に感じるが、この定義に従えば、現在の地球も北極や南極に大規模な氷河が存在するので、氷河時代である。地球史のスケールでみると、地球は今より温暖であった時期のほうが長く、周期的に寒冷な氷河時代がおとずれている。

　新生代第四紀（つまり現在を含む時代）は、氷河作用がよく調べられているので、一般に氷河時代といえば、第四紀のことをさすことも多い。多いときには現在の陸地の約30％を氷河が覆って、中緯度圏の非山岳地域にまで氷床が存在した。

赤道まで氷床があった氷河時代──スノーボール・アース仮説

　新生代の氷河時代だけでなく、古生代や原生代にも氷河時代があった。

　原生代である7.5～6億年前頃の大氷河時代については、世界各地で氷河性堆積物が発見されているが、ある地域のものは氷河性堆積物を覆うように熱帯の海でできるはずの「縞状の炭酸塩岩」が発見されており、謎とされてきた。赤道地域にまで氷河が広がっていたことになるのである。しかもその直後には、熱帯の気候にすぐもどっているのだ。このような急激な気候変化があり得るのだろうか？

　地表を氷床が覆うと、真っ白な氷が太陽光を反射してしまうため太陽光の熱を吸収できず、気温は低下する。氷床に覆われる地域の面積がある限度を超えて広がると、**寒冷化が暴走**し、急に地球全体が凍りつく極寒の気候に「気候ジャンプ」することが理論上わかっている。

　約6億年前の地球がまさにその状態にあったとするのが、**スノーボールアース（雪玉地球）**仮説である。地球は数万年で－40℃にまで冷え、海洋も含め全球が数kmの氷に覆われたはずであるという。

　この氷河時代が始まった原因は、大気中の二酸化炭素が減少し温室効果が下がったためと考えられている。二酸化炭素が減った原因は何か？　当時は、陸地面積が増大し、超大陸ロディニアができていた。陸地の侵食作用が活発になり、堆積岩が増えて有機物が大量に堆積岩に閉じこめられた。すると、有機物が腐敗分解して二酸化炭素になる量が減り、二酸化炭素CO_2が減ったのだ。

　また、風化作用（→p.144）により陸地の岩石のカルシウムCaが大量に水に溶け出すと、大気中の二酸化炭素CO_2が炭酸カルシウム$CaCO_3$として大量に石灰岩に固定されるため、二酸化炭素減少の一因になると考えられている。

豆知識　氷河時代に入るきっかけとして、北極や南極に大陸があって氷床ができやすいことも関係していると考えられている。

2-18 全地球凍結のしくみ

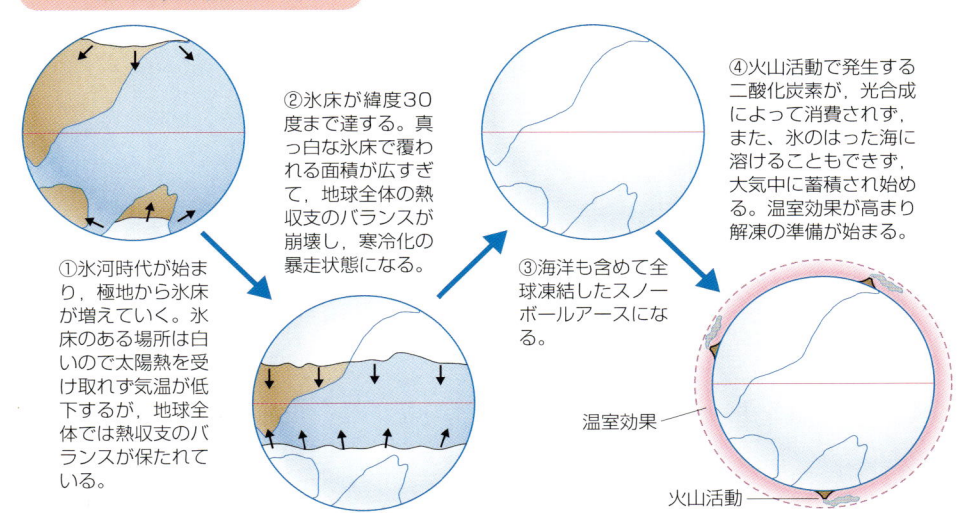

①氷河時代が始まり、極地から氷床が増えていく。氷床のある場所は白いので太陽熱を受け取れず気温が低下するが、地球全体では熱収支のバランスが保たれている。

②氷床が緯度30度まで達する。真っ白な氷床で覆われる面積が広すぎて、地球全体の熱収支のバランスが崩壊し、寒冷化の暴走状態になる。

③海洋も含めて全球凍結したスノーボールアースになる。

④火山活動で発生する二酸化炭素が、光合成によって消費されず、また、氷のはった海に溶けることもできず、大気中に蓄積され始める。温室効果が高まり解凍の準備が始まる。

温室効果
火山活動

スノーボールアースからの復帰

　全球凍結した真っ白な地球は、太陽光を吸収できず、二度と温暖な環境に復帰できないので全球凍結はありえない――とかつては考えられていた。何が地球を温暖な環境に復帰させたのだろうか？

　その後の生物進化を考えれば、一部の生物は地球のどこかで生き延びていたはずだ。火山活動の活発な地域では、氷床の下に温暖な水が存在したり、あるいは氷床がなかった可能性もあり、生物は生存を続けていたのだろう。

　このような火山活動により大気中に放出された二酸化炭素は、海面が氷に覆われた状態では海水に溶けることができず、大気中に蓄積する一方になった。このため二酸化炭素濃度が現在の300倍以上にもなり、**温室効果**が異常に高い「超温室状態」になった。徐々に温暖化が進行し、ついにある地域の温度が0℃を超えた。一部でも氷床が溶けて地表が太陽熱を吸収し始めると、超温室状態により温度が急上昇し、氷床は数千年で一気に溶けた。そして、増えた二酸化炭素は解凍した海水に急激に溶け、「炭酸塩の堆積物」をつくったと考えられる。

2-19 スノーボールアースの気温変化

全地球が凍結したときの気温変化。凍結には数万年、解凍には溶け始めから数千年しかかからない。

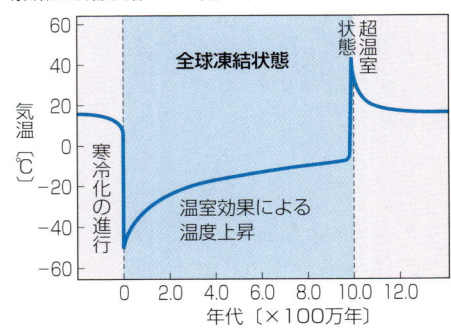

（グラフ：縦軸 気温〔℃〕 -60〜60、横軸 年代〔×100万年〕 0〜12.0。寒冷化の進行、全球凍結状態、温室効果による温度上昇、超温室状態）

参考資料：『全地球凍結』

豆知識　カルシウムなどの金属イオンが含まれた水に、二酸化炭素が溶けると、炭酸カルシウムなどの「炭酸塩」ができる。

5.4億年前（原生代から古生代へ）
カンブリア爆発──V-C境界

> **Key word** **カンブリア爆発** 古生代始めに起こった生物の爆発的な進化をカンブリア爆発とよぶ。

V-C境界──先カンブリア時代と古生代の境界

　先カンブリア時代（始生代・原生代）と古生代を分ける理由ははっきりしている。古生代初めのカンブリア紀の地層からは、それ以前の地層に比べて急に多くの化石が産出されることだ（図2-20）。この境界は約**5.4億年前**であり、**V-C境界**（ベンド紀－カンブリア紀境界）という。カンブリア紀には、生物の爆発的な進化が起こったと考えられており、**カンブリア爆発**とよばれる。

　カンブリア紀に登場した新しいタイプの生物の例として、まずあげられるのは、エビやカニのように硬い殻の骨格をもった多様な生物だ。よく知られる三葉虫もそのような生物である。

2-20 カンブリア爆発　産出する化石の種類が激増する。

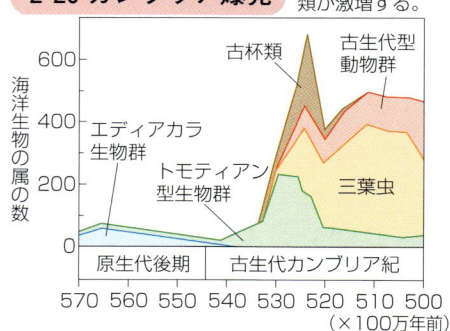

（縦軸：海洋生物の属の数　0〜600）
（横軸：570〜500　×100万年前）

エディアカラ生物群／トモティアン型生物群／古杯類／古生代型動物群／三葉虫

原生代後期｜古生代カンブリア紀

参考資料：〔G.Vidal & M.Moczydlowska-Vidal〕『科学』第68巻第9号, 1998

バージェス動物群

　カンブリア紀に登場したアノマロカリスは、体長が60cmにも達する奇妙な形をした動物だ。最初に発見された化石がエビの尾部の形をしていたので、アノマロカリス（奇妙なエビ）と名付けられたが、エビのように見えたのは捕食のための腕のような器官であり、アノマロカリスはもっと大きな動物であることが後からわかった。食物連鎖の頂点にいた大型の捕食動物であると考えられている。

　ほかにも、オパビニアやハルキゲニアなど多様な動物が、カナダのロッキー山中にある5.3億年前のバージェス頁岩から多数見つかっており、これらの動物たちは**バージェス動物群**とよばれる。

古生代の海洋生物

　バージェス動物群の中には、脊椎に似た器官をもつピカイアという動物がおり、脊椎動物の魚類の祖先ではないかと思われていた。しかしその後、中国で5.3億年前の地層から、原始的な魚類の化石が見つかったので、脊椎動物の祖先はもっと古い時代に現れていたことがわかった。

豆知識　トモティアン型生物群とは、古生代カンブリア紀に登場した大きさ1mm程度の貝のような殻をもった動物群。小有殻化石群 SSF ともいう。

バージェス動物群はカンブリア紀の前期に現れたが、次のオルドビス期には絶滅し、三葉虫、オウム貝、古生代型アンモナイト、有孔虫、古生代型サンゴ、筆石など別の生物群が古生代の海の代表的な生物となっていった。

2-21 古生代に現れた海洋生物

バージェス動物群

バージェス動物群は、カナダのロッキー山脈にある約5.3億年前のバージェス頁岩から発見された。

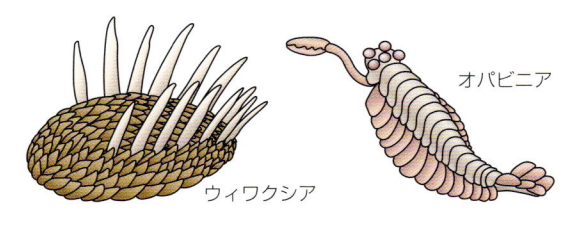

アノマロカリス

ウィワクシア

オパビニア

その他の海洋生物

三葉虫は、古生代の代表的な海の生物である。

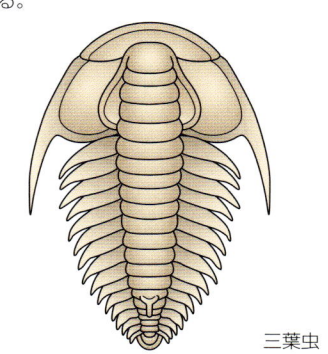

三葉虫

超大陸分裂と大量絶滅の関係

V-C境界は、約6億年前の大氷河時代（→p.70）が終わったすぐ後である。また、超大陸ゴンドワナが形成・分裂した時期でもあり、これらの大事件が、生物の爆発的進化のなんらかのきっかけになったのではないかと推測されている。

古生代と中生代の境界—P-T境界では生物の大量絶滅が起こっているので（→p.76）、V-C境界においても生物種の大量絶滅が起こったのかもしれない。エディアカラ生物群（→p.65）のように硬い骨格のない生物の化石は残りにくく、大量絶滅の直接の証拠は得られていない。

大量絶滅を起こした環境の激変が、新たな進化のきっかけになるのはなぜか？これは、今後明らかにされていくであろう興味深いテーマである。

2-22 古生代の生物化石

腕足貝（古生代デボン紀）

オウム貝（古生代シルル紀）

豆知識 図2-20の古杯類とは、逆円錐型、つまりコップや杯（さかずき）のような形をした殻をもった底生動物で、カンブリア紀の終わりに絶滅した。

4.3億年前（古生代前期）
オゾン層と古生代生物の陸上進出

> **Key word** オゾン層　大気中の酸素O_2からできるオゾンO_3は、大気中にオゾン層をつくり、太陽からの有害な紫外線を吸収する。

酸素はどのように増えたか？

　光合成を行う生物、シアノバクテリアが登場した27億年前から酸素はつくられていた。最初の7〜8億年のうちは海水中の鉄イオンと反応して沈殿したので、大気中にはあまり放出されなかった。酸素は、20億年前頃からやっと大気中に増え始めた。ではその後、酸素は順調に増え続けたのだろうか？

　酸素は、光合成生物が二酸化炭素と水から有機物（炭素を含む物質）をつくるときに放出される。しかし、つくられた有機物が腐敗して分解されるとき、有機物中の炭素（C）が周りの環境中の酸素（O_2）と結びついて二酸化炭素（CO_2）になるので、光合成が行われるだけでは酸素は増えない。酸素が大気中に増えるためには、光合成によりつくられた有機物が腐敗・分解せずにどこかに保存される必要がある。そのはたらきをするのは、有機物が**堆積岩**の中に閉じこめられることである。

　海水面が低下して陸地が増えた時期には、巨大河川が陸地を侵食して土砂を海へ流し出す量が増え、有機物は大量に堆積岩に閉じこめられた。このような時期（例えば7.5億年前の世界的な海水面低下→p.68）には、大気中の酸素は急に増加したと考えられている。

オゾン層の形成と生物の陸上進出

　カンブリア紀の生物進化の大爆発のときにも、生物は陸上への進出は果たしていなかった。地表には生物の遺伝子を傷つける有害な波長の短い紫外線が降り注いでいたからである。この紫外線から生物を守るバリアが**オゾン層**である。

　オゾン層は、酸素（O_2）が紫外線による光化学反応で結合してできるオゾン（O_3）の濃度が高い大気の層で、地上20〜30kmのあたりにある（→p.178）。生物の遺伝子を傷つける波長が短い紫外線を吸収するので、地球の磁場とともに生物を守る地球のバリアとなっている。オゾン層が完成したのは植物が陸上進出を果たした4.3億年前頃だと考えられている。27億年前にシアノバクテリアが酸素を発生させ始めてから、20億年以上が必要だった。

　4.3億年前のシルル紀に最初に陸上進出を果たしたのは、緑藻類（ノリのなかま）が進化したクックソニアとよばれる根も葉もないコケに似た植物だ。次のデボン紀（4.2〜3.6億年前）には、地中から水を吸い上げる根や茎のしくみが発達した**シダ植物**が出現した。シダ植物は、次の石炭紀（3.6〜3.0億年前）には、形成さ

> **豆知識** 地中海は、今から500〜600万年前に干上がってしまったことがある。

れつつあった超大陸パンゲアの全域に広がり、大森林を形成した。森林をつくった植物は、超大陸の広大な堆積盆地の湿地に埋もれて、現在の**石炭**になった。有機物が大量に堆積層に埋もれたため、空気中の酸素は、石炭紀には一時**35%**にまで増えたといわれている。

空気中の酸素増加により、動物にとっても適応さえすれば陸上は繁栄が約束される新天地になった。デボン紀には、淡水に進出していた**魚類**の中から**両生類**が現れ、水中の節足動物が陸に進出し、また、石炭紀には、はねをもった**昆虫**が登場した。シダ植物の巨木の森林に70cmもの大きさのトンボや10cm近くもあるゴキブリなどが繁栄していた。古生代末のペルム紀（3.0～2.5億年前）には、**は虫類**も登場した。

2-23 大気中の酸素が増えてオゾン層ができた

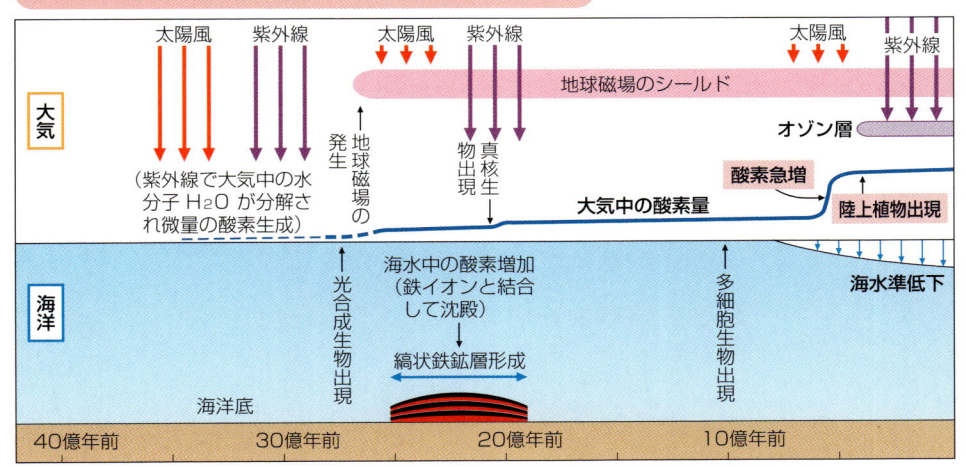

参考資料：『科学』第68巻第10号，1998

2-24 陸上進出した古生代の生物

古生代のデボン紀（4.2～3.5億年前）にシダ植物が出現した。シダ植物は、次の石炭紀（3.6～3.0億年前）には、大陸の全域に広がり、大森林を形成した。

現在の石炭は、これらのシダ植物が大陸の広大な湿地に埋もれてできたと考えられている。

豆知識 伊豆半島はもともと「島」であったが、プレートの運動で運ばれてきて本州にぶつかった。

2.5億年前（古生代から中生代へ）
生物大量絶滅──P-T境界

> **Key word　生物大量絶滅**　古生代から現在まで数度の大量絶滅が起こっているが、古生代と中生代の境界では、とりわけ多くの生物種が絶滅した。

P-T境界──古生代と中生代の境界

　古生代に繁栄していた生物種が、今から約2.5億年前のペルム紀の末に大量絶滅した。このとき絶滅したのは、三葉虫、古生代型サンゴ、古生代型アンモナイト、フズリナなどが含まれている。特に海底に定住しているタイプの生物への打撃が大きかった。

　この大量絶滅は、古生代から現在まで5回ある大量絶滅事件の中でも、最大のものであり、生物の種類は「科」のレベルで50％減った（図2-25）。

　古生代と中生代は、この大量絶滅を境界にしており、**P-T境界**（ペルム紀－三畳紀境界）とよばれる。

2-25 地球史上の生物の種類の増減

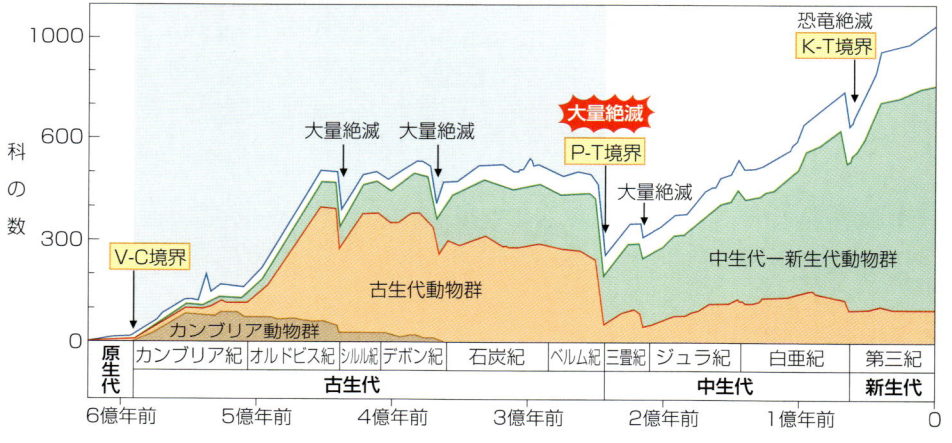

（参考資料：〔Sepkoski, 1984〕）

超大陸パンゲアの分裂による異常火山活動

　古生代と中生代の境界では、生物大量絶滅以外にも大きな事件があった。
　ひとつは、世界的な海水の酸素欠乏状態である**スーパーアノキシア（超酸素欠乏事件）**である。プランクトンのつくる殻が深海に積もってできるチャートという岩石がある（→p.154）。海洋プレートの上にのったチャートが海溝へ沈み込むとき、大陸側のプレートにこそげ取られてできる付加体（→p.50）が、日本には4億年分にも渡って残っている。このチャートには、P-T境界の前後2000万年間に渡

豆知識　1930年の「北伊豆地震」では、工事中の「丹那トンネル」を横切っていた活断層の「丹那断層」が動き、トンネルが2.1mずれて食い違った。

って酸素の欠乏した状態にあった証拠が含まれていた。酸素がある環境下では微量の酸化鉄が含まれて赤いが、酸素がないために分解されない有機物を含む黒いチャートの層があるのである。

もうひとつは、大規模な**海退**（海水面が下がり海岸線が沖合に遠のくこと）が起こっていることである。

さらにもうひとつ大きな事件として、**超大陸パンゲア**が形成・分裂したことがある。超大陸を分裂させる**スーパーホットプルーム**が地殻に達するときに、**異常火山活動**が起こることが、大量絶滅やスーパーアノキシアと因果関係があるという仮説が有力視されている。

異常火山活動の証拠として、P-T境界の時期にできたシベリア・インド・中国・アフリカなどの**洪水玄武岩台地**の存在がある（→p.48）。日本の何十倍もの広さの地域が数kmの厚さの玄武岩溶岩で埋めつくされてできた台地だ。地球環境に大きな影響を及ぼす超巨大噴火であったことは間違いないだろう。しかし、洪水玄武岩をつくる玄武岩質の溶岩は爆発性が少ないので、大量の火山灰を巻き上げるような爆発性の別の巨大噴火もあったのではと考える学者もいる。

2-26 パンゲア分裂時のプルーム位置

現在の地震波トモグラフィーから予想したパンゲア分裂時のホットプルームの位置。これらのプルーム群が超大陸を引き裂き、大西洋中央海嶺ができて大西洋が開いた。

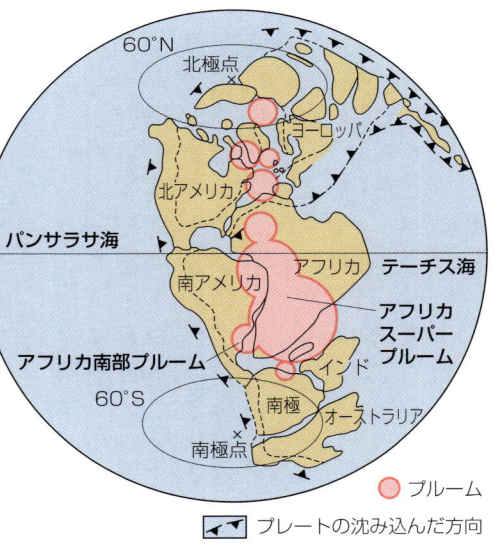

参考資料：『プルームテクトニクスと全地球史解読』

大量絶滅のシナリオ

超巨大噴火を契機とする大量絶滅のシナリオには次のようなものがある。
① 大量の火山灰の噴出や大規模森林火災・石炭層の燃焼によって、大量の粉塵が大気中に放出された。これによって、太陽光が遮られて光合成活動が行われなくなり、酸素欠乏に陥った。
② 火山ガスの二酸化炭素によって温暖化が起こった。これにより、海底のメタンハイドレート（氷に閉じこめられた大量のメタンガス）が溶け出して、空気中で燃えたため酸素欠乏に陥った。
③ 地球を覆う粉塵のスクリーンで寒冷化が起こり、陸地の氷床が発達して大規模な海退が生じたため生物の大量絶滅が起こった（プルームの冬仮説）。

②と③は相反しているようだが、寒冷化が起こったあとに温暖化したとする仮説もある。

豆知識 パンゲア分裂時の地層には、多数の火山灰層がはさまれている。

中生代の地球環境

> **Key word　中生代の気候**　中生代は、火山活動が活発で二酸化炭素濃度が高まり、温室効果で温暖な気候であった。

白亜紀スーパークロンと中生代の地球環境

　中生代は、二酸化炭素濃度が増大し、温室効果が高まって温暖化が進んだ時代である。中でも三畳紀・ジュラ紀に続く白亜紀は、気温の上昇のピークを迎えた。このピークについては、地球内部の核まで及ぶ活動との関係が指摘されている。

　中生代から始まる過去1億5000万年の海洋プレートに記録された地磁気を調べると、地磁気は300回以上も南北のN極とS極が入れかわっている（図2-27①）。地磁気が逆転する原因についてはまだ定説がないが、地磁気を生み出している外核の活動と関係があることは確かだろう。

　中生代の白亜紀にあたる1億年前頃には、3000万年にわたって地磁気の逆転が起こらない期間があり、**白亜紀スーパークロン**とよばれている。外核の活動が何らかの特別な状態にあったと考えられるが、外核の特別な状態は、マントルの活動と連動して、地表に影響を与えたかもしれない。

　影響のひとつは、中央海嶺における海洋プレートの生産速度が、ちょうど白亜紀スーパークロンの時期に大きくなっていることだ（図2-27②）。海嶺がプレートを生産する火山活動が活発化した結果、火山ガスの二酸化炭素が大気中に放出されて温室効果が高まった。

　また、海底の巨大火成岩石区（→p.48）であるオントンジャワ海台やケルゲレン海台などの噴出時期も1.2〜1億年前に集中しており、地球内部の活動が活発になっていたことを物語っている。白亜紀の二酸化炭素濃度は現在の4倍で、平均気温は現在より10℃くらい高く、北極や南極にも氷床がなくなっていたのだ。

中生代の大陸移動

　中生代に分裂が進んだ超大陸パンゲアは、大きく分けて2つの部分でできていた。

　ひとつは、南半球を中心としたゴンドワナ大陸（古生代には超大陸であった）で、現在の南極大陸・オーストラリア大陸・アフリカ大陸・南アメリカ大陸を合わせた大陸である。もうひとつは、北半球を中心としたローラシア大陸であり、現在のアジア・ヨーロッパと・北アメリカ大陸を合わせた大陸である。

　ローラシア大陸の下には、スーパーコールドプルームが形成され、地球上のプレートは、全体としてローラシア大陸に向かって吸い込まれるような運動を始めた。つまりゴンドワナ大陸は分裂し、分裂した個々の大陸は、ローラシア大陸にくっついていく過程をたどっている。

豆知識　アンモナイトは古生代から登場していたが、中生代には2mにも達する巨大な種類が登場した。

石油資源のもとがつくられた中生代

現在産出される石油の多くは、中生代のプランクトンが海底に積もってできたと考えられている。中生代は二酸化炭素濃度が高く植物プランクトンが大量に育った。また、中生代は極地まで暖かく、現在のように極地で冷やされた海水が深海に沈み込むような対流が止まって、深海が酸欠状態になったと考えられる。そのため、海底に沈んだプランクトンは分解されず、ヘドロのようにたまっていった。中生代から新生代にかけての大陸移動の結果、大陸衝突の際に海底の地層が大きく褶曲して、海底に堆積したプランクトンが大量に地下深くに閉じこめられた。これが現在産出される多くの石油資源の由来であると考えられている。ただし、石油資源の由来については、生物によらず、地球内部のはたらきによるとする説もある。

2-27 白亜紀スーパークロン

地磁気逆転が止まった白亜紀スーパークロンの時期には、海洋地殻の生成速度が上昇した。

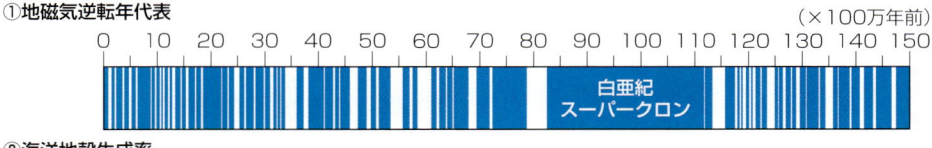

①地磁気逆転年代表 （×100万年前）

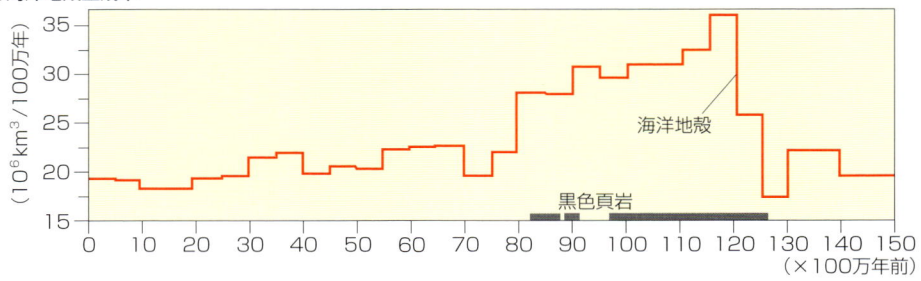

②海洋地殻生成率 ($10^6 km^3/100万年$)

参考資料：〔Larson,1991〕『進化する地球惑星システム』

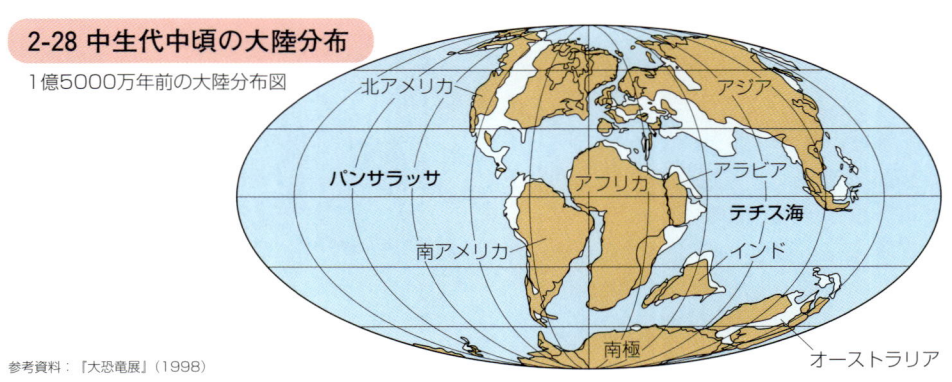

2-28 中生代中頃の大陸分布

1億5000万年前の大陸分布図

参考資料：『大恐竜展』(1998)

豆知識 古生代には巨大化していた昆虫類は、中生代には小型化した。花を咲かせる種子植物と共生するものが現れた。

中生代
恐竜繁栄の時代

> **Key word** **恐竜** 中生代に進化した爬虫類の一種は恐竜とよばれる。恐竜は、翼竜・クビナガ竜・魚竜とともに繁栄したが、中生代末に絶滅した。

中生代の生物

　中生代の海では、古生代末に絶滅した古生代のサンゴに代わって中生代型のサンゴが登場し、**アンモナイト**が勢力を増して大型化した。また三角貝などの二枚貝が登場して繁栄した。

　地上では、古生代に繁栄したシダ植物の森林にかわって、乾燥に強い裸子植物が登場して繁栄した。パンゲア超大陸には乾燥地域が多く、地上の生物進化は乾燥に適応する進化であったといえるだろう。地上の動物の世界でも、両生類よりも乾燥に強い爬虫類が進化して繁栄した。堅い殻のある卵を産み、乾燥に強い皮膚を獲得したのが爬虫類である。

恐竜の繁栄

　中生代の爬虫類は、現在のカメ・トカゲ・ワニにつながるなかまもそれぞれ登場したが、何といっても**恐竜**のなかまが多様に進化し、世界中で繁栄したことがこの時代の特徴として欠かせないだろう。

　恐竜というのは、爬虫類の中でも、「**竜盤目**」と「**鳥盤目**」に属するなかまである。図2-30でいうと、ティラノサウルスは竜盤目に属する恐竜であり、トリケラトプスは鳥盤目に属する恐竜である。

　翼をもった翼竜やヒレをもったクビナ

2-29 中生代の生物

中生代ジュラ紀のアンモナイト

モササウルス（体長10mもある海生のトカゲのなかま）の歯の化石

キタダニリュウ（竜盤目、肉食性）

ガ竜・魚竜は、中生代の爬虫類ではあるが、分類上恐竜には含まれない。しかし中生代に現れて繁栄し、絶滅した爬虫類という点では同じである。

恐竜は敏捷で運動能力に優れた種類が多く、現在の爬虫類とは違って変温動物ではなく、体温を一定に保つことのできる恒温動物であったとする説もある。肉食性の恐竜と草食性の恐竜、大きさは体長１m未満の小型恐竜から、全長30m以上の大型恐竜まで、実にさまざまな種類が繁栄した。

恐竜の中のある種類は、体に**羽毛**をもっていたことが化石から明らかになっている。図のキタダニリュウ（福井県で発掘）もその一種であると考えられている。恐竜の中の竜盤目の中からは、現在の鳥類に進化した種類があったと考えられている。かつては「始祖鳥」が恐竜から鳥類へと進化する中間の種であるとされていたが、現在では羽毛をもった恐竜の化石が相次いで発見されており、恐竜と鳥類の境界はあいまいになってきている。

2-30 恐竜の繁栄　ティラノサウルス（竜盤目・肉食性）、トリケラトプス（鳥盤目・草食性）

豆知識　始祖鳥が発見されたのは、ダーウィンが進化論を発表した（1859年）の直後、1861年である。

6500万年前（中生代から新生代へ）
恐竜の大絶滅——K-T境界

> **Key word　恐竜絶滅**　恐竜絶滅をもって中生代は終わり、それ以降は新生代と区分される。

K-T境界——中生代と新生代の境界

　1億年以上続いた恐竜の時代は、6500万年前に起こった大量絶滅で突然終わりを告げた。恐竜時代の終わりによって、中生代と新生代の区切りとされている。

　この大量絶滅事件は、**K-T境界**（白亜紀-第三紀境界）とよばれ、恐竜以外にもアンモナイトなどの海生生物の一部が絶滅した。

巨大隕石衝突説の鍵となった元素イリジウム

　恐竜絶滅の原因は、巨大隕石衝突であるとする説が有力だ。この説の誕生の鍵となったのは、「**イリジウム**」である。

　イリジウムという元素は、元々地球の材料となったダストに含まれていた。しかし、「親鉄元素」であるため核に集まり、地表に残らなかった。その後は、宇宙空間からイリジウムを含んだ宇宙塵が少しずつ地表に降ってきており、堆積層中には微量のイリジウムが存在する。

　1970年代、カリフォルニア大学のアルヴァレス親子は、イタリアの石灰岩層中のK-T境界にある薄い粘土層のイリジウムの濃度を調べていた。イリジウムは宇宙塵によって一定のスピードで堆積層中にもたらされるという仮説が成り立つならば、イリジウム濃度が高い地層は堆積速度が遅いことになる。親子は単に堆積のスピードを調べようとしたのである。

　しかし、調べた結果は、イリジウムの濃度が予想したレベルをはるかに超えて高く、宇宙塵の堆積によっては説明できなかった。アルヴァレス親子は、K-T境界のイリジウム濃度の異常を説明するには、宇宙から巨大隕石が地表に落下して粉々になり、降り注いだとしか説明できないと考え、K-T境界が**巨大隕石の衝突**によるという説を発表した。

2-31　堆積岩中のイリジウム濃度

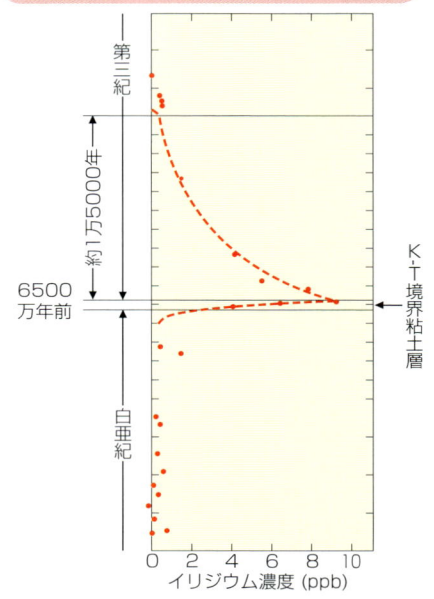

参考資料：〔Alvarez,1980〕『進化する地球惑星システム』

豆知識　「親鉄元素」については、巻末の資料「元素の周期表」を参照。

巨大隕石の衝突痕チチュルブ・クレーター

北アメリカ大陸のユカタン半島の先端付近には、直径180kmの**チチュルブ・クレーター**とよばれるクレーターが発見されており、これが恐竜絶滅のきっかけになった巨大隕石の衝突痕ではないかと考えられている。クレーターは現在では地下に埋没してしまっているが、微少な重力の異常を調べることで、地下にリング状の構造があることが発見された。地下から採取された安山岩の放射年代測定により、6500万年前にクレーターができたという実証もされている。

恐竜絶滅までのシナリオ

巨大隕石の大きさは直径10kmほどであったと見積もられている。衝突時に発生した衝撃波や巨大津波の証拠が見つかっており、衝撃波や津波は地表全体を駆けめぐったと考えられている。

また、巻き上げられた大量の粉塵は、1年以上に渡って地球全体を覆い、光合成活動の低下や気温の低下を引き起こしたと考えられ、これについても一定の証拠が見つかっている。

しかし、魚類など絶滅しなかった種も多く、巨大隕石衝突前から恐竜の絶滅は始まっていたとする主張もあり、巨大隕石衝突と恐竜絶滅の因果関係に関する論争は今後もしばらく続きそうだ。

2-32 6500万年前の巨大隕石落下

恐竜絶滅をまねいた巨大隕石の諸突痕チチュルブ・クレーターの位置

衝突の想像図 (NASA)

北アメリカ大陸
メキシコ湾
ユカタン半島
チチュルブクレーターの位置とおよその大きさ (直径180km)
画像：NASA World Wind

豆知識 巨大隕石衝突説を唱えたカリフォルニア大学のアルバヴァレス親子は、父が物理学者で子が地質学者であった。

新生代の生物と人類誕生

Key word **イーストサイド物語** アフリカ大地溝帯の形成が、類人猿を人類に進化させたという仮説

新生代の生物進化

恐竜が絶滅したあとの空白を埋めて繁栄したのが、**ほ乳類**や**鳥類**である。ほ乳類も鳥類も中生代から存在していたが、恐竜が絶滅しなかったら、進化はなかったかもしれない。

新生代は、パンゲア大陸がすでに分裂してばらばらになっていたので、大陸ごとに独自の進化をする例も見られる。早くから陸続きではなくなったオーストラリア大陸では、ほ乳類は有袋類として独自の進化を遂げた。

サルから進化した類人猿(ゴリラ・チンパンジー・オランウータンなどのなかま)は、二千数百万年前には全盛期を迎えており、この中から人類へと進化するものが現れた。

人類への進化

およそ500万年前、チンパンジーに進化する類人猿と人類へと進化する猿人(アウストラロピテクスなど)が分かれた。なぜ類人猿と人類は別々の進化の道をたどったのだろうか? これに対して、「**イーストサイド物語**」と名付けられた仮説が有力視されている。

人類の祖先の化石は、多くがアフリカの大地溝帯やその東側の乾燥したサバンナで見つかっている。一方、類人猿は西側の森にしか生息していない。

アフリカ大地溝帯の形成は、今から1000万年前~500万年前に始まっており、人類誕生とほぼ同一の時代なのだ。大地溝帯は、マントルのホットプルームのはたらきで火山活動が活発になって大地が隆起し、次いで中心が溝になって東西に分裂し始めている場所である。大西洋からの西風が運んでくる湿った気流は、大地溝帯の高地の西側で上昇気流となって雨を降らせてしまい、東側へきたときにはすでに乾燥してしまう。このため、大地溝帯とその東側の森は、サバンナに変わった。森が縮小したため住んでいた類人猿は、サバンナに降りて食べ物を探す必要が生じ、二足歩行や手の使用が始まった。ここから人類への進化が始まったというわけである。

氷河期

新生代は、寒冷化が進んだ時代でもある。特に原人(ホモ・エレクトスなど)が現れていた第四紀は**氷河期**であり、特に寒冷で氷河が発達した氷期と、氷河が縮小した間氷期を繰り返しながら、現在の後氷期まで続いている。

豆知識 アフリカ大地溝帯の東側が乾燥するのは、冬の日本の太平洋側が乾燥するのと同じ理屈である。山脈による上昇気流で雨を降らせた気流は、山脈を越えてくるとすでに乾燥している。

2-33 人類の起源

人類誕生の地は、アフリカ大地溝帯のサバンナにあり、大地溝帯の誕生と人類の進化には関連があったと考えられている。

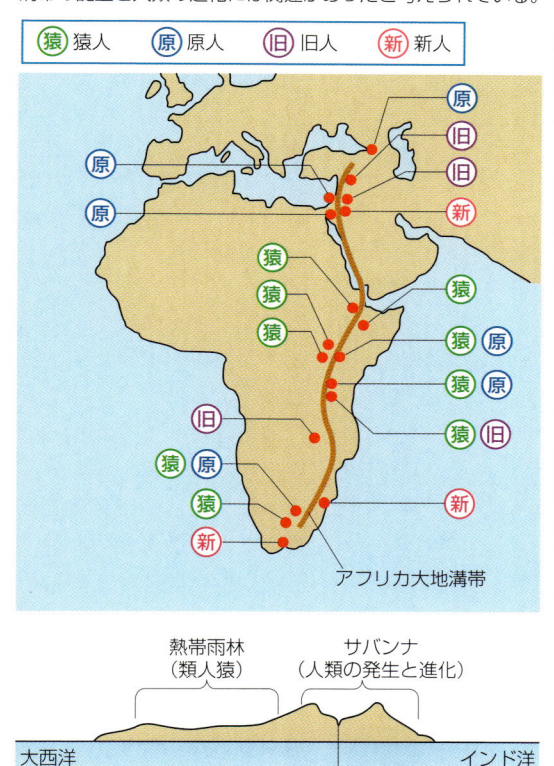

(猿) 猿人　(原) 原人　(旧) 旧人　(新) 新人

アフリカ大地溝帯

熱帯雨林（類人猿）／サバンナ（人類の発生と進化）
大西洋　アフリカ大地溝帯　インド洋

参考資料：『ホモサピエンスはどこからきたか』

頭骨の形・脳容量

(猿) 猿人
アウストラロピテクス
およそ350万年前に出現
脳容積450〜600cc

(原) 原人
ホモ・エレクトス
およそ160万年前に出現
脳容積900〜1100cc

(旧) 旧人
ホモ・サピエンス
（ネアンデルタール人）
およそ10万年前に出現
脳容積1450cc（平均）

(新) 新人
ホモ・サピエンス
（現代人）
脳容積平均1450cc

2-34 新生代第四紀の氷河期

1万8000年前の氷床の広がり（右図）
数字は氷床の高さ（m）

第四紀氷河期の区分

第四紀	完新世	後氷期	
	更新世	第4氷期（ウルム氷期）	1万〜7万年前
		間氷期	
		第3氷期（リス氷期）	13万〜20万年前
		間氷期	
		第2氷期（ミンデル氷期）	40万〜60万年前
		間氷期	
		第1氷期（ギュンツ氷期）	70万〜90万年前

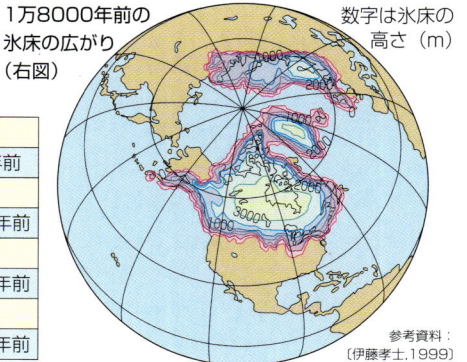

参考資料：〔伊藤孝士,1999〕

豆知識 2002年にアフリカ中央部のチャドで、600〜700万年前の人類化石「サヘラントロプス・チャデンシス」が発見され、「イーストサイド物語」に異論を唱える説が現れている。

日本列島の歴史①

> **Key word** **日本列島の形成** 日本列島は常に海溝のそばに位置し、海洋プレートの沈み込みによって付加体が形成され成長していった。

日本列島の地質区分

日本列島がいつの時代につくられた地層・岩体から構成されているかを表したものを**地質区分図**（図2-35）という。日本列島程度の広域な範囲の地質図では、同じ時代につくられた地層・岩体のまとまりを「地質区」とよんでいる。

図2-35を見ると日本列島を構成している地質の配列に特徴のあることが読み取れる。特に顕著なのは、西南日本地域だ。

まず、はじめに気づくのは中央構造線に沿ったように地質区が帯状に配列していることである。代表的な地質区である「三波川帯」では、関東地方から九州地方まで、約1000kmに渡って緑色の結晶片岩がつながっている。さらに若干の例外はあるが、大局的に太平洋側ほど若い地質が分布し、日本海側ほど古い地質が存在している。

この特徴は日本列島が常に海溝付近に位置し、付加体によって形成されてきたことを明確に物語っているのである。

なお、西南日本で見られる帯状構造は東日本（東北日本地域）ではあまり目立たない。これは断層によって帯状構造が切られ、再配列したためと考えられる。

日本列島が現在の形になるまでの過程は、大まかに次の①〜③の3つのステージに分けることができる。

①超大陸の分裂による大陸縁の時代（7億〜5億年前頃）

7億年以前の地球上には、パンゲアより2代前の超大陸ロディニアが存在していたが、この頃からロディニアの下にスーパープルームが上昇をはじめ、この結果ロディニアは分裂し、複数の大陸塊が誕生した（図2-36）。分裂後に各大陸は分散し、大陸の間には海洋地殻がつくられながら広大な海洋が形成されていった。

日本列島の起源となる場所は、ロディニアが分裂し、中国南部地塊と北アメリカ地塊に分離した場所の、中国南部地塊の縁に当たる部分に相当する（図2-36）。現在の地球でいえば、アフリカ大地溝帯の片側の縁のような場所と思えばよい。両地塊がさらに分離すると、両地塊の間には海が浸入し、海の下には海洋地殻が形成されることになる。海は拡大を続け、やがて広大な太平洋を形成した。

これまでの過程をまとめると、ロディニアから分裂した中国南部地塊に海洋地殻が接続した構造がつくられたが、この部分が日本列島の最も始源的な骨格といえるだろう。なお、中国南部地塊の断片をなす地層が隠岐、能登半島、飛騨山地に露出している。

（②、③はp.88に続く）

豆知識 日本最古の岩石は、岐阜県に産出する中生代の礫岩中のレキで、約20億年前の年代を示す。

2-35 日本の地質区分図

西南日本では、中央構造線に沿った帯状構造が顕著である。

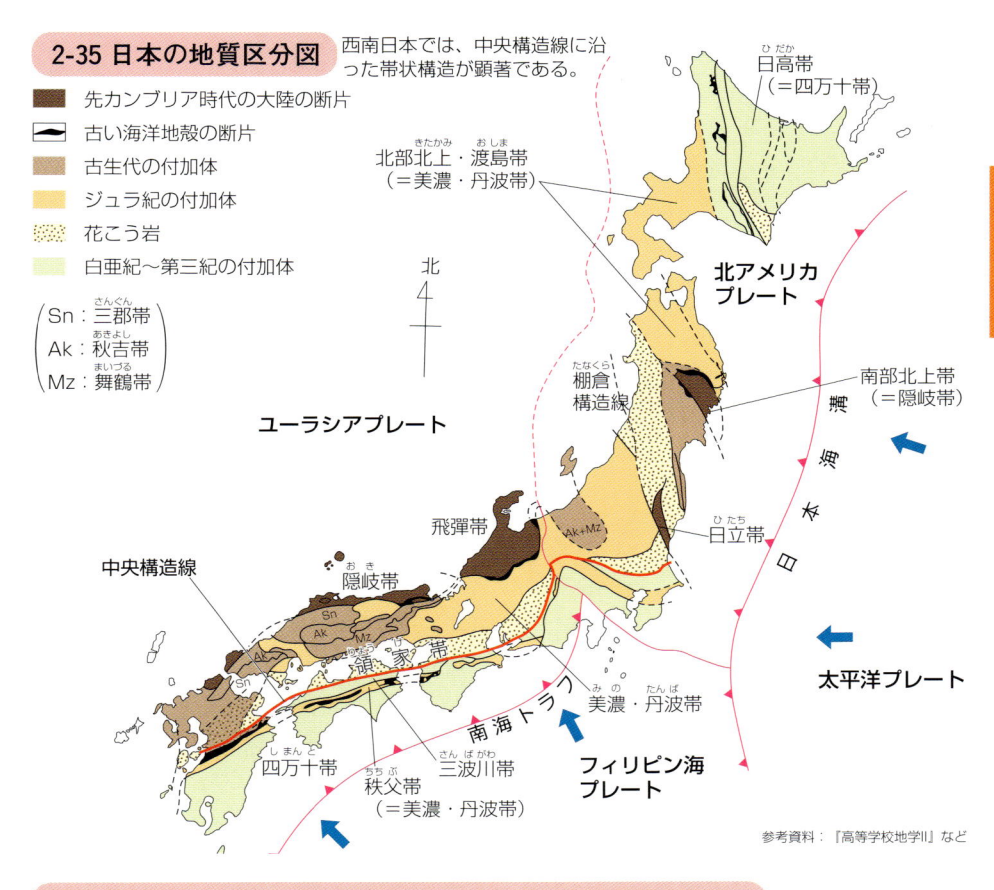

- ■ 先カンブリア時代の大陸の断片
- ■ 古い海洋地殻の断片
- ■ 古生代の付加体
- ■ ジュラ紀の付加体
- ■ 花こう岩
- ■ 白亜紀〜第三紀の付加体

Sn：三郡帯（さんぐん）
Ak：秋吉帯（あきよし）
Mz：舞鶴帯（まいづる）

図中ラベル：日高帯（＝四万十帯）、北部北上・渡島帯（＝美濃・丹波帯）、北アメリカプレート、ユーラシアプレート、棚倉構造線、南部北上帯（＝隠岐帯）、飛騨帯、日立帯、中央構造線、隠岐帯、美濃・丹波帯、南海トラフ、フィリピン海プレート、太平洋プレート、四万十帯、秩父帯、三波川帯（＝美濃・丹波帯）、日本海

参考資料：『高等学校地学Ⅱ』など

2-36 ロディニアの分裂と日本・太平洋の誕生（7億年前頃）

日本の起源となった大陸地塊は、ロディニア分裂で北アメリカ地塊から分かれた中国南部地塊の端である。

日本の起源となった大陸地塊の場所

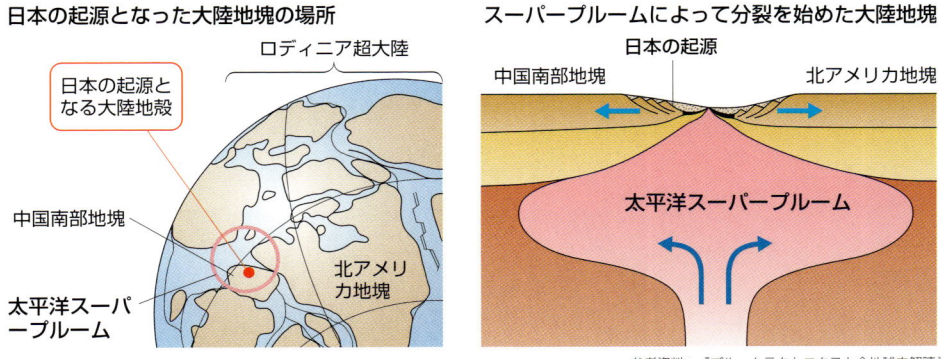

図中ラベル：ロディニア超大陸、日本の起源となる大陸地殻、中国南部地塊、太平洋スーパープルーム、北アメリカ地塊

スーパープルームによって分裂を始めた大陸地塊

図中ラベル：中国南部地塊、日本の起源、北アメリカ地塊、太平洋スーパープルーム

参考資料：『プルームテクトニクスと全地球史解読』

豆知識 宮崎県の景勝地である青島に広がる「鬼の洗濯板」は、四万十帯の地層が露出し、波の侵食により凹凸が生じたものである。

日本列島の歴史②

> **Key word** 　**日本列島の独立**　大陸縁で成長を続けた日本列島は、日本海の出現により大陸から独立した。

②大陸縁での付加体による成長の時代（5億～2000万年前）

　5億年以前の日本列島形成の場は、大陸地塊に海洋地殻が接続した構造であることはすでに述べた。現在の地球では大西洋に面した南北アメリカ大陸東岸、アフリカ大陸西岸が同じ構造であり、大陸縁には海溝は存在していない。

　さて、海洋地殻は海嶺で次々に生み出され、先端部に接続している大陸地塊を押し出す形になっている。大陸地塊の動きが滞るようなら、海洋地殻には圧縮力がはたらく。海洋地殻が圧縮力に耐え切れないと、海洋地殻には断層が生じて切断され、次々に押し出されてくる海洋地殻は断層の生じた場所から地球内部へ沈み込むことになるだろう。つまりここに新たに海溝が出現するのだ。

　5億年前以降、何らかのきっかけで海洋地殻に圧縮力が作用し、日本付近では、海溝から海洋地殻の沈み込みが始まった（図2-37）。このことにより、海溝付近では**付加体**による陸地の成長が始まった。この後、約4億年間に渡って日本列島付近では陸地の成長が続くが、この間に約400kmほど海溝側に陸地が付加されたことが明らかにされている。

　なお、成長した陸地は基本的には付加体からなるが、プレートの沈み込みにともない付加体の一部が地下深部へ引きずり込まれてできた変成岩（広域変成岩→p.148）の地層に花崗岩マグマが間欠的に貫入して、日本列島をつくる地殻を垂直方向にも成長させている（図2-38）。

　恐竜の化石を産する手取層群は、大陸縁の前弧域で堆積した地層であり、古い付加体の地層を覆って、浅海性あるいは淡水性の地層として形成された。この地層は整然と成層した砂・レキ・泥からなり、チャートや石灰岩を含まないので、付加体とは明瞭に区別される。

　また、日本各地の**石灰岩**の山（例えば

2-37 海洋プレートの沈み込み開始―5億年前以前―

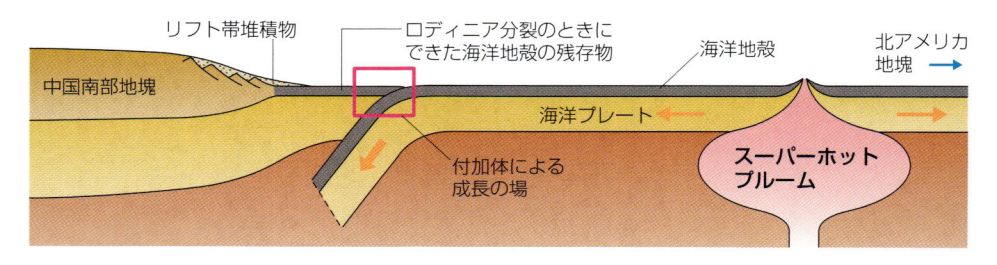

| リフト帯堆積物　ロディニア分裂のときにできた海洋地殻の残存物　海洋地殻　北アメリカ地塊 |
| 中国南部地塊　海洋プレート　付加体による成長の場　スーパーホットプルーム |

> **豆知識**　カルスト地形で有名な秋吉台（山口県）は、珊瑚礁が付加してできた石灰岩からなる地層が風化したものである。

埼玉県の武甲山）は、石灰岩の主要な産地として重要であるが、これは、海山の周りに発達した珊瑚礁が海溝で付加されて陸地の一部になったものである。

2-38 付加体の成長—5億年前以後—

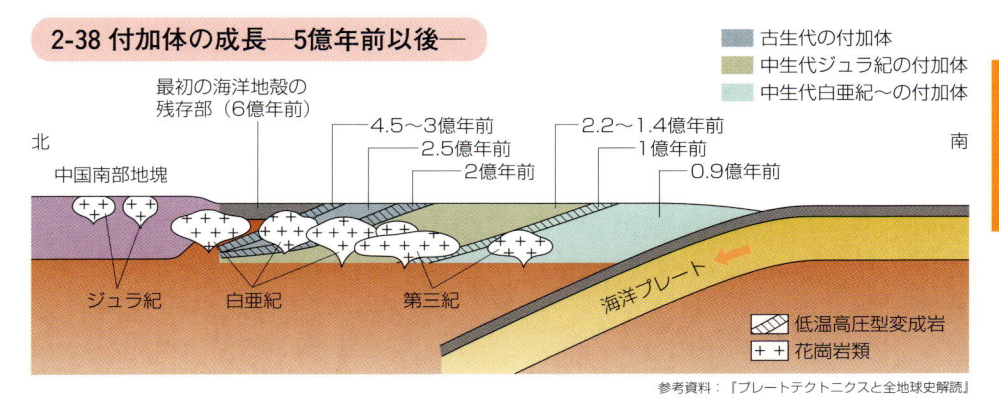

凡例：
- 古生代の付加体
- 中生代ジュラ紀の付加体
- 中生代白亜紀〜の付加体
- 低温高圧型変成岩
- ＋＋ 花崗岩類

北／南
中国南部地塊
最初の海洋地殻の残存部（6億年前）
4.5〜3億年前
2.5億年前
2億年前
2.2〜1.4億年前
1億年前
0.9億年前
ジュラ紀／白亜紀／第三紀
海洋プレート

参考資料：『プレートテクトニクスと全地球史解読』

③島弧での付加体による成長の時代（2000万年前〜現在）

付加体によって陸地が成長し、立派な大陸地殻をもつようになった日本列島に2000万年前頃、大きな転機が訪れた。日本列島の地殻の下部にプルームが上昇し始めたのだ。

このプルームよって中国大陸の一部だった日本列島の地殻は引き裂かれ、大陸から分裂し、島弧となった。分裂し、陥没した所には玄武岩からなる地殻、つまり海洋地殻が形成され、海水が浸入し新たに海が生じた（これを縁海という）。これが日本海の誕生である（図2-39）。

2000万年前以降も、海溝側では引き続き付加体による陸地の成長が続き、現在も日本列島は成長を続けている。

なお、日本海の誕生にともない日本海側では激しい火山活動が起こった。噴出したこの火山岩類はその後の変質により緑色を呈しているので、この岩石の分布する地域をグリーンタフ地域とよんでいる。また、この地域には、その当時の火山活動に伴いつくられた銅や亜鉛などに富む鉱石（黒鉱という）を産することが多い。

2-39 日本海の出現と島弧化—約2000万年前頃—

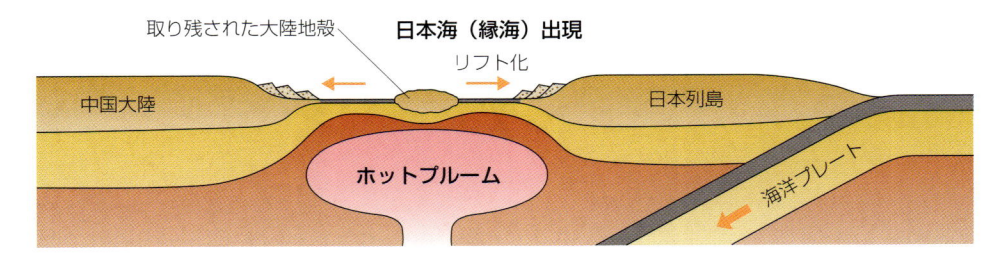

取り残された大陸地殻
日本海（縁海）出現
リフト化
中国大陸／日本列島
ホットプルーム
海洋プレート

豆知識 グリーンタフ（緑色凝灰岩）を噴出した火山活動をグリーンタフ活動という。

地下資源の成因

Key word　地下資源　地球上に散在していた元素が、マグマの活動や風化・堆積の作用により地層・岩体中に濃集したもの。

有用な資源になるには

　物質は、約100種類ほどの元素から構成されている（巻末の資料「元素の周期表」）。これらの元素は、恒星が誕生と死を繰り返す過程で核融合反応によってつくり出され、現在の地球に分配されたものだ。その後、地球表面・内部で化学反応が起き、有用な物質が形成された。

　形成された物質が有用な資源として利用されうるかどうか、最も普遍的な資源である鉄を例にとって話を進めよう。

　鉄はごくありふれた元素で普通の岩石中にも数％程度含まれている。ところがここから鉄を取り出していたのでは効率が悪く、経済的に成り立たない。効率よ

2-40 いろいろな鉱床と得られる資源

資源は元素名で示してある。

マグマによる鉱床

正マグマ鉱床
玄武岩質マグマのマグマだまりの中で、有用元素を含む鉱物が結晶化・沈殿して集積したもの。ニッケル、クロム、白金など。

ペグマタイト鉱床
主に花崗岩質マグマが固結する最末期に、マグマの残液や水蒸気を主とする揮発性成分から結晶化したもの。空洞に晶出した結晶は整った形になる。鉱物が大型化したり、珍しい鉱物が産出するのも特徴。主にケイ素、この他ウラン、ホウ素など。

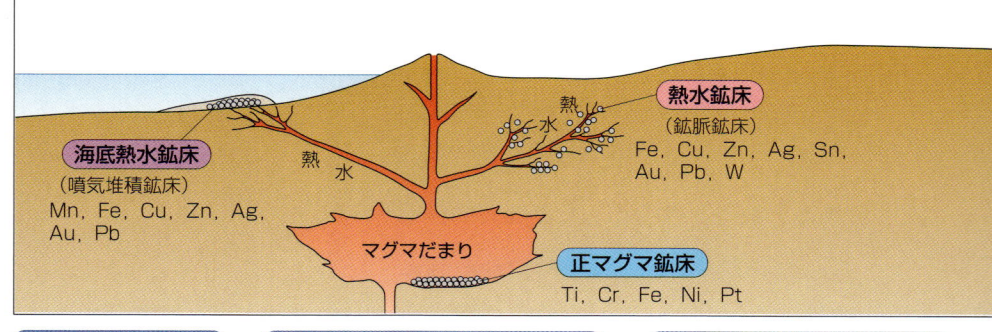

海底熱水鉱床
（噴気堆積鉱床）
Mn, Fe, Cu, Zn, Ag, Au, Pb

熱水鉱床
（鉱脈鉱床）
Fe, Cu, Zn, Ag, Sn, Au, Pb, W

正マグマ鉱床
Ti, Cr, Fe, Ni, Pt

風化・堆積による鉱床

漂砂鉱床
鉱石鉱物を含んだ地層が風化や流水の働きによって砂粒まで細かく砕かれ、そうした鉱石鉱物が、別の場所で選択的に堆積して鉱床をつくったもの。（砂）金、（砂）鉄、ウラン、ダイヤモンドなど。

風化残留鉱床
風化によって岩石が化学的に分解し、水に溶けにくい成分が残留して集積したもの。アルミニウムが代表的で、この鉱石を特にボーキサイトという。

豆知識　チタン、マンガン、コバルトなど、その化合物が特異な性質を示す金属元素を「レアメタル」という。

く取り出すためには、普通の岩石に比べ少なくとも10倍以上の濃集を示す岩石が必要だ。このような岩石を鉱石といい、鉱石が集まった地層を鉱床という。日本の鉱床は概して小規模で、採掘しきってしまったものも多い。

鉄鉱石の一種

資源濃集の過程

ある物質が鉱床をなすためには、地層中への濃集の過程が必要だ。それには大きく分けて2つの作用がある。ひとつはマグマが関連するもの、もうひとつは風化や堆積に関連するものだ（図2-40）。

■マグマによる鉱床

マグマによる鉱床は、マグマそのもの、あるいは熱水中から、マグマや熱水の温度低下にともなって鉱石鉱物が結晶化し、濃集することによって形成される。一次的につくられた鉱床である。

■風化・堆積による鉱床

一次的につくられた濃集していない鉱石鉱物や有機物が、風化・堆積作用により、別の場所で二次的に濃集して鉱床となる。

接触交代鉱床（スカルン鉱床）

石灰岩（主にCaCO$_3$）からなる地層に花崗岩質マグマが貫入すると、マグマと石灰岩が接触する部分で反応が起き、特有な鉱物組み合わせをもつ鉱床が形成される。銅、鉄、鉛、タングステンなど。

熱水鉱床

熱水とは、マグマ自身が含んでいた水や、マグマの熱によって生じた高温の地下水のことで、様々な金属を溶かし込む。溶液が冷却される際に鉱石鉱物が結晶化する。地層の割れ目を伝って熱水が浸入し脈状に鉱床をつくったり（鉱脈鉱床）、熱水が海底に噴き出して（ブラックスモーカーという）冷却され、鉱石鉱物が晶出・沈積して鉱床をつくる（噴気堆積鉱床）。金、銀、亜鉛、鉛など。

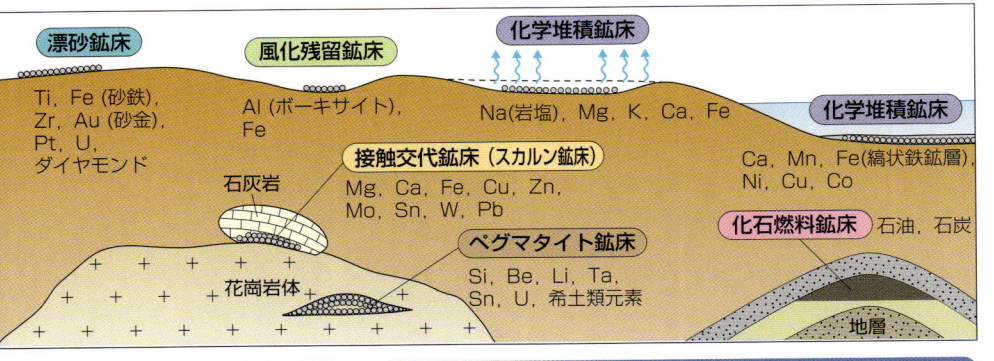

漂砂鉱床: Ti, Fe（砂鉄）, Zr, Au（砂金）, Pt, U, ダイヤモンド

風化残留鉱床: Al（ボーキサイト）, Fe

化学堆積鉱床: Na（岩塩）, Mg, K, Ca, Fe

化学堆積鉱床: Ca, Mn, Fe（縞状鉄鉱層）, Ni, Cu, Co

接触交代鉱床（スカルン鉱床）: Mg, Ca, Fe, Cu, Zn, Mo, Sn, W, Pb

ペグマタイト鉱床: Si, Be, Li, Ta, Sn, U, 希土類元素

化石燃料鉱床: 石油, 石炭

化石燃料鉱床

生物の遺骸が集積し、地層中に保存された後、地中での加熱・加圧によって石炭や石油になったもの。起源となった生物は、石炭は木などの植物、石油はプランクトンである。

化学堆積鉱床

陸水や海水に含まれていた成分が、化学反応によって沈殿したり、蒸発によって結晶化したりして、集積したもの。岩塩、鉄など。なお、鉄鉱床の主要な起源はこのプロセスであり、具体的には今から20億年以上前に、植物の光合成によって地球に酸素が増え始め、海水中の鉄が酸化、沈殿した地層（縞状鉄鉱層という）から得ているのである。

豆知識 世界の主要な石炭資源は、古生代石炭紀に繁茂した巨大なシダ植物に起因している。

Column

未来の超大陸

2億年後の大陸分布

　現在のままプレートが運動を続けると、未来の大陸分布はどうなるのだろうか？　アジア大陸の下にあるスーパーコールドプルームは、地球上のほとんどのプレートを吸い込むようなはたらきをしている。そのためアジア大陸に他の大陸が集まってきて、将来超大陸が形成されると予想されている。

　まず、今から5000万年後にオーストラリア大陸が北上してアジアに衝突する。この頃、日本付近にもニューギニアが衝突している。東アジアは衝突帯となって、巨大な山脈が形成されることだろう。

　さらに、今から2億年後には、北アメリカ大陸もアジアに衝突する。太平洋の海嶺も活動をやめて海溝に沈み込み、太平洋が消滅するのである。

　このようにして2億年後にできると予想される超大陸は、「アメイジア」とよばれている。プルームテクトニクスの予想によれば、そのアメイジアの下には新たなスーパーホットプルームが誕生するはずだ。これにより超巨大噴火が起こって、地球環境が激変する可能性がある。そして、アメイジアは分裂を始めて次の大陸移動のサイクルに入るというわけである。

2億年後の大陸分布

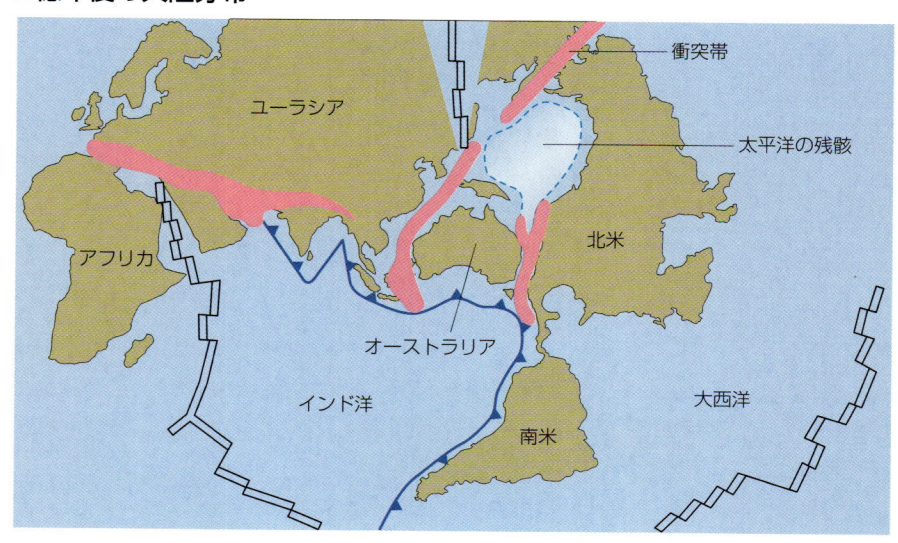

参考資料：〔丸山茂徳,1996〕『プルームテクトニクスと全地球史解読』

第3章
マグマと火山

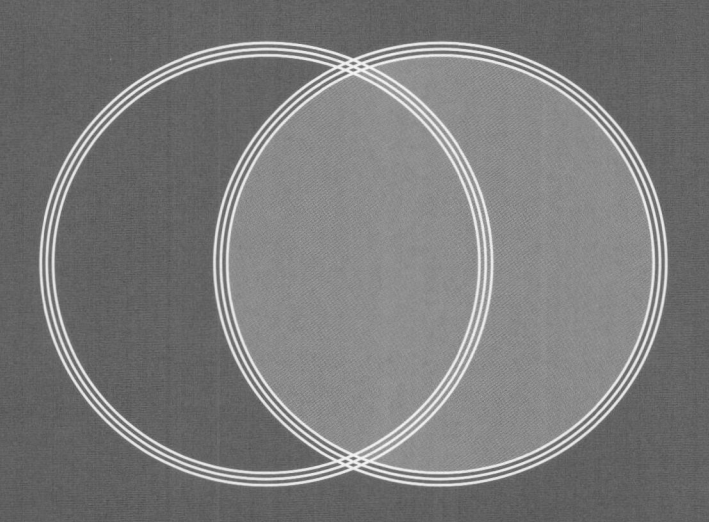

マグマとは何か

> **Key word** マグマ　岩石が高温のため溶融状態になったもので、主成分のシリカの量によって性質が異なる。

マグマと溶岩の違い

　マグマのイメージとはどのようなものだろうか。火山から流れ出る赤く煮えたぎる流体というのが一般的だろう。では溶岩とは？ここでは両者の定義をまず行おう。

　マグマとは岩石が高温のため溶融状態になったもので、高温のものでは1200℃以上もある（これは赤外線温度計によって噴出直後に計測されたものである）。

　地表に噴出する以前の段階のものをマグマといい、ひとたび地表に現れたものは**溶岩**と言って区別している。なお、噴出後、溶岩が赤くどろどろと流れている状態は、溶岩流とよんでいる。

ハワイ島キラウエア火山から噴出する溶岩

　ところで、多くの人が地球内部は高温であり（これは正しい）、どろどろに溶けているとイメージしている。つまり**マントル＝マグマという誤解**をしているが、マントルは**かんらん岩**という岩石からできた固体である。

マグマを構成するもの

　マグマの主成分は**シリカ（二酸化ケイ素SiO_2）**という物質で、この他に金属などの元素が含まれている。特にシリカの量によりマグマの性質が決まる。

　このほかに、マグマには揮発性成分として火山ガスが溶け込んでいる。火山ガスは噴火に際してマグマから分離され、噴煙として見ることができる。火山ガスの大部分は水蒸気で、他に二酸化炭素CO_2、硫化水素H_2S、二酸化硫黄SO_2などが含まれる。水蒸気以外のガスは有害で、しばしばガス中毒による災害が起こる。

　この他、マグマは、発生場所にあったマグマの材料となる岩石（かんらん岩）や、地表までの通り道に存在した岩石を運んでくることがある。このような岩石を**ゼノリス**といい、地球内部の構成物質を知る重要な手がかりになっている。

豆知識　溶岩の「溶」の字は「熔」と書くこともある。「さんずい」より「ひへん」の方が意味としては相応しいだろう。

3-1 火山とマグマだまり

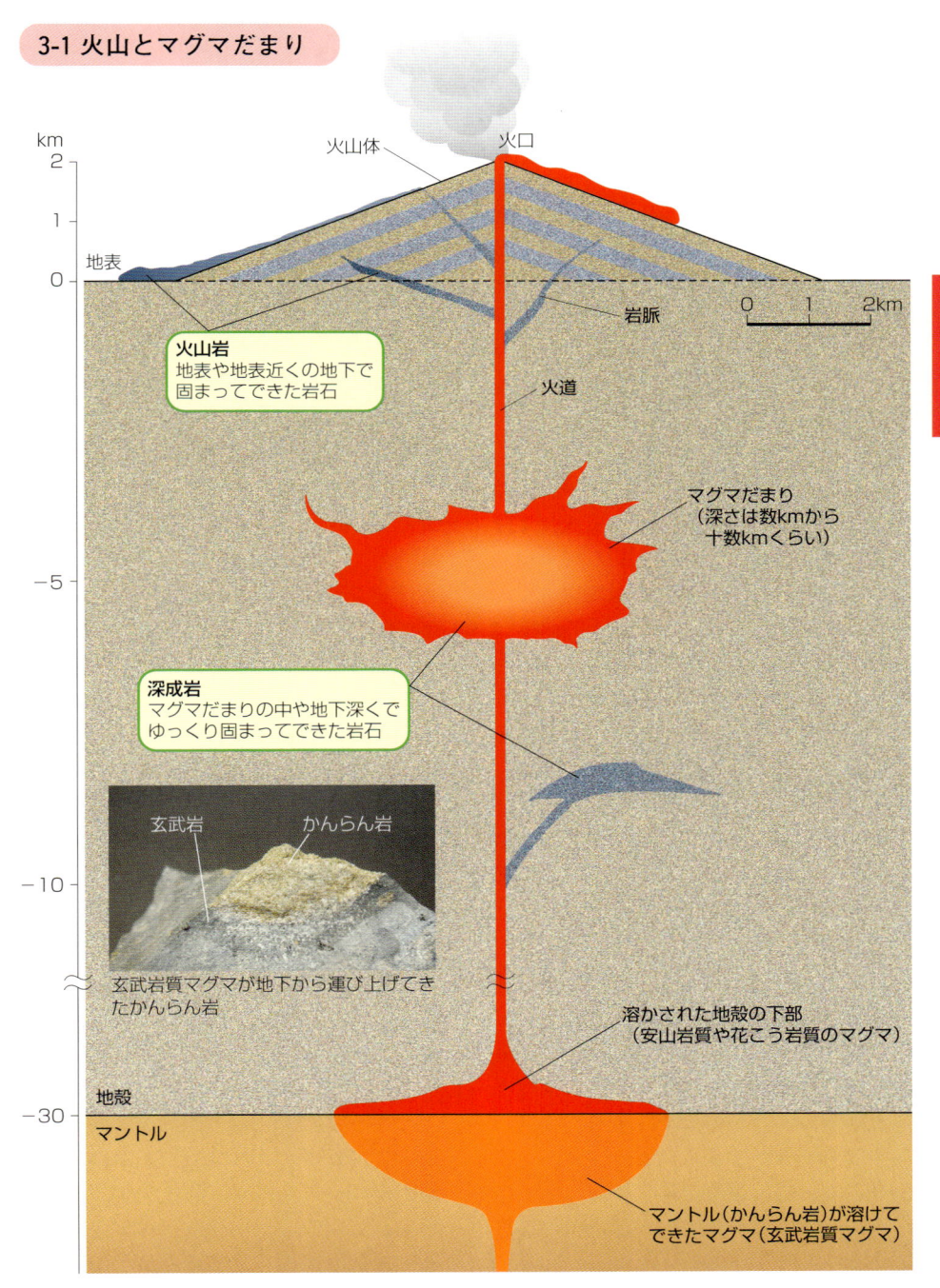

火山体 / 火口 / 地表 / 岩脈 / 火道

火山岩
地表や地表近くの地下で固まってできた岩石

マグマだまり（深さは数kmから十数kmくらい）

深成岩
マグマだまりの中や地下深くでゆっくり固まってできた岩石

玄武岩 / かんらん岩
玄武岩質マグマが地下から運び上げてきたかんらん岩

溶かされた地殻の下部（安山岩質や花こう岩質のマグマ）

地殻 / マントル

マントル（かんらん岩）が溶けてできたマグマ（玄武岩質マグマ）

豆知識 紀元79年、ベスビオス火山の噴火で、ローマ時代に栄えた古代都市ポンペイは埋没した。

マグマができる条件

> **Key word** マントルからマグマができる条件　地下のマントル（かんらん岩）の
> ①温度が上昇する　②圧力が低下する　③水が添加される

マグマができる条件

　日本には狭い国土のいたる所に火山があるが、広大なオーストラリア大陸には火山はほとんど存在しない（図3-2）。これはなぜなのだろうか。地球上に最も大量に存在する玄武岩質マグマを例にとって、火山ができる条件を考えよう。

　噴出したばかりのマグマの温度は1200℃程度ある。マグマは地下深部で形成されるが、マグマが発生した場所の温度は、少なくとも噴出時の温度以上であったはずである。すると、地下の温度勾配から類推して、マグマが発生した場所は地下100km程度であったと考えられる。その場所はマントルに相当し、**かんらん岩**からできていると推定されている。

　図3-3に地下の温度の深さ（＝圧力）による変化をA線で示した。また、玄武岩質マグマの材料であるかんらん岩の圧力による融解温度の変化をB線で示した。

かんらん岩
マントルは、かんらん岩という固体の状態の岩石でできている。

　この図で注目すべきことは、どの深さでもA線はB線の下位にあり、2つの線は交差しないということである。このことは何を意味するか？　それは、地球内部ではかんらん岩は溶けない、つまりマグマは発生しないということである。

　この観点で図3-2を改めて眺めてみよう。世界の大部分の地域では火山が存在せず、つまり図3-3の通り、地下ではマグマがつくられていないことを示している。逆に地下でマグマが形成されている地域では、どんなしくみがはたらいているのか、それが次の疑問である。

マグマ発生とプレートテクトニクス

　実際の地球内部で図3-3のA線上の点Pの状態にあるかんらん岩が溶けるには、かんらん岩の状態が変化してB線より上に位置することが必要だ。それには次の3つの可能性が考えられる。
①かんらん岩の**温度上昇**
　　　　　（図3-3のP点からX方向の変化）
②かんらん岩の**圧力低下**
　　　　　（図3-3のP点からY方向の変化）
③かんらん岩への**水の添加**
　　　　　（図3-3のB線からB′線への変化）
　ところで、図3-2の火山分布は線上に連なっているが、これは、マグマの発生の原因がプレート境界と関係が深いことを示唆している。①〜③のうち②③がプレート運動によるものである。

> **豆知識** マントルをつくるかんらん岩は、かんらん石を主な構成鉱物としており、ほかに輝石を含む。

3-2 世界の火山分布

参考資料：〔IAVCEI「世界の活火山カタログ」〕『図説地球科学』

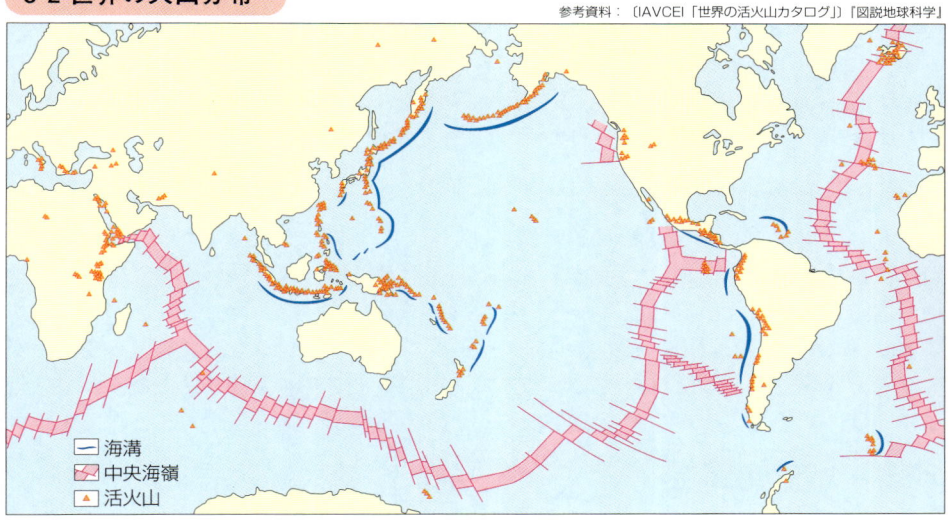

- ⊟ 海溝
- ≋ 中央海嶺
- ▲ 活火山

3-3 マントルがマグマになる条件

グラフA（地球内部のかんらん岩の温度）は、グラフB（かんらん岩が溶け始める温度）より下にあるので、ふつうマントルのかんらん岩は溶けていない。

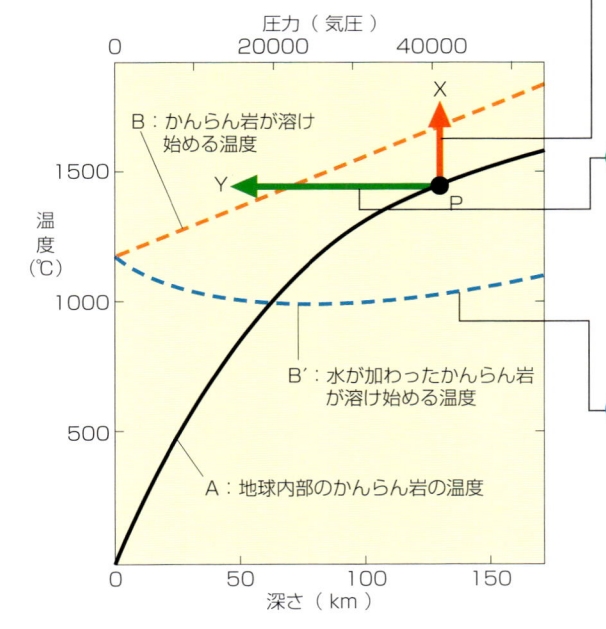

グラフ軸：圧力（気圧）0, 20000, 40000／温度（℃）500, 1000, 1500／深さ（km）0, 50, 100, 150

- B：かんらん岩が溶け始める温度
- B'：水が加わったかんらん岩が溶け始める温度
- A：地球内部のかんらん岩の温度
- 点P、X方向（温度上昇）、Y方向（圧力低下）

①温度上昇でマグマができる
マントルのかんらん岩が何らかの原因で高温にさらされると、圧力が同じでも、かんらん岩が溶けてマグマが生じる可能性がある。

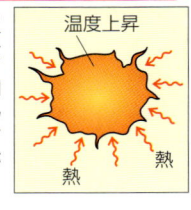

②圧力低下でマグマができる
マントルのかんらん岩が上昇して浅いところにくると圧力が低下する。温度が同じでも、圧力が低下するとかんらん岩は溶けてマグマが生じる。

③水の添加でマグマができる
かんらん岩に水が添加されると、かんらん岩の溶ける温度が大幅に低下し、高温や低圧にならなくてもマグマが生じる。

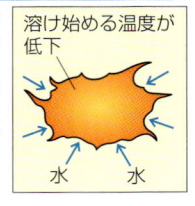

豆知識 かんらん岩を地下から運んできた火山として、秋田県の一ノ目潟が有名である。

多様なマグマの生成

> **Key word** **結晶分化作用** マグマから鉱物が晶出することにより、マグマの化学組成が変化してゆくことを結晶分化作用という。

マグマの性質を決めるもの

一口にマグマといっても、その性質、特に流れやすさ（＝粘性）には相当の違いがある。水のように流れるものや、硬い水飴のようなものもある。この違いは、マグマの主成分である**シリカ（二酸化ケイ素SiO_2）** の含有量とマグマの温度が支配している。シリカの含有量が少なく、温度が高いと、マグマの粘性は低く、流れやすい。マグマは、シリカの含有量が少ない方から順に、**玄武岩質マグマ・安山岩質マグマ・デイサイト質マグマ・流紋岩質マグマ**と分類することができる。

3-4 マグマの種類と性質

性質 \ マグマの種類	玄武岩質	安山岩質	デイサイト質・流紋岩質
岩石になったときの色	黒っぽい	← →	白っぽい
シリカ（二酸化ケイ素SiO_2）の含有量	少ない（塩基性）	←52%　　62%→	多い（酸性）
噴出のときの温度	高い（1200℃）	← →	低い（800℃）
噴出のときの粘性	小さい（流れやすい）	← →	大きい（流れにくい）
噴火様式	あまり爆発的でない		爆発的
溶岩流	速く流れて薄く広がる	流れにくく厚くたまる	ほとんど流れない

多様なマグマができるしくみ──結晶分化作用

■結晶分化作用

マグマから鉱物が晶出することにより、マグマの化学組成が変化してゆくことを**結晶分化作用**という。この考え方によって、なぜ多様なマグマが存在するのか、そのひとつの答えを説明できる。

例えば、マグマからマグネシウム（Mg）に富む鉱物が結晶化して固体になったとする。このときマグマからMgが取り去られる（消費される）ため、残った液体のマグマにはMgに乏しくなってゆく。こうして、様々な鉱物が結晶化するたびにマグマの組成が変化してゆくのである。

最初のマグマを玄武岩質マグマ（マントルが部分的に溶けてできるマグマ）として、結晶分化作用でマグマがどのように変化してゆくのか見ていこう。マグマの冷却にともなって、結晶化する順はほぼ決まっており、有色鉱物（→p.100）では、かんらん石・輝石・角閃石・黒雲母の順に出現する。その際にマグマの組成

豆知識 マグマの酸性・塩基性は、水溶液の酸性・アルカリ性とは別の性質である。

は変化していき、安山岩質マグマ、デイサイト質マグマ、流紋岩質マグマへと移り変わってゆくのである（図3-5）。

なお、玄武岩質マグマから結晶分化作用によってつくられる流紋岩質マグマは、ほんの数％程度である。後に述べるように、流紋岩質マグマが活動する火山活動では、結晶分化作用以外のしくみもはたらいていると考えられる。

■超変成作用

沈み込み帯では付加体（→p.50）により新しい地殻がつくられ、地下深部に引きずり込まれた地層は、地下の高温・高圧状態に曝されて新しい岩石へと変化する。このような作用を変成作用といい、できた岩石を変成岩（→p.148）という。

この変成作用が高度に進んだ**超変成作用**では、変成岩は部分的に溶け始めてマグマができる。流紋岩質マグマのあるものは、このようにしてつくられていると考えられている。

■**マグマの混合・同化作用**

マントルでつくられた玄武岩質マグマが地殻に貫入し、すでに存在していた流紋岩質マグマと接触することがある。この場合、両マグマが混合して均一に混り合うと、両マグマの中間組成のマグマが生じる。安山岩質マグマのあるものは、このようにしてできる。

また、玄武岩質マグマが地殻の一部を溶かして混じり合い、中間組成のマグマを生じさせる場合には同化作用という。

3-5 結晶分化作用によりいろいろなマグマができるしくみ

マグマの結晶化が進むとマグネシウムMgやカルシウムCaなどが消費される。その結果、ケイ素Siの占める量が相対的に増加して、最終的にはマグマのシリカ（二酸化ケイ素SiO_2）の量は70％以上にまで達する。

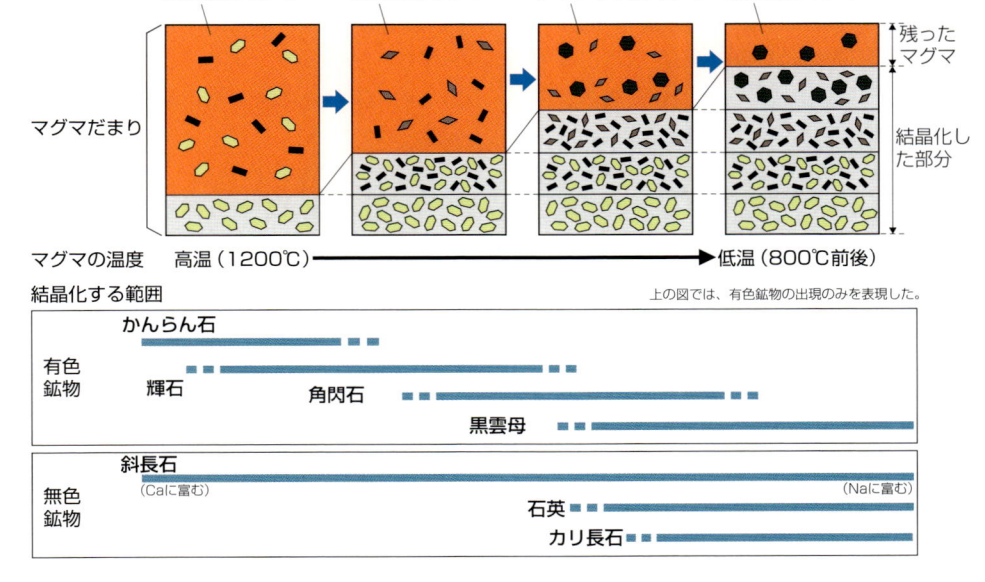

マグマだまり：玄武岩質マグマ → 安山岩質マグマ → デイサイト質マグマ → 流紋岩質マグマ（残ったマグマ／結晶化した部分）

マグマの温度　高温（1200℃）　→　低温（800℃前後）

結晶化する範囲　　　　　　　　　　　　　　　上の図では、有色鉱物の出現のみを表現した。

有色鉱物：かんらん石／輝石／角閃石／黒雲母

無色鉱物：斜長石（Caに富む）……（Naに富む）／石英／カリ長石

豆知識 ふつう、かんらん石と石英が同じマグマから晶出することはない。もしそのような組み合わせの岩石があれば、マグマの混合によってつくられたと推測できる。

主な造岩鉱物

> **Key word** **造岩鉱物** 岩石を構成する主要な鉱物のことで、SiO₄四面体が規則正しく配列した結晶として形づくられている。

岩石を構成する鉱物

マグマが冷えて固まると岩石になる。そうしてできた岩石は、どのようなつくりをしているのだろうか。

生物が細胞からできているように、岩石にも細胞にあたる最小単位が存在し、それを**鉱物**とよんでいる。自然界には多くの鉱物が存在するが、特に岩石をつくる主要な鉱物を**造岩鉱物**という。

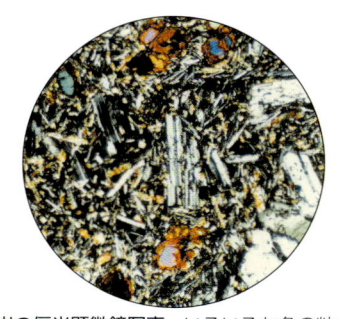

玄武岩の偏光顕微鏡写真　いろいろな色の粒が鉱物

鉱物の結晶をつくる原子やイオンの種類

造岩鉱物を構成する基本単位は**SiO₄四面体**（図3-6）である。この四面体が様々な連結の仕方をすることによって、種類の異なる造岩鉱物が形成される。

■鉱物中のSiO₄四面体の配置

SiO₄四面体は、四面体の各頂点にある酸素原子が結合の腕を余らせており、他の四面体と結合する可能性がある。このため、かんらん石を除いては、四面体どうしが連結して鎖状（輝石、角閃石）、層状（黒雲母）、網目状（長石、石英）の各構造をつくっている。

四面体どうしの連結の仕方は、鉱物の構造的な特徴を決めている。例えば層状に連結する黒雲母は、層状にはがれやすい性質をもつ（特定の面で割れることを「へき開」という）。

■鉱物を特徴づける陽イオン

基本的な結晶構造の骨組みはSiO₄四面体が連結して鎖状になったものが形づくるが、さらに結晶全体の電気的なバランスを取り、その鎖どうしを結びつけるために、鎖の空隙に規則正しく＋の電気を帯びた金属イオンが配置されている。この陽イオンの種類によって、造岩鉱物は次のように有色鉱物と無色鉱物の２つに大別されている。

有色鉱物──Mg、Feなど

　これらの元素を含んだ鉱物は黒、褐色など濃い色をしている。代表的なものは、**かんらん石、輝石、角閃石、黒雲母**。

無色鉱物──Na、K、Caなど

　これらの元素を含んだ鉱物は**白色**を呈する。代表的な鉱物は**長石**である。また、水晶で知られる**石英**はこれらの元素を全く含まず、無色透明である。

豆知識　基本的に岩石は鉱物からなるが、正確には鉱物に加え、火山ガラスも構成物質に含まれる。

3-6 SiO₄四面体

鉱物の基本的骨格はSiO₄四面体がつくり、そのすき間にプラスの電気を帯びた金属イオンが規則正しく配置されることでSiO₄連結構造どうしを結びつけている。

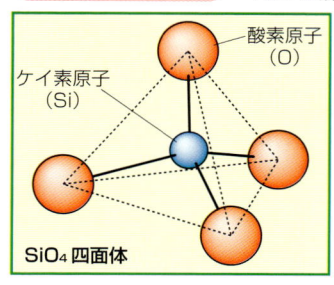

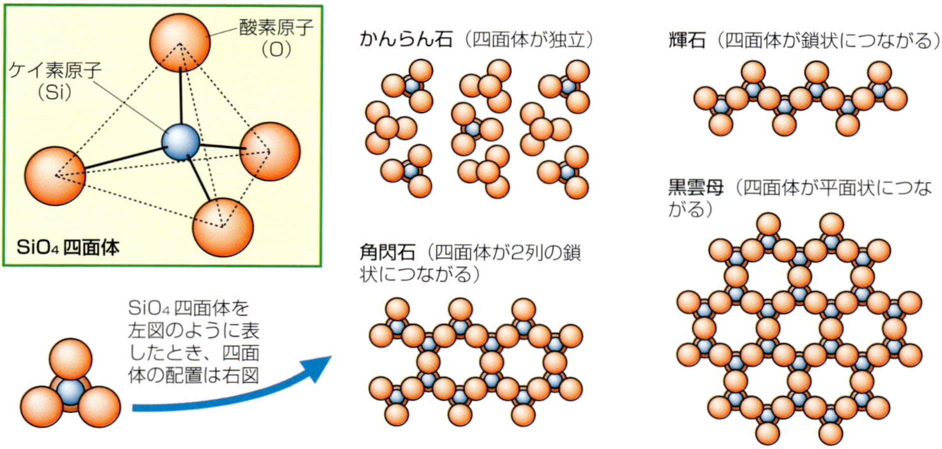

- 酸素原子（O）
- ケイ素原子（Si）
- SiO₄四面体

かんらん石（四面体が独立）

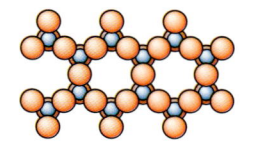

輝石（四面体が鎖状につながる）

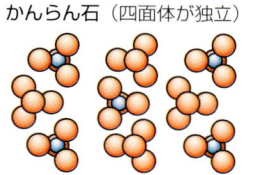

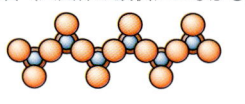

黒雲母（四面体が平面状につながる）

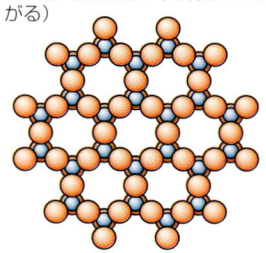

角閃石（四面体が2列の鎖状につながる）

SiO₄四面体を左図のように表したとき、四面体の配置は右図

3-7 造岩鉱物

岩石は、造岩鉱物が集まってできている。

かんらん石
主に玄武岩質マグマから結晶化してできる鉱物。マントルは主としてかんらん石の集合体。宝石名はペリドットという。

輝石（きせき）
玄武岩質や安山岩質のマグマから結晶化してできる鉱物。

角閃石（かくせんせき）
安山岩質マグマやデイサイト質マグマから結晶化してできる鉱物。火成岩ばかりでなく、変成岩にも広く出現する。

黒雲母（くろうんも）
花崗岩や流紋岩などに含まれるだけでなく、変成岩にも広く出現する。結晶構造から、シート状にはがれやすい。

長石（ちょうせき）
結晶構造によって、斜長石と正長石（カリ長石）に大別される。特に斜長石は、火成岩（マグマの組成に無関係）、変成岩に広く含まれる。

石英（せきえい）
広い条件で安定なため風化に強く、砂粒の多くは石英からなる。結晶の形のきれいなものは水晶とよばれ、宝石にもなる。

豆知識 生命体をつくる炭素C、鉱物をつくるケイ素Siは、どちらも4本の結合の腕をもつことで共通しているのが興味深い。

主な火成岩

> **Key word** **火成岩** マグマが地上や地下で固まってできた岩石を火成岩という。マグマの種類と冷える速さによって、大きく6つの種類に分類される。

なぜ多様な火成岩があるのか

現在、日本の義務教育などで学ぶ火成岩は、安山岩と花崗岩の2種類だけであるが、自然界には多様な岩石が存在する。なぜ多様な岩石ができるのか、そのしくみを説明しよう。

火成岩の多様性の原因のひとつは、マグマの化学組成の多様性である。マグマの組成は**シリカ**（→p.98）の重量パーセントを基に3種類に区分している。すなわち、玄武岩質マグマ、安山岩質マグマ、デイサイト質マグマ・流紋岩質マグマである（デイサイト質と流紋岩質はひとまとめにして扱う）。

火成岩の多様性の原因のもうひとつは、岩石組織の違いであり、2種類の組織が存在する。マグマが地表面で急冷された場合には、細かい結晶や火山ガラスからなる石基（図）の中に、ミリ単位の大きさの結晶（斑晶という）が散在する**斑状組織**をとる。一方、マグマがマグマだまりでゆっくり冷やされた場合には、全てミリオーダーの結晶で構成された**等粒状組織**をとる。

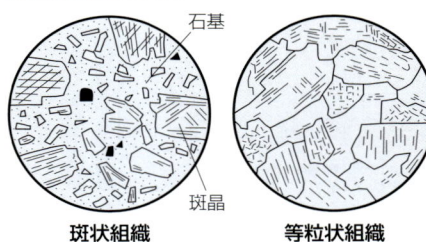

斑状組織（石基・斑晶）　等粒状組織

例をあげれば、玄武岩質マグマが急冷されると玄武岩が、ゆっくり冷されると斑れい岩がつくられるのである。

この3種類の化学組成と2つの組織を組み合わせて、基本的には6種類の岩石が区別される。

主な火成岩の特徴

■玄武岩・■斑れい岩

この2つの岩石は、マントルが直接溶けてできたマグマからできる。海洋地殻をつくっており、地球上に最も多く存在する岩石である。かんらん石、輝石、斜長石を主に含む。

■安山岩・■閃緑岩

この2つの岩石をつくるマグマは、成熟した大陸地殻に海洋プレートが沈み込む場所でつくられる。安山岩をandesiteというが、これはこの岩石がアンデス山脈に広く分布することに由来している。輝石、角閃石、斜長石を主に含む。

■流紋岩・■花崗岩

この2つの岩石をつくるマグマも、海洋プレートが成熟した大陸地殻に沈み込む場所でつくられる。角閃石、黒雲母、斜長石、石英、カリ長石を主に含む。

豆知識 デイサイト質マグマと流紋岩質マグマは、深成岩の場合、同じ花崗岩をつくるため、ひとまとめにして扱う。

3-8 火成岩

火山岩
地表近くで、マグマが急に冷えてできる岩石。斑状組織。

深成岩
地下深くで、マグマがゆっくりと冷えてできる岩石。等粒状組織。

玄武岩（げんぶがん）
白い斑点が斜長石で、黒い部分は主に石基。主に海洋地殻の上部をつくる岩石である。

斑れい岩（はんれいがん）
白い部分が斜長石で、石英は全く含まれない。有色鉱物には角閃石が入ることもある。主に海洋地殻の下部をつくる岩石である。

安山岩（あんざんがん）
黒い部分が輝石。白い斑点が斜長石。グレーの部分は石基。主に大陸地殻の浅いところや地表でできる岩石である。

閃緑岩（せんりょくがん）
白い部分に、斜長石に加えて石英が含まれる。主に大陸地殻の深いところでできる岩石である。

流紋岩（りゅうもんがん）
ごく細かい結晶が一定方向に並んで流れるような模様をつくる。主に大陸地殻の浅いところや地表でできる岩石である。

花崗岩（かこうがん）
白い部分は斜長石、カリ長石。グレーの部分が石英。黒い斑点が黒雲母。主に大陸地殻の深いところでできる岩石である。

黒っぽい　シリカが乏しい

白っぽい　シリカに富む

豆知識 デイサイトは、かつて「石英安山岩」とよばれていた。

海嶺・ホットスポットのマグマ

> **Key word** **玄武岩質マグマ** 玄武岩質マグマが海底で海水に触れて冷やされると、枕を積み重ねたような形の特徴的な玄武岩溶岩ができる。

海嶺のマグマ活動

海嶺直下にはマントル対流によって、地下深部から熱いマントル物質（＝**かんらん岩**）が湧き上がっている。上昇したかんらん岩は圧力が低下するため、部分的に溶けて玄武岩質マグマが生じる（p.96②の作用）。このマグマはマグマを生んだかんらん岩より密度が小さいのでかんらん岩から分離して集まり、海嶺直下でマグマだまりを形成するのである。

海嶺では海洋地殻に亀裂が入り両側へ引き裂かれている。亀裂を通じてマグマは海底に流れ出し（このマグマの通り道を岩脈という）、新たに地殻がつくられる。これは傷口から血液が流れて固まり、かさぶたをつくる作用と思えばよいだろう。なお、海底にマグマが噴出すると、**枕状溶岩**という枕を積み重ねたような特徴的な形の岩石がつくられる（→p.108）。

また、マグマだまりでは、結晶化したかんらん石の沈積によって最下部にはかんらん石の集積岩層が、マグマだまりの壁側では、マグマがゆっくり冷されることにより斑れい岩が形成される。

さらにマグマだまりの下位には、マグマの抜けたかんらん岩（これを溶け残りかんらん岩といい、溶ける前のかんらん岩に比べ鉱物組み合わせが変化している）が、さらに下位にはマグマを生み出す前のかんらん岩が存在している。

このように海嶺では、幾層もの特徴的な岩石からなる層状構造が水平方向に広がっているのである。

ところで、海嶺直下の上昇流は、いわゆる「プルーム」ではない場合が多々ある。それは、海洋プレートの沈み込みによる運動で受動的に海嶺が開き、その空隙に物質を補填するためにマントルが上昇する場合があるからである。

ホットスポットのマグマ活動

ホットスポットのプルームの根は深く、外核とマントルの境界付近にまで遡るものも存在すると考えられている。このプルームの形態は、立ち上る一筋の煙のような細い柱状であり、ホットスポットから間歇的に噴出するマグマによって、海底火山がプレートの移動方向に点々とつくられてゆく。この代表的な場所がハワイ諸島である。

なお、ホットスポットのマグマは玄武岩質であるが、プルームが外核から上部マントルの間を通過してくる際に、経路の途中に存在する物質の影響を受けており、海嶺で噴出する玄武岩の組成とは異なっていることが明らかになっている。

豆知識 海嶺のブラックスモーカーから噴出する熱水には金属が豊富に含まれており、海底熱水鉱床を形成する。

3-9 海嶺のマグマの活動

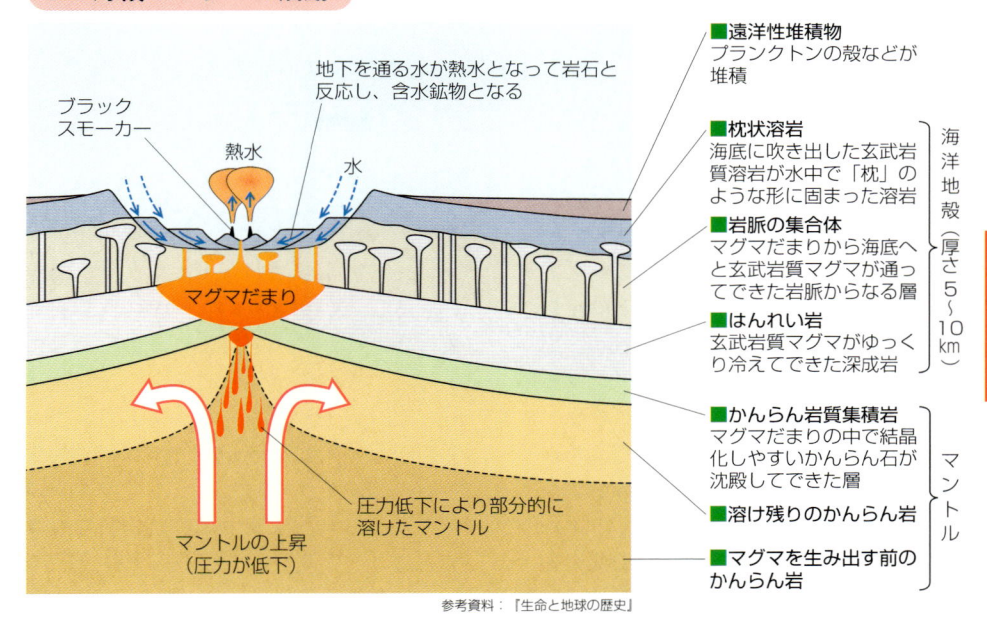

- ブラックスモーカー
- 熱水
- 地下を通る水が熱水となって岩石と反応し、含水鉱物となる
- 水
- マグマだまり
- マントルの上昇（圧力が低下）
- 圧力低下により部分的に溶けたマントル

参考資料：『生命と地球の歴史』

海洋地殻（厚さ5～10km）:

- ■**遠洋性堆積物**
  プランクトンの殻などが堆積
- ■**枕状溶岩**
  海底に吹き出した玄武岩質溶岩が水中で「枕」のような形に固まった溶岩
- ■**岩脈の集合体**
  マグマだまりから海底へと玄武岩質マグマが通ってできた岩脈からなる層
- ■**はんれい岩**
  玄武岩質マグマがゆっくり冷えてできた深成岩

マントル:

- ■**かんらん岩質集積岩**
  マグマだまりの中で結晶化しやすいかんらん石が沈殿してできた層
- ■**溶け残りのかんらん岩**
- ■**マグマを生み出す前のかんらん岩**

3-10 ホットスポットのマグマ活動

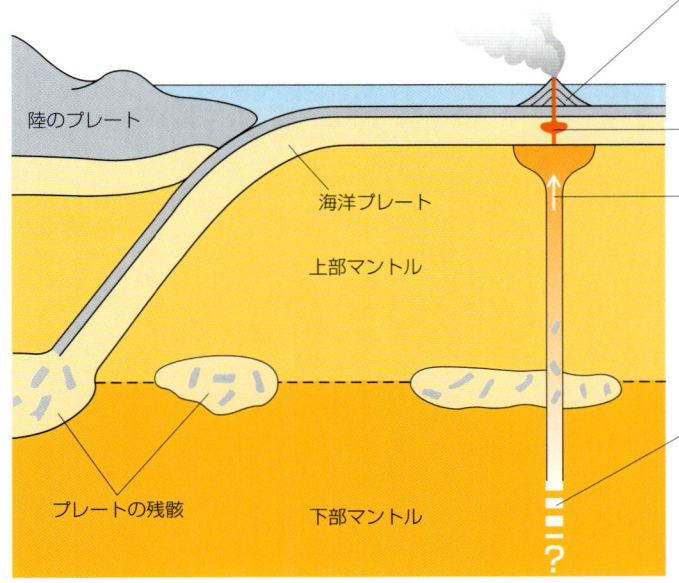

- 陸のプレート
- 海洋プレート
- 上部マントル
- プレートの残骸
- 下部マントル

- ■**海底火山**
  ホットスポットが海洋プレートの下にあると、海底火山をつくる。大きくなるとハワイ諸島のような島になる。
- ■**ホットスポットのマグマ**
  玄武岩質マグマである。
- ■**ホットスポットのホットプルーム**
  細く柱状の熱い上昇流。固体のマントル物質（かんらん岩）のゆっくりとした流れであって、マグマにはなっていない。上昇の途中でプレートの残骸を取り込んでいる可能性がある。
- ■**プルームの深さ**
  数千万年に渡って同じ位置で活動するホットスポットもあることから、プルームの根は外核とマントルの境界付近ではないかという説もある。しかし一貫した説明はまだ得られていない。

豆知識 海洋地殻が層を成す構造が保たれたまま付加体になっている場合があり、オフィオライトとよばれる。オフィオライトは海洋地殻の構造の研究に手がかりを与えた。

沈み込み帯のマグマ

Key word **マントルへの水の添加** 海洋地殻には水が含まれているため、海溝からプレートが沈み込むとマントルに水が注入される。

沈み込み帯のマグマ活動

　日本列島の地下には、海溝から海洋プレートが沈み込んでおり、火山や地震が日本列島に沿うように帯状に分布している（**沈み込み帯**という）。プレートの沈み込みが日本列島に火山が多い——つまり地下でマグマが発生する原因である。マグマの発生のメカニズムは、実は極めて規則的である。このことを説明しよう。

　マグマ発生の条件のひとつ「**マントルへの水の添加**」については、p.96でグラフをもとに説明した。実際には、マントルへの水の注入口は「海溝」である。

　海嶺で海水に接してつくられた海洋地殻の岩石には、含水鉱物として鉱物の結晶中に水が蓄えられている。海洋プレートが海溝から沈み込むと、地球内部の熱と圧力により海洋地殻の岩石から次第に水が遊離し、上部に横たわるマントルに加わるのである（図3-11）。

　しかし、海溝から沈み込んだばかりの海洋地殻から水が出ても、接しているマントル（図3-11のA点）は、温度が十分高くないため、水が加わってもマグマを発生させることができない。やがて沈み込んだ海洋地殻が日本列島の真下あたりまで来ると、それに接するマントル（図3-11のB点）は十分温度が高くなっており、マントルが部分的に溶け始めてマグマが発生するのである。なお、こうしてマントルからつくられたマグマは**玄武岩質マグマ**である。

　このように、マグマは海溝から一定程度離れた地点の地下で初めてつくられるので、一定程度離れた地点から火山が出現することになる。最も海溝寄りの火山を連ねた線を**火山フロント**（図3-13）といい、海溝を連ねた線とほぼ並行になっている。なお、火山は日本列島上にのみ出現するが、これは海洋地殻がさらに沈み込むと（図3-11のC点）、海洋地殻が水を全て出し切ってドライになってしまうため、マグマが発生しないのだと考えられる。

マグマの変身

　マントルから発生した玄武岩質マグマは、他の組成をもったマグマをつくる引き金にもなっている（図3-12）。

　マントルから上昇してきた高温の玄武岩質マグマが大陸地殻の底部に接すると、その熱のため大陸地殻が部分的に融解するが、大陸地殻には花崗岩が多く含まれているので、このようにして**流紋岩質（花崗岩質）マグマ**が形成されることがある。また、もし両マグマがうまく混ざり合えば、組成的に両マグマの中間の**安山岩質マグマ**が形成されるのである。

豆知識 月にも玄武岩は存在するが、花崗岩は地球のみに存在する。これはプレートの沈み込みと水の存在によるものである。

3-11 沈み込み帯のマグマ活動

海洋地殻から出た水がマントルに加わることでマントルが溶け、マグマが発生する。

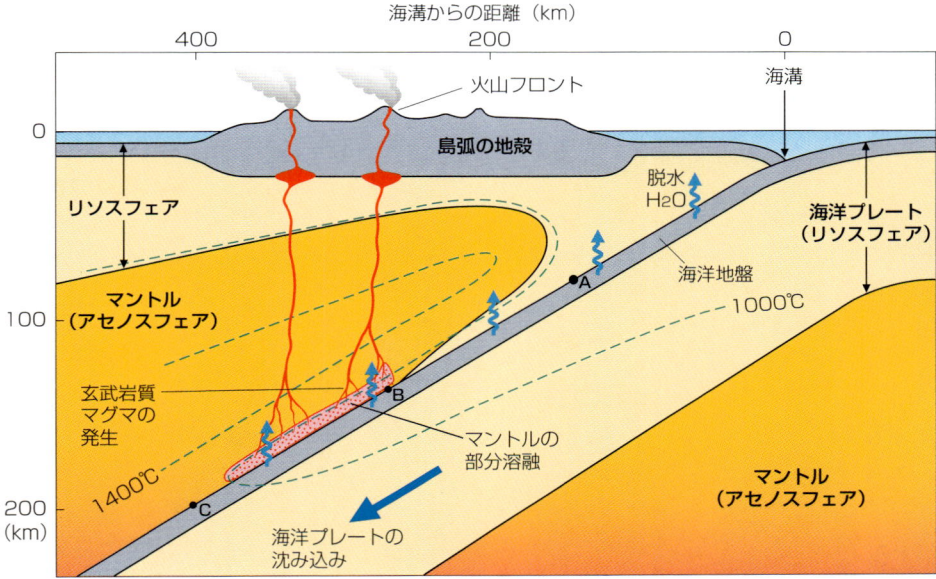

3-12 マグマの変身

地殻の下まで上昇した玄武岩質マグマが地殻を溶かして新たなマグマができる。

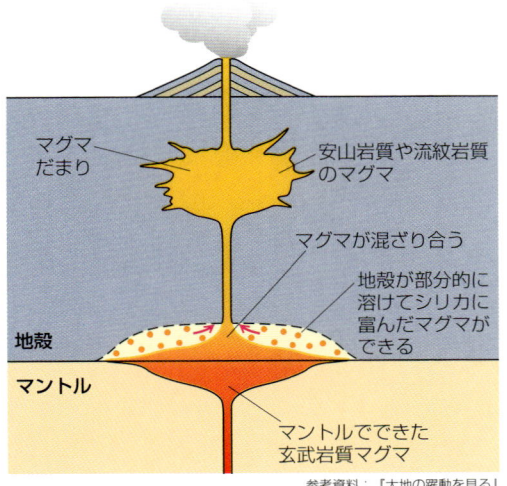

3-13 火山フロント

火山フロントは、ほぼ海溝に平行に位置している。

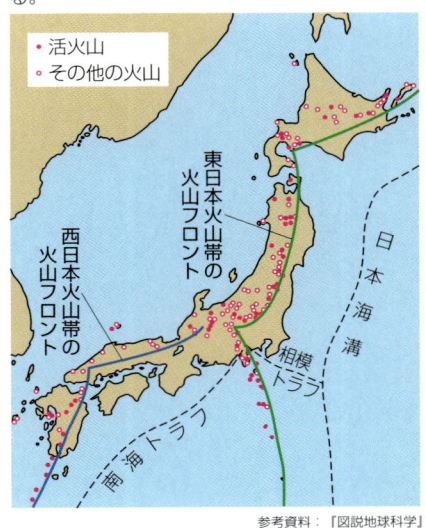

豆知識 プレートの沈み込む角度が異なると、海溝から火山フロントまでの距離も異なる。

火山噴出物

> **Key word** **枕状溶岩** 枕を積み重ねたような形の溶岩。海嶺でつくられる玄武岩の海洋地殻は、枕状溶岩でできている。

火山噴出物

　火山が噴火すると、さまざまな火山噴出物が出てくる。真っ赤になって流れる溶岩、空を覆う火山灰、激しい噴火では大きな岩石を遠くまでとばすこともある。これらの**火山噴出物**はどれも、火山からマグマが噴出するとき、マグマの種類や温度、噴火の仕方によって、マグマがさまざまに形を変えたものである。

流れ出すタイプの火山噴出物

■溶岩

　マグマの種類により、できる溶岩の様子は異なっている。溶岩の中心部は空隙のない岩石であっても、溶岩の性質によって、特に溶岩の表面の特徴が異なっている。最も流れやすい玄武岩質マグマは、**パホイホイ溶岩**とよばれる表面が滑らかな溶岩になる。これに対して、やや粘性が高い玄武岩質マグマでは、多孔質で凹凸に富んだ**アア溶岩**（写真）となる。なお、玄武岩質マグマが水中に噴出すると**枕状溶岩**（写真）という特異な形を示す。海洋地殻の玄武岩は枕状溶岩である。

　さらに粘性が高い安山岩質、流紋岩質マグマでは、溶岩表面の岩塊が1m程度と大きく、平滑な面をもつ多面体を示す。このような特徴をもった溶岩を**塊状溶岩**という。

アア溶岩

枕状溶岩

噴出し降下するタイプの火山噴出物

■火山岩塊・火山礫・火山灰

　これらは、火口から噴出した際に破断され特定の形を示さない。大きさによって右の表のように分類されている。

火山噴出物の大きさによる分類

火山岩塊	64 mm 以上
火 山 礫	64 mm 〜 2 mm
火 山 灰	2 mm 以下

豆知識　アア溶岩の「アア」とはハワイ語で、この石の上を裸足で歩くときの悲鳴を表している。

■火山弾・溶岩餅

　まだ流動性がある溶岩が火口から空中に飛び出すと、空中を飛行している際に特有の形がつくられることがある。**紡錘状火山弾**（写真）はラグビーボールに似た形をしており、粘性が低い玄武岩質マグマが飛行中に回転をしながら形成されたものである。なお、まだ流動性があるうちに火山弾が地上に着地し、つぶれて扁平になったものを**溶岩餅**（写真）という。

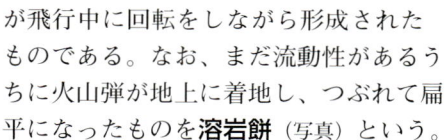

　また、粘性の高い安山岩質や流紋岩質マグマでは、空中に放出されたとき、急冷されてまず表皮が形成されるが、内部はまだ多少流動性があり高温を保っている。内部のマグマが冷却されるとガスを放出するため、膨れ上がって表皮にひび割れが生じる。このような火山弾を**パン皮状火山弾**（写真）という。

紡錘状火山弾

■スコリア・軽石

　マグマが気圧の低い地表に噴出すると、マグマに閉じこめられていた火山ガスが発泡する。この泡を含んだままマグマが固まると、パンの組織のような多孔質の岩石となる。玄武岩質のマグマでは黒っぽくなり、**スコリア**（写真）とよんでいる。安山岩質、流紋岩質の場合は白っぽく、水にも浮くようになる。こうなったものを**軽石**（写真）という。

溶岩餅

スコリア

パン皮状火山弾

軽石

豆知識 火山灰は、岩石の燃えかすではなく、岩石が粉砕されたものである。

噴火の種類

> **Key word** 噴火の種類　アイスランド式・ハワイ式・ストロンボリ式・ブルカノ式・プリニー式

降下噴出物に基づく火山噴火の分類

　火山の噴火の様子はさまざまである。1991年のピナツボ火山の噴火（→p.9）では、大量の火山灰を大気の成層圏にまで噴き上げた。一方、アイスランドの火山（→p.13）では数十kmに渡る割れ目状火口から大量の流れやすい溶岩を流し出すが、火山灰を噴き上げたりはしない。このような噴火の様子の違いを分類するために次のような分類法がよく使われている。

桜島（鹿児島県）ブルカノ式噴火

■典型的な火山名・地名による分類

　特定の火山や地域で典型的に見られる噴火様式に対して、その火山名・地名を冠する分類である。**アイスランド式**、**ハワイ式**、**ストロンボリ式**、**ブルカノ式**、**プリニー式**などが代表的である（図3-14）。これらは古くから行われてきた火山噴火分類の方法である。

■火山噴出物の特徴による分類

　典型的な火山名・地名による分類法では、例えばストロンボリ火山の噴火様式が変化し、ハワイ式の噴火が発生するような場合に対応できない。そのため、近年では火山噴出物が地表を覆う面積と、火口から一定距離での堆積物粒子の大きさを手がかりにして分類する。これは噴煙柱の高さを反映している。

地表を流れ下るいろいろな噴火現象

■溶岩流

　マグマが流動性のあるまま地表に出ると溶岩流になる。マグマの粘性の違いにより溶岩流の状態は異なり、流下速度は速いもので時速数十kmに達する。

■火砕流

　火砕流は、火山から噴出した高温のガスが、火山灰や火山岩片を巻き上げながら高速で火山斜面を流れ下る現象で、その流下速度は最大級のものは時速300kmに達するものがある。

　高温の火山ガスは火山灰などを含みながらかなり濃密な状態になっており、この中では火山岩片等が火砕流中を沈下す

豆知識 1990年の雲仙普賢岳の噴火では、火砕流が発生し、戦後最悪の43人の死者を出した。

3-14 噴火の種類

噴煙柱の高さは、ハワイ式2km未満、ストロンボリ式2〜10km、プリニー式10km以上。ブルカノ式では継続した噴煙柱が存在しないので高さを示せない。

噴火の様式	アイスランド式	ハワイ式	ストロンボリ式	ブルカノ式	プリニー式
噴火の特徴	広域の割れ目から、粘性の低い流動的溶岩を大量に流出。	山頂や山腹の割れ目から、粘性の低い流動的溶岩を流出。	比較的粘性の低い溶岩や灼熱したスコリアを間歇的に火口から噴出。	高圧の火山ガスによる爆発で粘性の高いマグマや火山灰を火口から噴出。	長い休止期の後にきわめて激しい爆発。大量の軽石や火山灰を噴出。
火山の例	●ラキ（アイスランド、1783） ●アスキア（アイスランド、1961）	●キラウエア（ハワイ、1983〜） ●マウナロア（ハワイ、1984）	●ストロンボリ（イタリア） ●伊豆大島（1986〜87） ●三宅島（1962） ●阿蘇山	●ブルカノ（イタリア、1888〜90） ●桜島 ●浅間山	●セントヘレンズ（アメリカ、1980） ●ピナツボ（フィリピン、1991） ●ベスビオ（イタリア、1979）
火山体の例	溶岩台地	盾状火山	成層火山、スコリア丘	成層火山、溶岩円頂丘	成層火山、カルデラ
噴火のようす	穏やかな噴火　溶岩流が多い ←―――――――――――――――→				爆発的な噴火　火山弾・軽石・火山灰が多い
噴出物	パホイホイ溶岩 アア溶岩 溶岩泉		紡錘状火山弾 スコリア 火山灰	塊状溶岩 パン皮状火山弾 スコリア 火山灰	大量の軽石 火山灰 火砕流
噴出物の色	黒・暗灰色 ←―――――――――――――――――――→				灰・淡灰色
マグマ　種類	玄武岩		玄武岩質〜安山岩質	安山岩質	デイサイト質〜流紋岩質
マグマ　粘性	低い（シリカ少ない） ←―――――――――――――→				高い（シリカ多い）
マグマ　温度	高	1200℃	1100℃	1000℃	900℃　低

ることが妨げられ、10cm程度の岩塊では、火山から何十kmも離れた地点まで運ばれることがしばしばである。

■**サージ**

　サージは、流体の大部分をガスが占める希薄な流れで、このことが火砕流と異なる。爆発的な速さで水平方向に流れ出すが、到達範囲は火口から3km以内程度と狭く、堆積物はごく薄い。

■**岩なだれ**

　プリニー式の爆発的な噴火に伴い火山体崩壊し、火山をつくっていた斜面が崩れて流下することがある。これを岩なだれといい、大小の岩片が流下する。こうしてつくられた特徴的な地形を流れ山地形という。

豆知識　1888年の磐梯山の噴火では、岩なだれにより川がせき止められ、五色沼をはじめ、大小さまざまな湖沼がつくられた。

火山の種類と地形①

> **Key word** **単成火山** 1回だけの噴火活動でできた火山で、火山体の直径は1～2km程度であることが多い。

単成火山の地形

　日本に住む人なら、火山の形や大きさが山ごとに違いがあることを誰もが知っているだろう。では、富士山は日本を代表する火山だが、あの見事な形は日本にしか存在しない形なのだろうか。ここでは、火山の種類とその地形について見ていこう。火山の種類には大きく分けて**単成火山**と**複成火山**とがある。

■単成火山のいろいろな地形

　1回だけの噴火によって形成された火山を単成火山という。単成火山はふつう差し渡し1～2km以下の小規模な地形からなる火山である。噴火の期間は長いものでも10年くらいである。具体的な地形には、火砕丘、マール、溶岩ドーム・溶岩塔がある。

火砕丘　主にスコリアや軽石が噴火口の周りに積もって円錐形の地形をなす。スコリア丘は玄武岩質マグマの噴火からなる。同じ地域内に群れをなして存在することが多い。九州・阿蘇山の米塚、伊豆半島の大室山が代表的。

マール　マグマと地下水が接触して激しい水蒸気爆発を起し、溶岩や火口付近の地層などの破片を火口の周りに薄く堆積させて生じた地形のこと。火口の直径は2km以下で、火口を取り囲む高まりは目立たず、火口内に地下水が貯まることが多い。秋田県の一ノ目潟、二ノ目潟が代表的。

溶岩ドーム・溶岩塔　粘性の高いマグマが火口から流下せず、火口付近に盛り上がってドーム状になったもの。溶岩が地表に顔を出さず、地面をドーム状に持ち上げる場合もある。特に火道で固まった溶岩が柱状に地表に顔を出したものを溶岩塔という。雲仙普賢岳（九州）や昭和新山（北海道）が溶岩ドームの代表例。

中央火口丘　カルデラや火口の中で、小規模な噴火活動でできた小さな火山を中央火口丘という。これも一種の単成火山といえる。阿蘇山（九州）のカルデラ内には10個以上の中央火口丘が存在している。

3-15 単成火山のいろいろな地形
1回の噴火でできた単成火山に見られるいろいろな地形

火砕丘
スコリアや軽石が噴火口の周りに積もって円錐形の地形になった地形。

マール
マグマ水蒸気爆発によって火口が開いた地形。水がたまっていることが多い。

豆知識　盾状火山も溶岩流が層をなしてつくられているので成層火山とも言えるが、一般には円錐形の火山のことを成層火山とよぶ。

霧島山（鹿児島県・宮崎県）

霧島山は、20あまりの成層火山や火砕丘からなる火山群。山体に比べて火口が大きく、そのいくつかには水がたまって火口湖となっている。

昭和新山（北海道・有珠山の一部）

1943年12月に突然麦畑の中から噴火が始まり1945年9月までのおよそ2年間にわたる火山活動により誕生した単成火山。溶岩ドーム（溶岩円頂丘）とよばれる地形である。

成層火山（高千穂峰）
火砕丘（新燃岳）
火砕丘（韓国岳）
火口湖（大浪池）
火口湖（六観音御池）
火口湖（白紫池）
霧島山

昭和新山
溶岩ドーム

溶岩ドーム
粘性の高い溶岩が火口付近に盛り上がった地形。溶岩円頂丘ともいう。

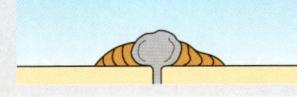

火山岩塔
火道で固まった溶岩が柱状に地表に出現した地形。

中央火口丘
火口の中で起こった小規模な噴火活動によってできた高まり。

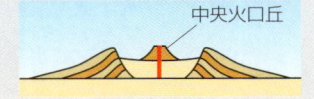

中央火口丘

豆知識 昭和新山は、平坦だった畑や河原が隆起したため、山頂付近には河原のレキが残っている。

火山の種類と地形②

> **Key word** **複成火山** 同じ火口から数千〜数十万年に渡って噴火が起こり、形成された火山を複成火山という。

複成火山の地形

■複成火山のいろいろ

同じ火口から複数回の噴火により形成された火山で、単成火山に比べ火山体の規模も桁違いに大きい。噴火の期間は短いものでも数千年、長いものでは数十万年に達する。なお、日本の場合、百万年以上の年月が経った火山は、風雨による浸食によって元の火山体が失われていることが多い。

盾状火山 流動性に富む玄武岩質マグマが長期間に大量に火口から流出し、広い緩斜面を形成した火山で、ホットスポットの活動の結果である。代表例はハワイの火山で、日本には存在しない。ハワイのマウナケア（標高4205m）は、水深5000mの海底から火山体が積み重なって

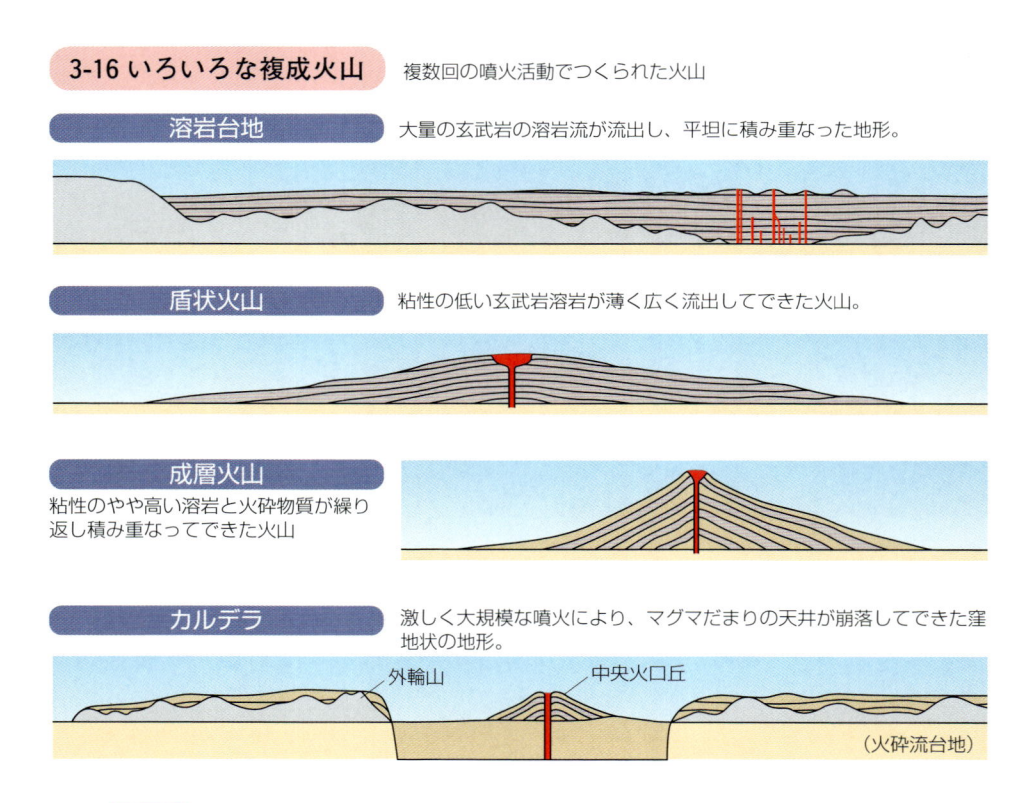

3-16 いろいろな複成火山　複数回の噴火活動でつくられた火山

溶岩台地　大量の玄武岩の溶岩流が流出し、平坦に積み重なった地形。

盾状火山　粘性の低い玄武岩溶岩が薄く広く流出してできた火山。

成層火山　粘性のやや高い溶岩と火砕物質が繰り返し積み重なってできた火山

カルデラ　激しく大規模な噴火により、マグマだまりの天井が崩落してできた窪地状の地形。　外輪山　中央火口丘　（火砕流台地）

> **豆知識** 過去1万年の間に噴火の記録のある火山、現在噴煙を上げて活動している火山を活火山といい、日本に現在108火山ある。

いるので、海底からの火山の高さは9000mを超え、地球上最大の火山といえる。

成層火山　火山噴出物や火砕流、及び岩なだれ・土石流の堆積物が流下して堆積し、円錐形に積み重なってできた火山。火口に近づくほど硬い溶岩の割合が増すので、山頂に向かって傾斜が大きくなる。

日本には各地に「〜富士」とよばれる均整の取れた形の成層火山が存在する。これは、日本列島に玄武岩質〜安山岩質マグマが多く噴出する結果であり、玄武岩質マグマしか出ない地域（例えば海洋島）では成層火山は形成されない。

成層火山の多くは、基盤とよばれる地層の上に火山体が載っているので、火山自体が噴火によって積み上げた高さは、高いものでも千数百mである。

富士山（静岡県・山梨県）　複成火山で、成層火山の典型的な円錐状の形。p.199にも解説。

カルデラ　成層火山の火口に生じた直径2km以上の凹地をカルデラという。火砕流をともなう激しい噴火によって、マグマだまりの上部に空間ができ、そこへマグマだまりの天井が陥没してできる。カルデラを取り囲み、カルデラの縁に生じるピークを外輪山という。阿蘇山の大カルデラが有名。

阿蘇山（熊本県）　複成火山で大カルデラをもつ。p.201にも解説。

> **豆知識**　山体に積もっていた雪が火山噴火の際に高温の火砕流で一気にとかされると、「火山泥流」となって大きな災害を引き起こすことがある。1926年の十勝岳で起こった火山泥流が有名。

Column

日本の火山災害

18世紀以降日本で最大の火山災害は？

　18世紀以降の日本の火山災害で最大のものは、1792年の雲仙岳噴火。5月21日に強い地震と同時に眉山（当時前山）が大崩壊を起して有明海に流れ込んだため津波が発生した。このため島原および対岸の肥後・天草に被害が出て、死者約1万5000人にのぼった。「島原大変肥後迷惑」とよばれる。

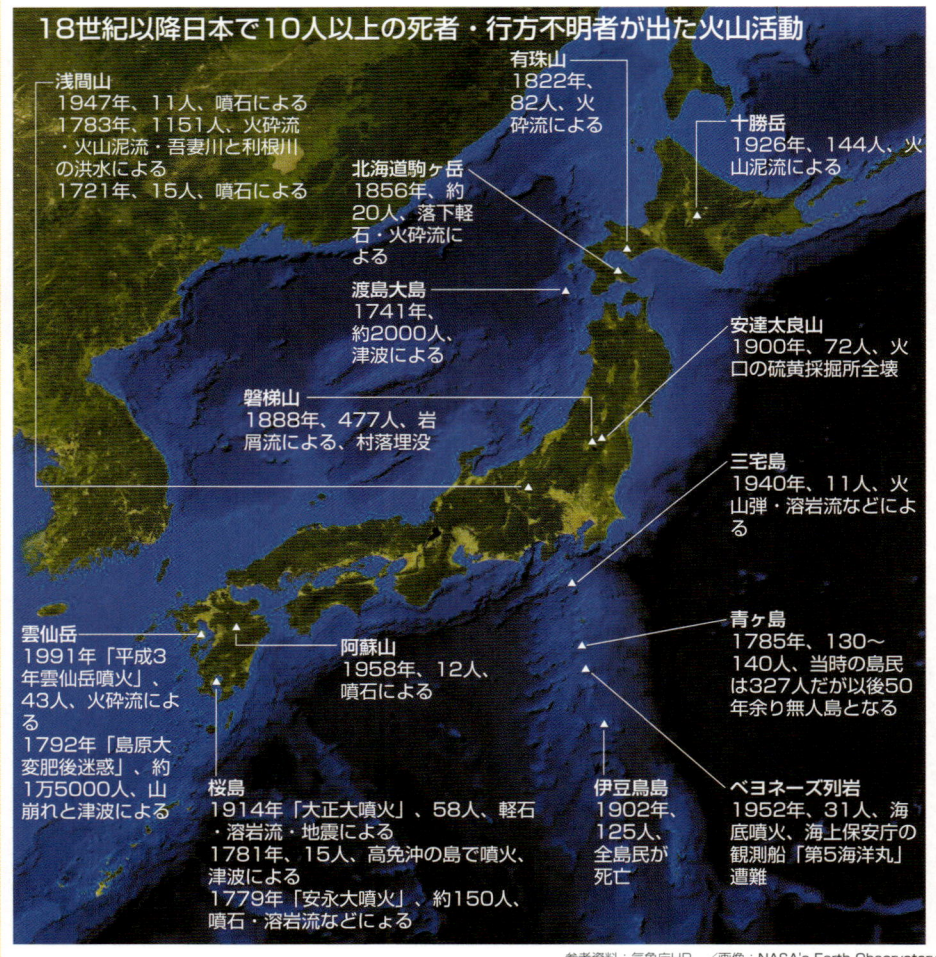

18世紀以降日本で10人以上の死者・行方不明者が出た火山活動

浅間山
1947年、11人、噴石による
1783年、1151人、火砕流・火山泥流・吾妻川と利根川の洪水による
1721年、15人、噴石による

有珠山
1822年、82人、火砕流による

十勝岳
1926年、144人、火山泥流による

北海道駒ヶ岳
1856年、約20人、落下軽石・火砕流による

渡島大島
1741年、約2000人、津波による

安達太良山
1900年、72人、火口の硫黄採掘所全壊

磐梯山
1888年、477人、岩屑流による、村落埋没

三宅島
1940年、11人、火山弾・溶岩流などによる

雲仙岳
1991年「平成3年雲仙岳噴火」、43人、火砕流による
1792年「島原大変肥後迷惑」、約1万5000人、山崩れと津波による

阿蘇山
1958年、12人、噴石による

青ヶ島
1785年、130～140人、当時の島民は327人だが以後50年余り無人島となる

桜島
1914年「大正大噴火」、58人、軽石・溶岩流・地震による
1781年、15人、高免沖の島で噴火、津波による
1779年「安永大噴火」、約150人、噴石・溶岩流などによる

伊豆鳥島
1902年、125人、全島民が死亡

ベヨネーズ列岩
1952年、31人、海底噴火、海上保安庁の観測船「第5海洋丸」遭難

参考資料：気象庁HP　／画像：NASA's Earth Observatory

第4章
断層と地震

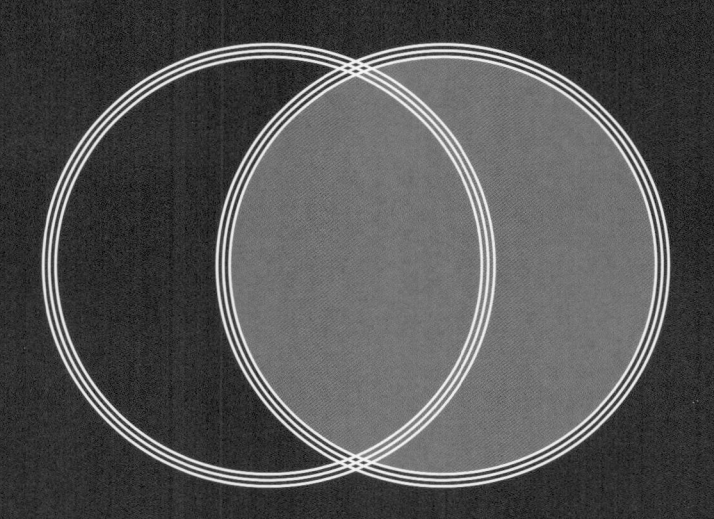

日本列島と地震

> **Key word** 　**震源と震央**　地下の岩盤にできた割れ目の両側が互いにずれて地震が発生する。ずれ始めた点が震源で、その真上にある地表の点が震央。

日本列島付近の地震の分布

　図4-1は、1975年から2004年までの30年間に発生した地震の分布を表している。マグニチュード(M)4.0以上の地震だけでも、実に1万8000回を数える。人口密度の高い地域でこれだけ多くの地震が発生している場所は、世界に例を見ない。日本にこれほど地震が多い理由は、日本列島がプレートのぶつかり合っているところに位置するからである——というよりむしろ、プレートがぶつかりあっているからこそ日本列島が形成されたといってもよいだろう。

　さて、地震の分布をもう少し細かく見てみよう。注目したいのは震源の深さである。図4-1の色分けは、水色が一番浅い地震を表し、次に赤色・青色・オレンジ色の順に深くなり、一番深い地震が緑色で表されている。それぞれの深さの地震は帯状に分布しており、しかも東から西へ向かってしだいに深くなっていくように見えないだろうか。

　そこで図4-1の点線の四角形の範囲で発生した地震の深さの分布を、南南西から見た断面図に表したのが図4-2である。これを見ると、地震が、明らかに2系列に分かれているのがわかる。つまり、

〔A〕日本列島付近の地下浅いところで発生する地震

〔B〕列島の東にある海溝付近から西へ向かって深くなっていくゾーン（**和達－ベニオフ帯**という）で発生する地震

である。

地震を起こす力

　上で述べた2つの系列の存在は、なぜ地震が起こるのか、いいかえると地震を起こす力が何であるのかを示している。それは、太平洋の海底を構成している海洋プレートが、日本列島の乗っている大陸プレートと海溝付近でぶつかり、大きな力で押し合っていることによる。プレートは硬い岩盤であるとはいえ、強度の限界を超えた力がはたらくと破壊し、それまで蓄えていたひずみのエネルギーを放出する。これが地震の発生である。このようにして、日本列島の乗っているプレートの内部が壊れて起こったのが、〔A〕の系列である。

　また海洋プレートは密度が大きいので、マントル中へしだいに沈み込んでいく。とはいえ相手はサラサラの液体ではないから、なかなかスムーズには行かず、引っかかったり外れたりぎくしゃくしながら進む。そのため沈み込みのゾーンに沿っても地震は発生する。これが〔B〕の系列である。

豆知識　図4-1の左隅にある大きな○は、1976年7月28日に中国河北省唐山付近で発生したM7.8の地震である。死者は少なくとも24万人に達するともいわれ、20世紀最大の被害を出した。

4-1 日本列島で発生する地震の分布

1975年から2004年までの30年間に発生した地震の震源の分布

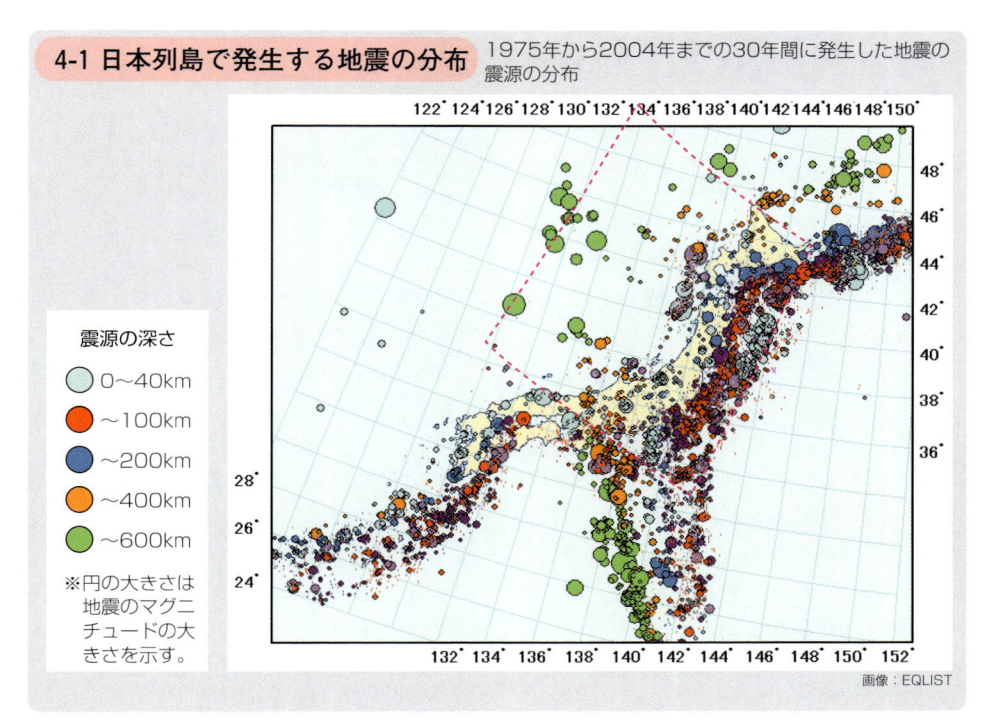

震源の深さ
- 0〜40km
- 〜100km
- 〜200km
- 〜400km
- 〜600km

※円の大きさは地震のマグニチュードの大きさを示す。

画像：EQLIST

4-2 震源の深さの分布

図4-1の □ の範囲の地震について、深さの分布を示した。

〔A〕地下浅いところの地震

日本列島付近の地下浅いところで発生する地震（→活断層の地震 p.130）

〔B〕海溝から西へ深くなる地震

列島の東にある海溝付近から西へ向かって深くなっていくゾーン（和達−ベニオフ帯という）で発生する地震（→プレート境界地震 p.128）

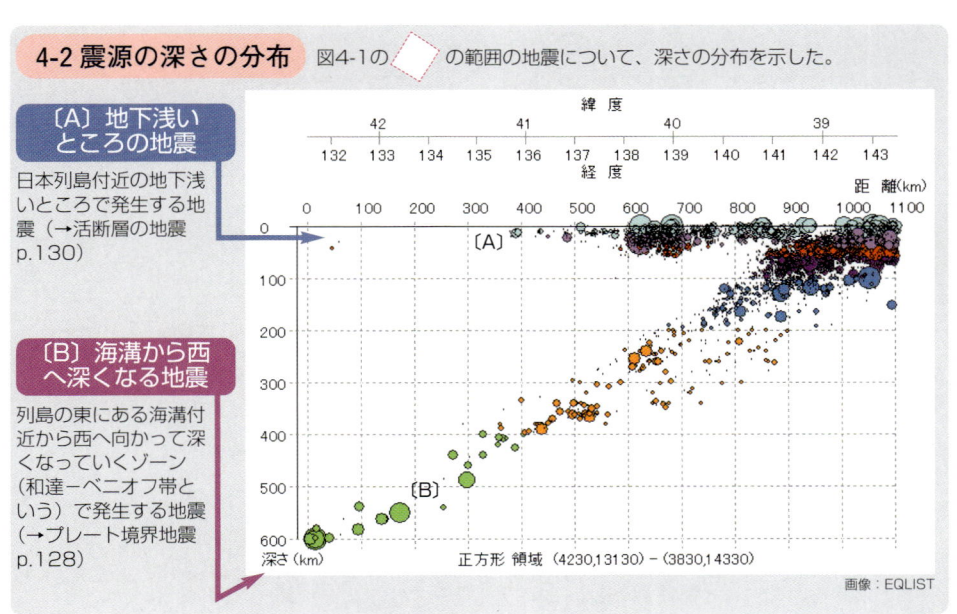

正方形 領域 (4230,13130) − (3830,14330)

画像：EQLIST

豆知識 火山活動にともなって発生する地震もある。これは地下のマグマが移動する際に周囲の岩盤を破壊したり、マグマ中の揮発成分が急激に発泡したりすることにより起こるものである。

地震計の記録

> **Key word** **P波とS波** 地下の岩盤を伝わる地震波にはP波とS波がある。P波は縦波、S波は横波の一種で、他に地表面を伝わる表面波がある。

地震波の種類と地震計の記録

図4-1 (p.119) のような震源分布は、どのようにしてわかったのだろうか。

硬い岩石でも大きな力を受けると、伸び縮みやずれの変形を起こす。そして元に戻ろうとして、震源から波紋のように周囲へ広がる。これが地震波である。

波には伸び縮みが伝わる縦波と、ずれが伝わる横波がある。縦波の方が速く、同時に発射されても先に観測点に着くので、縦波を**P波**(Primary wave)、2番目に着く横波を**S波**(Secondary wave)という。また、震央が揺れ始めると、そこからは**表面波**が地表面を広がっていき、これはS波よりもさらに遅れて到達する。

地震波が地表にある観測点に到達すると、そこは揺れ始める。これを**地震動**といい、その様子は地震計によって記録される。地震計の記録の初めの小さな揺れはP波の到達によるもので、**初期微動**という (図4-3)。続いての大きな揺れはS波の到達による揺れが加わったもので、**主要動**とよばれる。さらに遅れて表面波が到達すると、大きくゆっくりと揺れることがある。

4-3 P波とS波の違いと初期微動

P波 (Primary Wave = 最初の波)
- ■縦波（疎密波）
  - ・岩石の伸び縮みの状態が伝わっていく波。

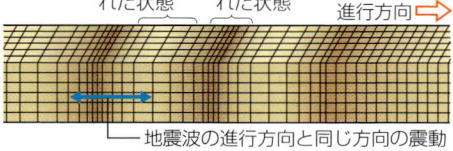

- ■進む速度が速い（5.0〜6.0km/秒）
- ■固体の地殻・マントル・内核も、液体の外核も伝わる。
- ■振幅が小さい→カタカタと揺れる。

S波 (Secondary Wave = 2番目の波)
- ■横波
  - ・ずれの状態が伝わる

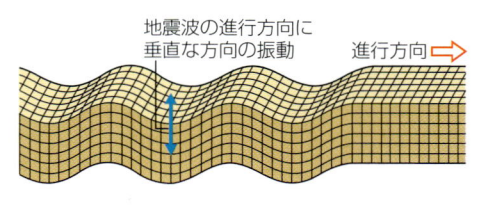

- ■進む速度が遅い（3.0〜3.5km/秒）
- ■固体の地殻・マントル・内核は伝わるが、液体の外核は伝わらない。
- ■振幅が大きい→ユサユサと揺れる。

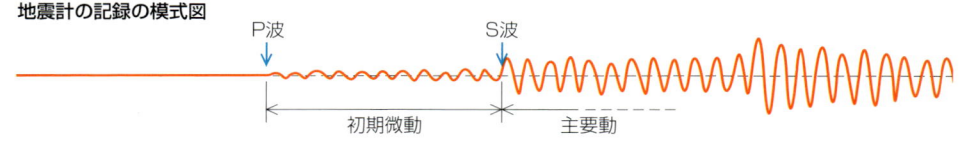

地震計の記録の模式図

P波 … 初期微動 … S波 … 主要動

豆知識 大森公式の比例定数 k は、P波、S波の速さをそれぞれ V_P、V_S とすると $k = V_P \cdot V_S / (V_P - V_S)$ で求められる。

大森公式と震源決定

初期微動継続時間は、震源から遠い観測地点ほど長い（図4-4）。震源から観測点までの距離（D）と初期微動継続時間（T）には、次の比例関係が成り立つ。

$$D = kT \quad (k：比例定数)$$

これは、明治時代にこの関係を発見した大森房吉の名を冠して**大森公式**とよばれている。要するに稲妻がピカッと光ってから雷鳴がゴロゴロ聞こえるまでの時間で、雷雲までの距離がわかるというのと同じ原理である。k はおよそ5〜8 km/秒程度になるが、地域によって異なる。

さて、ある地震について最低3か所の観測点におけるDがわかると、その地震の震源を決定することができる（図4-5）。実際には、地下の地震波速度が一定でないことや観測誤差があるため、より多くの観測点のデータをもとに、震源は決定される。条件がよいと、震源は数百m以内の精度で決まる。

4-4 初期微動継続時間の変化

初期微動継続時間は、震源からの距離に比例して大きくなる。

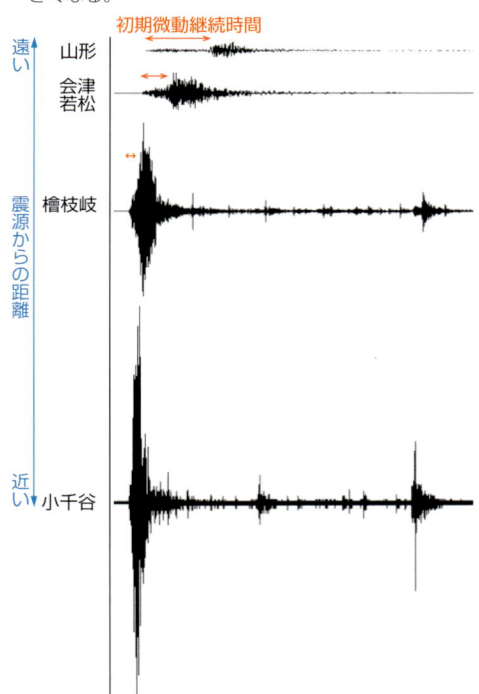

2004年10月23日新潟県中越地震の地震記録
参考資料：K-NET

4-5 震源の求め方

3つの観測地点で震源までの距離がわかると震源の位置が求まる。

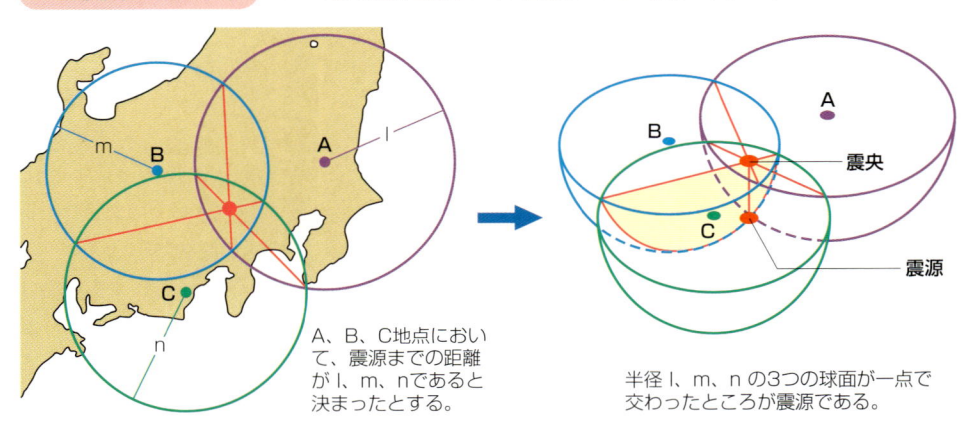

A、B、C地点において、震源までの距離が l、m、nであると決まったとする。

半径 l、m、n の3つの球面が一点で交わったところが震源である。

豆知識 何カ所かで地震を観測したとき、震央からの距離に対して揺れ始めの時刻をプロットしたグラフを走時曲線という。走時曲線の形から、その付近の地下構造を推定することができる。

震源の物理

> **Key word** 震源と震源域　地下の岩盤が最初に壊れた所が震源で、そこから破壊が広がった範囲が震源域である。震源域全体からエネルギーが出る。

地震の発生

　地震はどうして発生するのだろうか。いいかえれば、震源では何が起こっているのだろうか。

　「石頭」などと硬い物の代名詞のようにいわれる岩石でも、大きな力を受けるとほんの少し変形する。しかしゴムのような柔軟性はないため、やがて耐えきれずに割れてずれる。つまり**断層**が形成されるのである。一度割れ目ができると、割れ目に沿って何度も繰り返しずれやすくなる。ところがこの割れ目は、ゼリーの切り口のように滑らかにはならず、ところどころ引っかかりができる。これを**アスペリティ**（固着域）という（図4-6）。

　実はこのアスペリティの存在のため、断層の両側の岩盤を押したり引いたりしても常にずるずるとずれるわけにはいかず、じっと固まったままエネルギーが貯められていくのである。しかしアスペリティもやがて耐えきれずに破壊し、動き出す。このとき、最初にずれ始めた点が**震源**である。またそれまで蓄積されていたエネルギーは放出され、地震波として周囲の岩盤内を広がっていく。そしてこのずれは断層面上をしだいに伝わっていき、その間に多量のエネルギーを放出し続ける。これが地震の発生である。断層のずれが伝わっていく速さは、秒速2km程度だといわれている。

　このように地震は震源という1点で発生するのではなく、ある範囲全体で発生するものであり、これを**震源域**あるいは**震源断層**という。このためアスペリティが小さいと地震の規模は小さく、アスペリティが大きいと地震の規模は大きいといえる。また震源断層が狭いと地震の規模は小さく、震源断層が広いと地震の規模は大きい傾向がある。

地震のマグニチュード

　地震の規模は**マグニチュード（M）**で表される。Mは放出された地震波のエネルギーの強さを反映し、一般には、地震計の記録をもとに経験的に決定される。Mが1、2、3…と大きくなるにつれて地震の規模は約32倍、1000倍、約3万2000倍…と急激に大きくなる（図4-7）。

　大きい地震の場合、地震波の波形やその後に続く余震の分布から、震源断層の広さやずれの大きさが推定できる。このような場合には、物理的にその地震の規模を計算して、Mを決定することができ、これはモーメントマグニチュードとよばれる。また遠方で起こった地震では、減衰の少ない表面波を用いてMを決定することもある。

豆知識　震源から断層面上を破壊が進んでいく方向では、地震波が次々と追い討ちをかけるように重ね合わさっていくので、揺れが強くなる傾向がある。

4-6 断層中のアスペリティで地震が起こる

日頃の変動
断層には、ずれやすく日頃からゆっくり動くところと、引っかかってなかなか動かないアスペリティとよばれるところがある

地震時の変動
アスペリティにエネルギーが貯えられ、耐えきれずに破壊が起こると地震になる。

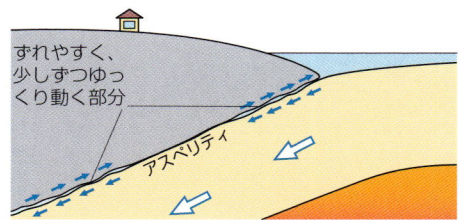

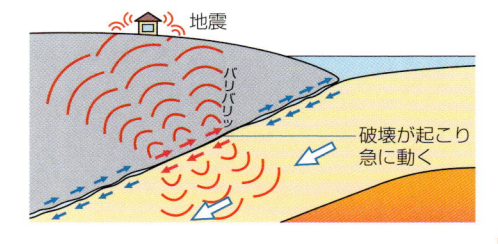

4-7 マグニチュードと地震のエネルギー

マグニチュードが1大きくなるごとに放出エネルギーは約32倍になる。しかし、発生回数は約10分の1になる。

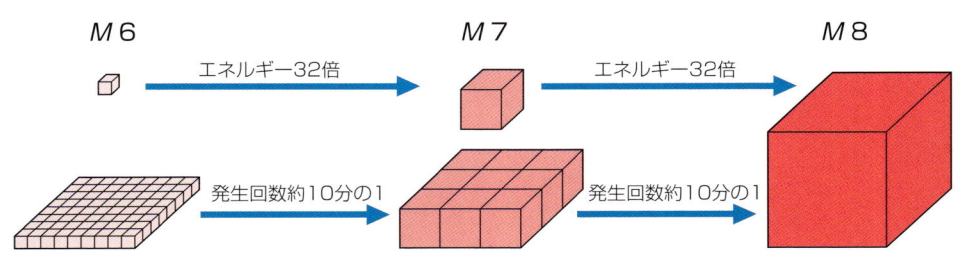

$M6$ → エネルギー32倍 → $M7$ → エネルギー32倍 → $M8$

発生回数約10分の1 → 発生回数約10分の1

4-8 マグニチュードと断層面の広がり

$M8$の地震を起こす震源断層の断層面は、都道府県レベルの広さ。一方、$M5$の地震では小学校区くらいの広さしかない。

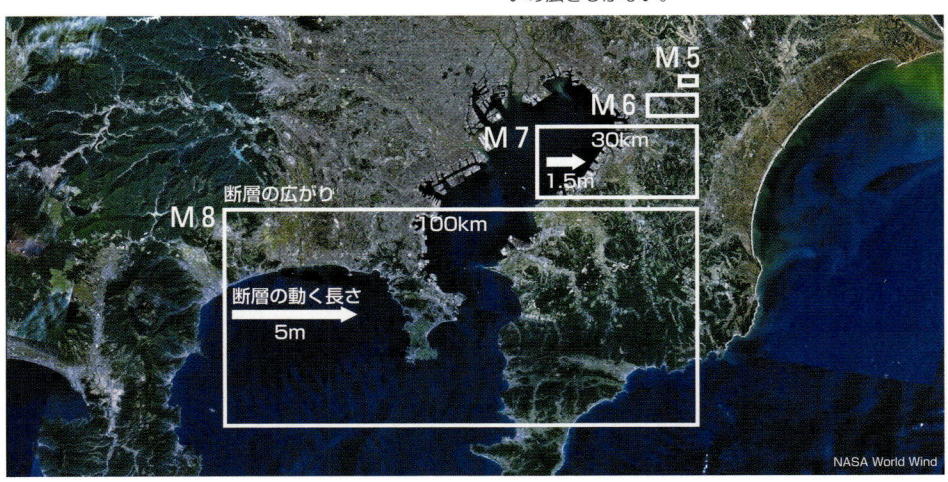

M5
M6
M7　30km　1.5m
M8　断層の広がり　100km　断層の動く長さ 5m

NASA World Wind

豆知識 地震観測が始まる以前の地震では、被害の大きさやその分布から M が推定される。たとえば1707年の宝永地震は $M8.6$、1855年の安政江戸地震は $M7.0$ など。

地震動と震度

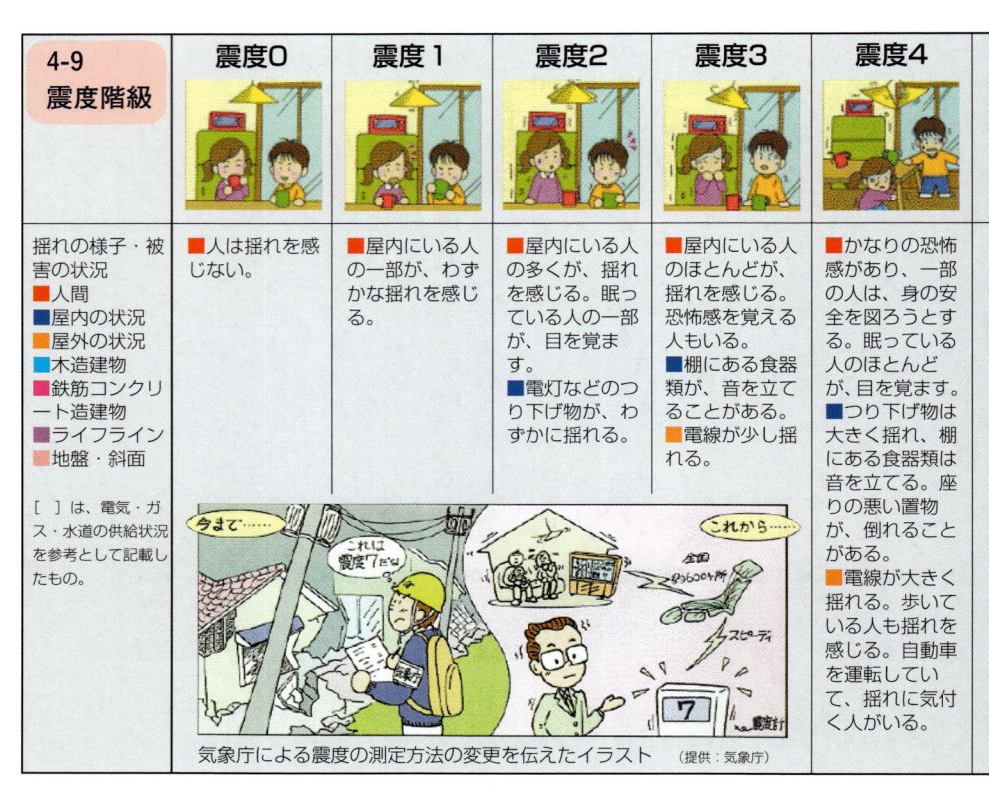

4-9 震度階級

揺れの様子・被害の状況	震度0	震度1	震度2	震度3	震度4
■人間 ■屋内の状況 ■屋外の状況 ■木造建物 ■鉄筋コンクリート造建物 ■ライフライン ■地盤・斜面	■人は揺れを感じない。	■屋内にいる人の一部が、わずかな揺れを感じる。	■屋内にいる人の多くが、揺れを感じる。眠っている人の一部が、目を覚ます。 ■電灯などのつり下げ物が、わずかに揺れる。	■屋内にいる人のほとんどが、揺れを感じる。恐怖感を覚える人もいる。 ■棚にある食器類が、音を立てることがある。 ■電線が少し揺れる。	■かなりの恐怖感があり、一部の人は、身の安全を図ろうとする。眠っている人のほとんどが、目を覚ます。 ■つり下げ物は大きく揺れ、棚にある食器類は音を立てる。座りの悪い置物が、倒れることがある。 ■電線が大きく揺れる。歩いている人も揺れを感じる。自動車を運転していて、揺れに気付く人がいる。

[ ]は、電気・ガス・水道の供給状況を参考として記載したもの。

気象庁による震度の測定方法の変更を伝えたイラスト （提供：気象庁）

地震による揺れと震度

　地震波がある場所に伝わってくると、そこの地面が揺れる。この揺れのことを**地震動**という。そして地震動の強さを表すのが**震度**である。したがって同じ地震でも場所が違うと、震度も違う。一般には震源から離れるほど震度は小さくなる傾向がある。また震源からの距離が同じ場合は、地震のマグニチュード（M）が大きいほど震度は大きい。以前は観測所における体感や被害の大きさから震度が決められていたが、現在では各地に配置した**震度計**が感知した加速度（地面の揺れの激しさに関係する量）をもとに決定されている。しかし国によって基準が異なり、日本では図4-9のような10段階の気象庁震度階級が用いられている。

震度計
計測部は、安定した地面に設置される。内部に加速度計が入っている。

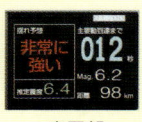

計測部　　表示部

豆知識　震度7は1948年福井地震による被害の甚大さから設定されたが公式記録としては1995年兵庫県南部地震の神戸市などが最初である。また1996年に震度5と6が強弱の2段階に細分された。

| Key word | 震度 | 地面の揺れの強さを表すのが震度。マグニチュードが電球のワット数ならば、震度は電球に照らされた机の明るさに相当する。 |

震度5弱	震度5強	震度6弱	震度6強	震度7
■多くの人が、身の安全を図ろうとする。一部の人は、行動に支障を感じる。 ■つり下げ物は激しく揺れ、棚にある食器類、書棚の本が落ちることがある。据わりの悪い置物の多くが倒れ、家具が移動することがある。 ■窓ガラスが割れて落ちることがある。電柱が揺れるのがわかる。補強されていないブロック塀が崩れることがある。道路に被害が生じることがある。 ■耐震性の低い住宅では、壁や柱が破損するものがある。 ■耐震性の低い建物では、壁などに亀裂が生じるものがある。 ■安全装置が作動し、ガスが遮断される家庭がある。まれに水道管の被害が発生し、断水することがある。[停電する家庭もある。] ■軟弱な地盤で、亀裂が生じることがある。山地で落石、小さな崩壊が生じることがある。	■非常な恐怖を感じる。多くの人が、行動に支障を感じる。 ■棚にある食器類、書棚の本の多くが落ちる。テレビが台から落ちることがある。タンスなど重い家具が倒れることがある。変形によりドアが開かなくなることがある。一部の戸が外れる。 ■補強されていないブロック塀の多くが崩れる。据え付けが不十分な自動販売機が倒れることがある。多くの墓石が倒れる。自動車の運転が困難となり、停止する車が多い。 ■耐震性の低い住宅では、壁や柱がかなり破損したり、傾くものがある。 ■耐震性の低い建物では、壁、梁（はり）、柱などに大きな亀裂が生じるものがある。耐震性の高い建物でも、壁などに亀裂が生じるものがある。 ■家庭などにガスを供給するための導管、主要な水道管に被害が発生することがある。[一部の地域で、ガス、水道の供給が停止することがある。] ■軟弱な地盤で、亀裂が生じることがある。山地で落石、小さな崩壊が生じることがある。	■立っていることが困難になる。 ■固定していない重い家具の多くが移動、転倒する。開かなくなるドアが多い。 ■かなりの建物で、壁のタイルや窓ガラスが破損、落下する。 ■耐震性の低い住宅では、倒壊するものがある。耐震性の高い住宅でも、壁や柱が破損するものがある。 ■耐震性の低い建物では、壁や柱が破壊するものがある。耐震性の高い建物でも壁、梁（はり）、柱などに大きな亀裂が生じるものがある。 ■家庭などにガスを供給するための導管、主要な水道管に被害が発生する。[一部の地域でガス、水道の供給が停止し、停電することもある。] ■地割れや山崩れなどが発生することがある。	■立っていることができず、はわないと動くことができない。 ■固定していない重い家具のほとんどが移動、転倒する。戸が外れて飛ぶことがある。 ■多くの建物で、壁のタイルや窓ガラスが破損、落下する。補強されていないブロック塀のほとんどが崩れる。 ■耐震性の低い住宅では、倒壊するものが多い。耐震性の高い住宅でも、壁や柱がかなり破損するものがある。 ■耐震性の低い建物では、倒壊するものがある。耐震性の高い建物でも、壁、柱が破壊するものがかなりある。 ■ガスを地域に送るための導管、水道の配水施設に被害が発生することがある。[一部の地域で停電する。広い地域でガス、水道の供給が停止することがある。] ■地割れや山崩れなどが発生することがある。	■揺れにほんろうされ、自分の意志で行動できない。 ■ほとんどの家具が大きく移動し、飛ぶものもある。 ■ほとんどの建物で、壁のタイルや窓ガラスが破損、落下する。補強されているブロック塀も破損するものがある。 ■耐震性の高い住宅でも、傾いたり、大きく破壊するものがある。 ■耐震性の高い建物でも、傾いたり、大きく破壊するものがある。 ■[広い地域で電気、ガス、水道の供給が停止する。] ■大きな地割れ、地すべりや山崩れが発生し、地形が変わることもある。

イラスト・資料の出典：気象庁HP

豆知識 気象庁は、平成8（1996）年4月から震度観測を全面的に震度計で行うことにし、体感による観測を廃止した。

地震と震災

> **Key word** **地震と震災** 地下で発生する自然現象が地震で、それによって生じる被害が震災である。震災は人間の力で小さくすることができる。

地震による災害（震災）

地震動や、それに付随する現象によって、地割れ・地滑り・地盤液状化・建造物やライフラインの破壊・火事・洪水など、そしてこれらにともなって生じる人的被害を総称して**震災**という。したがって、普段あまり意識しないで言ってしまうことがあるが、「関東大震災は M 7.9、阪神淡路大震災は M 7.3」などの表現は、正しくない。

大地震の発生を食い止めることは、現在の人間の技術では不可能である。しかしマグニチュードの大きい地震でも、震災を少なくすることは、人間の力で可能であるといえるだろう。自分の住んでいる場所がどのような「地震環境」にあるかを知り、その中で生きるためには建造物の設計や生活スタイル等にどのような工夫や注意がいるか、これらを常に意識しておく必要がある。

「震災の帯」

地震による地面の揺れの激しさは、地震のマグニチュードや震源からの距離だけでなく、地盤の違いにも大きく左右される。例えば、大都市が多く立地する沖積平野や盆地の場合、まだ固まりきっていない土砂が厚く堆積していて、このような場所では地震波が増幅されたり、岩盤との境界面で屈折・反射して地表の揺れを大きくする傾向がある。

兵庫県南部地震のとき、神戸市で最も被害が大きかったのは六甲山麓の活断層地帯ではなかった。活断層地帯に沿って数km海側に離れた地帯に震度7の揺れが集中しており、後に**「震災の帯」**とよばれることとなった（図4-10）。

異常震域

地震による揺れの大きさは、被害を受ける場所の地盤の違いだけでなく、地震波が伝わってくる経路の岩盤の違いによっても左右される。

例えば、日本海の地下数百kmで発生する地震は、日本海側よりも太平洋側で大きな揺れをもたらすことがある。このような現象を**異常震域**という。これは、日本列島の下には太平洋側の海溝から沈み込んだ硬いプレートがあるため、このプレートでつながった太平洋側の方が、流動性が高いマントル物質を間にはさんだ日本海側よりも、地震波が減衰せずに伝わるからである（図4-11）。

豆知識 地下の断層面の広がりが地表に達していることもある。このような場合、地震発生とともに地表面に何らかの変位が生じることがあり、これを地表地震断層または地震断層という。

4-10 震災の帯

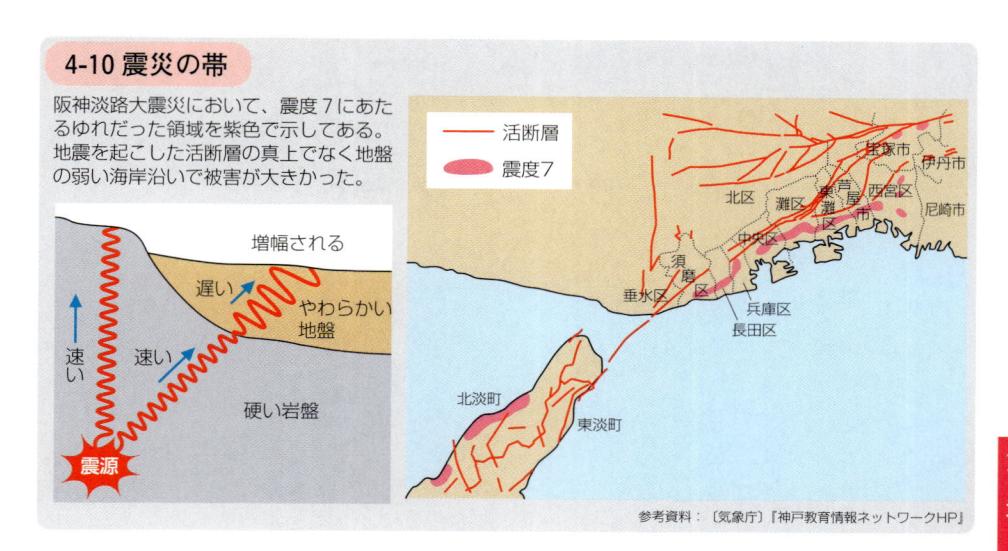

阪神淡路大震災において、震度7にあたるゆれだった領域を紫色で示してある。地震を起こした活断層の真上でなく地盤の弱い海岸沿いで被害が大きかった。

凡例：活断層／震度7

図中ラベル：増幅される／遅い／やわらかい地盤／速い／速い／硬い岩盤／震源

地名：宝塚市、伊丹市、北区、灘区、東灘区、中央区、西宮市、尼崎市、須磨区、垂水区、兵庫区、長田区、北淡町、東淡町

参考資料：〔気象庁〕『神戸教育情報ネットワークHP』

4-11 異常震域

1999年ウラジオストクの地震（深さ598km）の観測波形。震源から遠い日立のほうが地震動が大きかった。硬いプレート内を進んだことで、地震波が減衰せずに伝わったと考えられる。

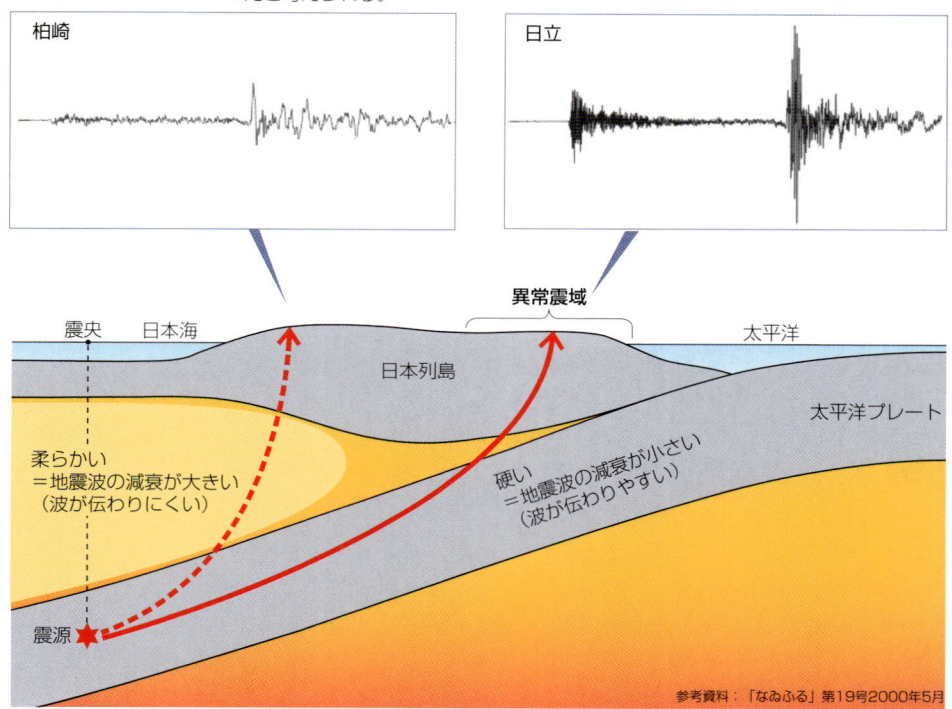

波形：柏崎／日立

断面図ラベル：震央／日本海／日本列島／太平洋／異常震域／太平洋プレート／柔らかい＝地震波の減衰が大きい（波が伝わりにくい）／硬い＝地震波の減衰が小さい（波が伝わりやすい）／震源

参考資料：「なゐふる」第19号2000年5月

豆知識 地表の断層がずれていく速さは、「人が歩く程度の速さ」と言われているが、もしそのようなところに建造物があれば、当然破壊される。

第4章

プレート境界で発生する地震

Key word　プレート境界　プレートとプレートの境界には、それぞれの運動方向の違いから大きな力が作用し、それが原因となって地震が発生する。

地震の発生場所

　地震は、岩盤内に大きな力がはたらく場所で発生する。したがって、世界のどこでも地震が発生するわけではない。プレートが衝突したり引き裂かれたりしているプレート境界が主要な発生場所だ。

　図4-12のA$_1$のタイプは、密度の大きい海洋プレートが大陸プレートの下に沈み込んでいくところである。ここには**海溝**や**トラフ**とよばれる深い海底地形がつくられ、境界の両側からプレートが互いに大きな力で押し合うため地震が頻発している。M8以上の巨大地震は、このような場所で発生する。また深さ600kmにも及ぶ深発地震が発生することもある。

　A$_2$のタイプは、衝突するプレートが大陸プレートどうしの場合である。どちらも密度が小さいのでマントル中に容易に沈み込むことができず、両者は重なり合って地表面に広い高地をつくる。ヒマラヤ山脈〜チベット高原はこのようにしてつくられた。

　Bのタイプは、プレートが両側に分かれて広がっていくところである。太平洋や大西洋などの海底に延々と続く、**海嶺**とよばれる高まりをつくっている。ここでは岩盤が両側に引き裂かれるような力がはたらき、浅発地震が多発する。

　海嶺の中央軸がずれて食い違っている場合、その食い違いの間ではプレートの移動する向きが互いに逆になるため、**トランスフォーム断層**とよばれる岩盤のずれが形成される。このようなところでも地震が発生する。これがCのタイプである。アメリカ西海岸のサン・アンドレアス断層は、陸上に現れたこの種の断層として有名である。

最も活発な環太平洋地震帯

　世界で最も地震が多発しているのは太平洋を取り囲む地域であり、**環太平洋地震帯**とよばれている。太平洋の海底を構成するナスカプレートや太平洋プレートなどが、南・北アメリカプレートやユーラシアプレート、インド・オーストラリアプレートなどとぶつかって地震が発生する。数も多いが、地震のエネルギーの大半は、この地域から放出されている。

　またインドネシアから西方へ分かれて、ヒマラヤ〜イラン〜トルコ〜イタリア〜北アフリカへと続く地震帯もある。これは、インド・オーストラリアプレートやアフリカプレートなどがユーラシアプレートと衝突することにより地震が発生しているところである。どちらも新しくて急峻な造山帯や、活動中の火山帯と重なっている。

豆知識　中国などプレート内部で発生する地震もある。これは衝突帯から伝わってきた力が、プレート内の弱い部分を破壊して起こるのではないかと考えられるが、詳しいことはわかっていない。

4-12 世界の地震分布　1990〜2000年に起こった地震の分布

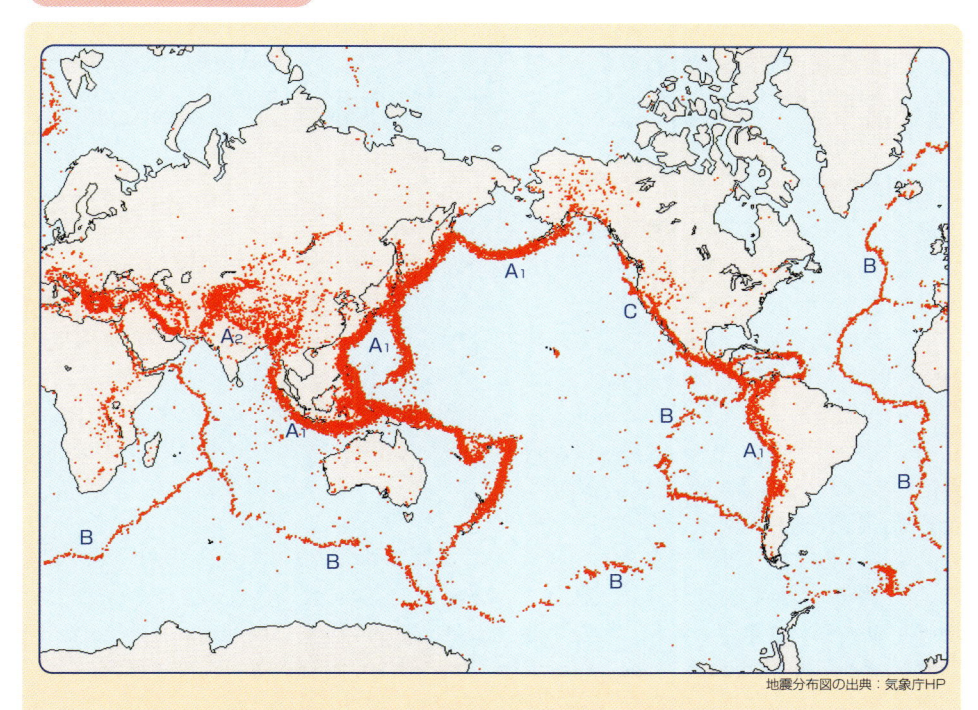

地震分布図の出典：気象庁HP

A：プレートとプレートがぶつかっているところ（A₁：海溝・沈み込み帯、A₂：衝突帯）
B：プレートとプレートが分かれて広がっているところ（海嶺）
C：プレートとプレートがすれ違っているところ（トランスフォーム断層）

4-13 地震が起こるプレート境界

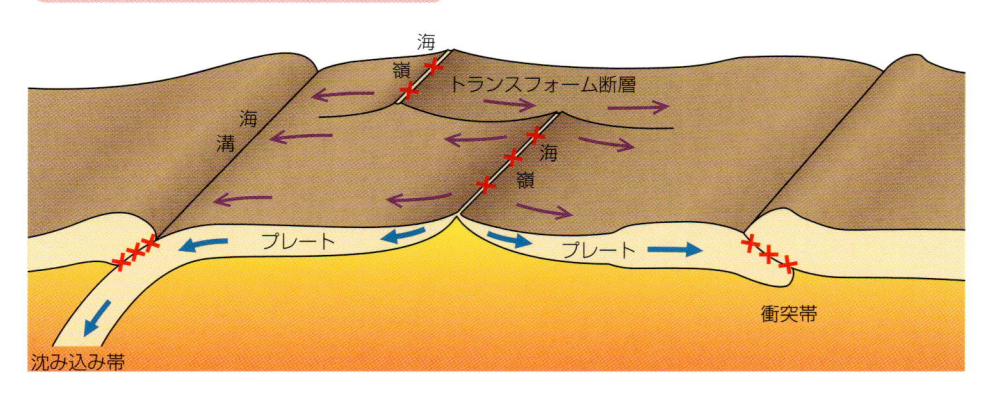

豆知識 東アフリカでは、アフリカプレートが東西に引き裂かれようとしている。このため地震や火山の活動も活発で、大地溝帯（グレートリフトバレー）とよばれる凹地形をつくっている。

活断層と地震

Key word **活断層** 地震は断層が動くことで生じる。過去数十万年以内に活動し、今後も動いて地震を発生すると考えられる断層を活断層という。

活断層と地震

　地震はプレート境界そのものだけでなく、その近くのプレート内部でも発生する。たとえば海溝で押し合っているプレート間の力は陸側のプレート内にも伝わり、その中にある弱い部分を破壊する。つまり断層が生じる。するとここはまわりよりずれやすくなり、同じ力がはたらいている限り、この断層は再び活動するだろう。地質学的・地形学的・考古学的な証拠や、古文書などの資料から、過去数十万年間に活動し、将来また活動して地震を発生させると考えられる断層を**活断層**という。日本列島にはこのような活断層が数多くある。だから日本は世界でも有数の地震多発地帯といえる。

　活断層はいくつかの**セグメント**とよばれる部分に分けることができる。地震発生、つまり断層のずれがひとつのセグメントで収まる場合もあれば、次々と隣のセグメントに広がっていく場合もある。最終的にずれがどこまで及んだかで、地震のマグニチュードの大小が決まる（図4-14）。また、ある1本の活断層が単独で活動するだけでなく、断層帯を構成する一連の断層群が連動して活動することもある。同時に活動する断層が多くなるほど、大規模で複雑な揺れ方をする地震を生じることになる。

　発生する地震の規模が予測できれば、被害を少なくするための対策を講じやすい。そこで効率よい地震防災のため、日本各地で活断層の詳細な調査と検討が行われてきた。その結果、日本列島内陸の主要な活断層（断層帯）や南海トラフ、日本海溝などについて、予測される地震の最大規模と、地震発生の可能性が確率で評価されるようになった。

断層の種類

　断層の存在している岩盤にどんな力がかかっているかで、断層の種類、つまり形状とずれ方が異なってくる。プレート同士が分かれていく境界や、海洋プレートが沈み込もうとして下へ曲がっている部分では、両側へ引っぱる力がはたらく。このような場所には**正断層**ができる。またプレート同士がぶつかっているところでは両側から押す力がはたらく。ここでは、岩盤が水平方向にずれる**横ずれ断層**や上下にずれる**逆断層**、両方の成分をもった断層ができる。これらの違いは、岩盤にはたらく力の方向と断層面の方向との関係で決まる。日本列島近海にある海溝やトラフのプレート境界は、巨大な逆断層タイプの活断層であるといえる。

豆知識 地震発生確率と聞いてもどのくらいの危険度かわかりにくいが、交通事故や火災に遭遇して死亡する確率と比較して、それを上回るような確率をもつ活断層もいくつか報告されている。

4-14 セグメント

ひとつの活断層はいくつかのセグメントに分かれている。

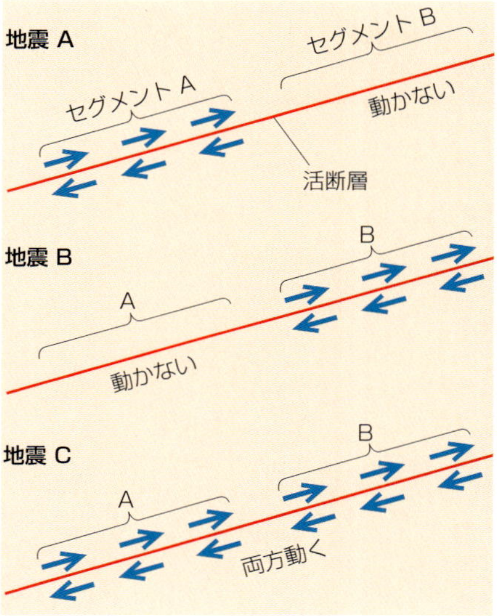

地震 A
セグメント A / セグメント B
動かない
活断層

地震 B
A / B
動かない

地震 C
A / B
両方動く

4-15 断層帯

琵琶湖沿岸に見られる断層帯の例。多くの断層が集まってひとつの断層帯を形成している。

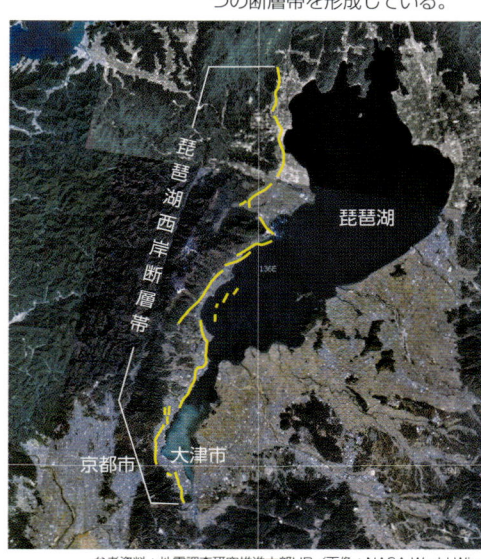

琵琶湖西岸断層帯
琵琶湖
京都市　大津市

参考資料：地震調査研究推進本部HP／画像：NASA World Wind

4-16 断層の種類

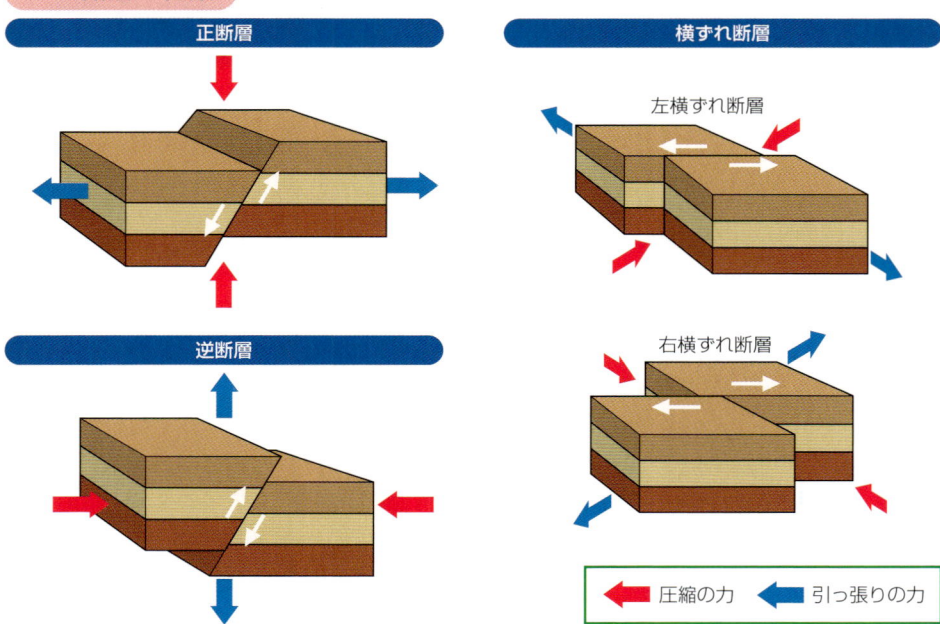

正断層

逆断層

横ずれ断層

左横ずれ断層

右横ずれ断層

← 圧縮の力　　← 引っ張りの力

豆知識　地形などから推定される活断層線を横切って大きな溝を掘り、その壁面に現れた断層の様子を観察することで、多くの活断層の活動度が詳しくわかってきた。これをトレンチ調査という。

地震と地殻変動

> **Key word** **地殻変動** 地殻が動くことを地殻変動という。1年当たりの変動量はわずかでも長期間蓄積すると地形に変化が現れる。

地震前後の大地の動き

本州や四国の太平洋岸では、普段は少しずつ沈下していて、トラフの大地震の発生とともに一気に**隆起**し、その後はまた**沈下**に戻るというパターンで地殻変動が起こる場合が多い（図4-17）。平常の沈下量の累積を地震時の隆起量が上回る場合、その土地は段丘をつくりながらしだいに高くなっていくことになる。逆に隆起量が少ない場合は、全体としてしだいに沈み、沈水地形をつくる。また大陸プレートが押されて少したわむため、トラフからさらに離れたところに、普段は隆起していて地震時には沈下するというパターンを示す地域もある。

地震をともなわない大地の動き

しかし断層面にアスペリティがない場合、常にずるずるとずれて人が感じるような地震を発生しない場合もある。これを**クリープ性の地殻変動**という。

また断層が動き始めてから終わるまで数分以上かかる場合もある。この場合も激しい揺れは生じないので直接的な被害は少ない。これを「**ゆっくり地震（スローアースクエイク）**」という。もし海底でこのような地震が起こると、人が感じる揺れの割には大きな津波が発生し、海岸部に大きな津波被害をもたらすことになる。三陸地方の沖合では、この「ゆっくり地震」がときどき発生する。

活断層が作った地形

断層に同じ力がはたらいている限り、この断層は同じ向きに同じ活動を何度も繰り返すだろう。この影響はやがて地表面にも及び、しだいに地形が変化していく。たとえば六甲山地南縁の断層帯は上下変位を過去数十万年間繰り返し、六甲山地と大阪湾の高度差を生み出した。そして両者の境目には山地から流出した真砂によって扇状地や沖積平野がつくられた。また近畿地方中央部に何組も存在する活断層群は琵琶湖や京都盆地、奈良盆地をつくり、古くから人々に快適な生活の場を与え、天然の要害を利用して都もおかれた。また中部地方や中・四国地方の山地内を直線的に延びる活断層の谷は、鉄道や高速道路などの交通網に利用され、山紫水明の心を癒す風景も、断層活動の結果作られたものが多い。このように、日本列島の基本的な構造は断層の活動、すなわち地震によってつくられ、その恵みの上に我々の生活があるといっても過言ではないだろう。

豆知識 東アフリカでは数百万年前から大地溝帯ができ始め、風系が変わって乾燥化したため森林が消え、樹上から降りて草原を直立二足歩行し始めた霊長類がいた。これが人類の祖先である。

4-17 南海地震の地殻変動

1946年の南海地震で、それまで年間5～6mmの割合で沈下を続けてきた室戸岬が、一気に1mほど隆起した。その後は再び沈下傾向に戻った。つまり、右の模式図のような運動をしている。

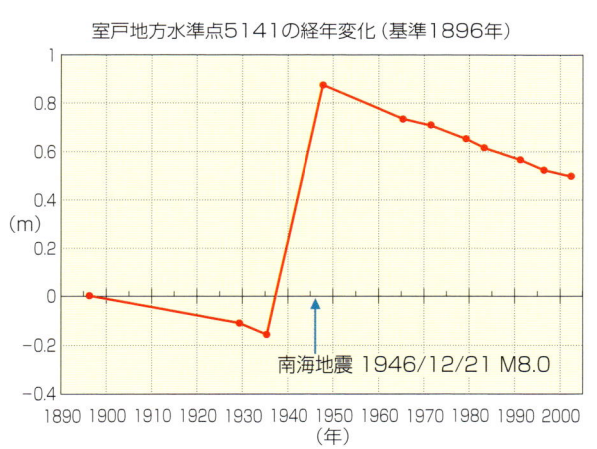

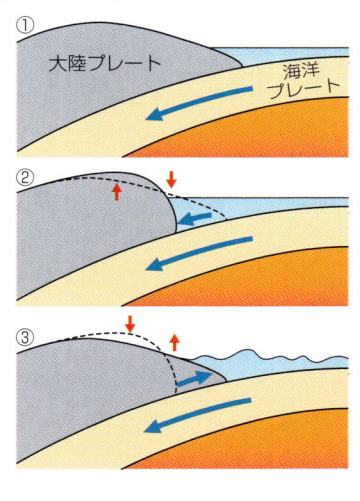

室戸地方水準点5141の経年変化（基準1896年）

南海地震 1946/12/21 M8.0

参考資料：国土地理院四国地方測量部HP

① 大陸プレート　海洋プレート
②
③

4-18 京阪神地区の活断層と地形

黄色い線（確実）、水色の線（推定）が活断層を表す。活断層は地形が変化する境目にあり、活断層の活動により地形がつくられたことがわかる。

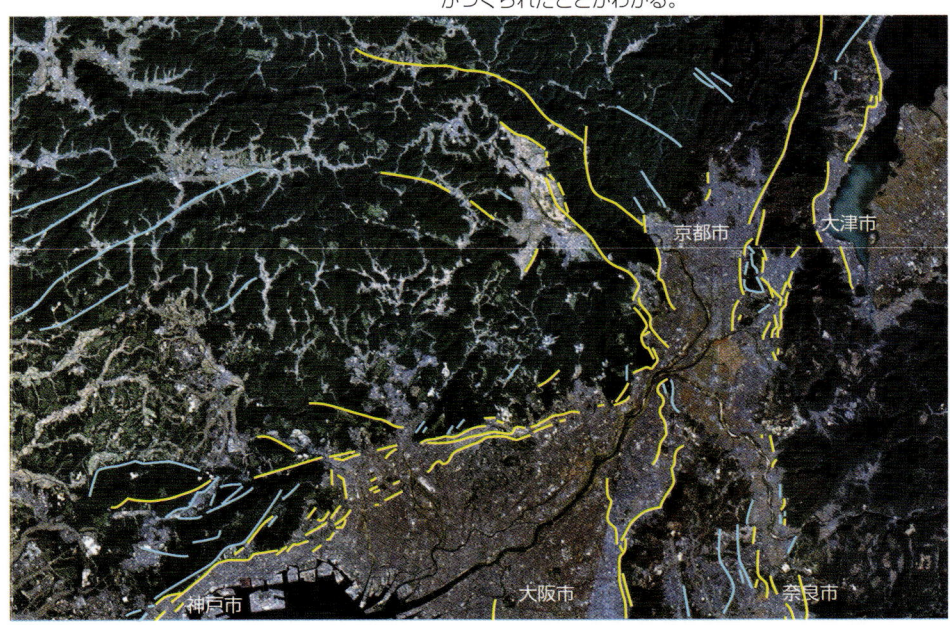

京都市　大津市
神戸市　大阪市　奈良市

参考資料：「活断層詳細デジタルマップ」／画像：NASA World Wind

第4章

豆知識　関東平野にはそれとわかる活断層地形はほとんど見あたらないが、地下の堆積物の下に隠れている活断層も少なくないと考えられている。

津波

> **Key word** **津波** 波という字を用いるが、津波は水面が揺れて上下する普通の波とは違う。水面から海底までの水全体が関係し、大量の水が動く。

地震による海底の動きと津波の発生

大地震を発生させた断層が海域の浅いところにあると、時としてこの変位が海底に現れることがある。横ずれ型の場合はあまり問題にならないが、縦ずれ型の場合、海底の一部が上昇したり沈下したりする。するとその上に乗っている海水も、伸び縮みできないため同じだけ上昇したり沈下するだろう。このため水面に上下の高度差ができる。そこでこれを平らに戻そうとして海水が動き始める。これが**津波**の発生である。地震の振動で水面が波立ち、津波になるのではない。

プレート間の大地震の場合、長さ数百km、幅数十kmの海底が、高低差数mずれることも珍しくない。するとこれだけの範囲にある大量の海水が一斉に動くことになる。高さ数mといっても、決して侮れないことがわかるだろう。

津波の特徴

津波の伝わる速さは水深に関係し、たとえば太平洋中央部だと時速800kmという猛スピードになる。このため南米チリ沖で発生した津波は、約22時間で日本に到達する。ただしこれは海水そのものが横に流れていく速さではなく、海水全体の変形が伝わっていく速さである。しかし水深が浅くなると、しだいに遅くなる性質がある。このためブレーキのかかった前方の海水に後方からやってくる海水が追いつき、どんどん乗り上げていく。つまり波高が増す。やがて前へ進む勢いが衰えると重力により一気に崩れ、まるで決壊した巨大ダムからの洪水のようにすべてのものを押し流しながら進む。

海岸線が屈曲している場合、V字型の湾ではその湾奥に津波のエネルギーが集中し、波高は一段と高くなる。また島があったり岬が飛び出していても、津波はその背後に回り込んでいく。湾の形と大きさによっては共振現象を起こし、波が増幅されることもある。

1896年の**三陸大津波**は、原因となった地震の揺れは小さく、震源域の上の水面の変化も高々1m程度であった。それにもかかわらず岩手県では最大38mにも達する大津波に襲われ、2万2000人もの死者を出した。

1960年の**チリ沖地震**は、観測史上最大の$M 9.5$を記録した。この地震で発生した津波は波源域から放射状に広がって行ったが、地球の丸さにより対岸の日本へまた収束するように伝わってきた。このため中間のハワイでは大した高さではなかったのに、日本に着く頃には波高5～6mに達し、太平洋岸に大被害を出した。

> **豆知識** 激しい地震や火山活動によって崩壊した山体が海に流れ込むことで生じる津波もある。1792年長崎県雲仙の眉山が崩れ、対岸の熊本に死者15,000人を出した(『島原大変肥後迷惑』)。

4-19 津波のしくみ

断層による海底の上下運動に合わせて、海底から海面までの海水全体が上下に動き、そこから津波が広がっていく。

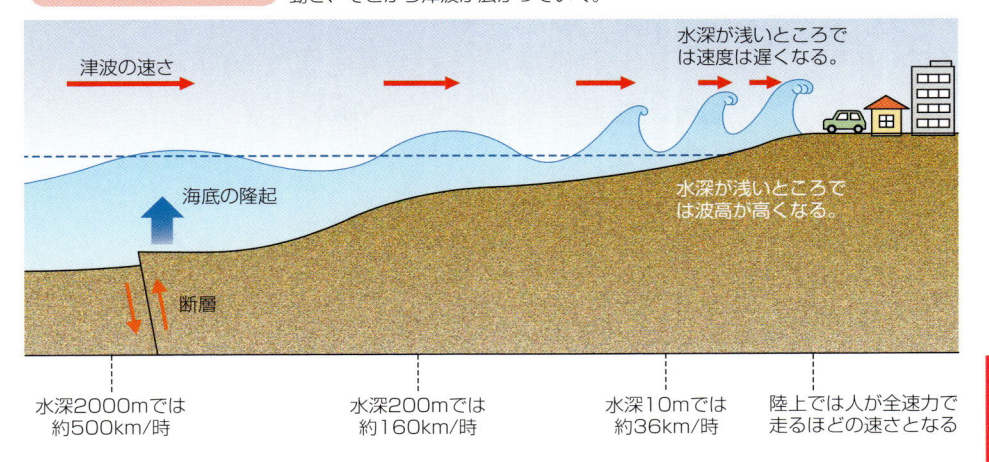

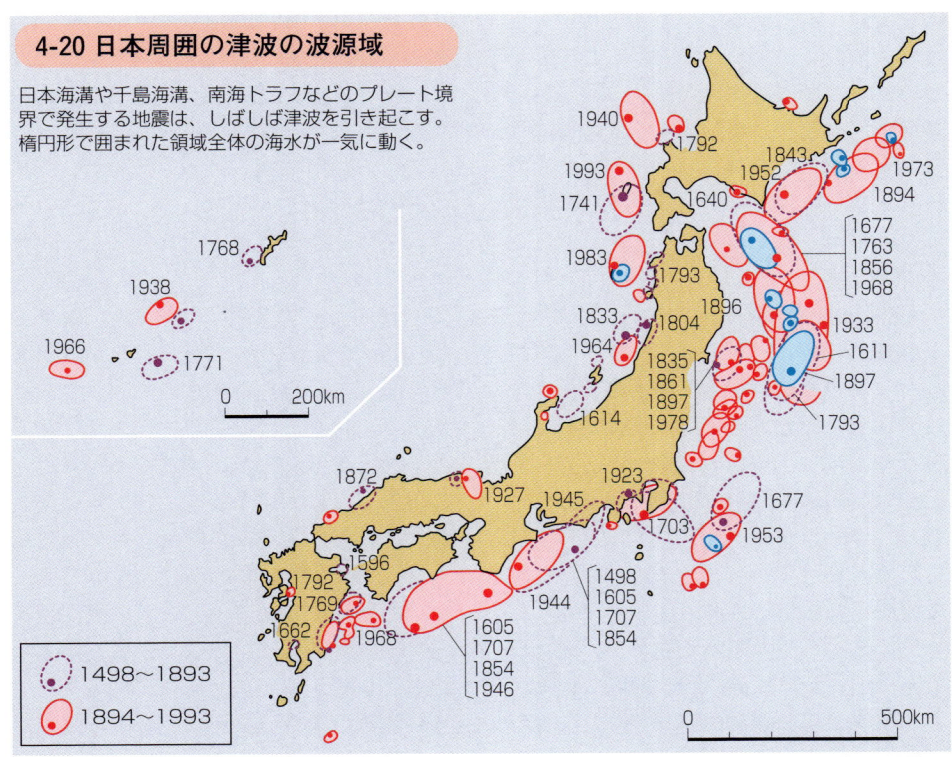

津波の速さ

水深が浅いところでは速度は遅くなる。

海底の隆起

水深が浅いところでは波高が高くなる。

断層

- 水深2000mでは約500km/時
- 水深200mでは約160km/時
- 水深10mでは約36km/時
- 陸上では人が全速力で走るほどの速さとなる

4-20 日本周囲の津波の波源域

日本海溝や千島海溝、南海トラフなどのプレート境界で発生する地震は、しばしば津波を引き起こす。楕円形で囲まれた領域全体の海水が一気に動く。

- 1498〜1893
- 1894〜1993

参考資料：国立科学博物館「THE地震展」HP

豆知識 火山の噴火は、勢いよく栓を抜いたサイダーのびんから泡があふれるのと似ており、マグマだまりの中の「泡立ち」がきっかけで噴火が始まる。

日本の地震①

> **Key word** 　**海溝型巨大地震**　プレート境界である海溝やトラフに沿って、マグニチュードが8を超える巨大地震が繰り返し起こっている。

海溝型地震

　日本列島の太平洋側沖合には海溝やトラフとよばれる深い海が延々と続いており、ここではプレートの沈み込みにともなう地震（**海溝型地震**）が発生する。中でもM8を超えるような巨大地震が、数十〜数百年の間隔をおいて同じ場所で繰り返し起こっている。震源が陸から離れているとはいえMが大きいので、太平洋岸に地震動による直接的被害や、津波による被害をもたらすことが多い。もちろん、M7クラス以下の地震も多発している。

地震の縄張り

　北海道〜千島列島の南方では海溝に沿って大地震が続発しているが、1952年から1969年にかけて次々と発生した地震の震源域（大地震の後に続く余震の分布から推定できる）を調べると、互いに重ならないようになっていることがわかる（図4-21）。この時点で空白域となっていた根室半島沖では、そこを埋めるようにして1973年にM7.4の地震が発生した。このような現象は、次の地震がどこにどれくらいの規模で起こるかを予測するための、重要な手がかりとなる。

南海トラフの大地震

　本州南方の**南海トラフ**でも、巨大地震が繰り返し起こっている。古くから都に近かったので遺跡や古文書も多く、かなりの確度で大地震の年代や規模が推定できる（図4-22）。それによると約90〜260年（記録が抜け落ちていると仮定すると約90〜130年）間隔で定期的に起こっていることがわかる。しかも潮岬沖を境にして西側（南海）と東側（広義の東海）に分けると、2つの領域で同時か、東海側で先に地震が起こり、少し遅れて南海側でも地震が起こるというパターンになっている。ただし東海側の東半分（静岡県沖の部分で、狭義の東海）は、西半分（狭義の東南海）と一緒に活動する場合とそうでない場合があるらしい。さらに1707年の**宝永地震**のように、南海〜東海のすべてが活動した巨大地震の場合は次の地震までの間隔が長く、1605年の慶長地震のように小規模で割れ残りのある場合は、次の地震までの間隔が短いようだ。

　このように考えると、狭義の東海地震が単独で起こることはなく、また昭和の地震が小さかったことから、平均よりも短い間隔で次の宝永タイプの巨大地震が発生することがあり得ると推定できる。

豆知識　1923年に関東大震災をもたらした関東地震は、日本海溝から北西に伸び、相模湾に入って上陸し、富士山の北を回り込むような、プレート境界がずれ動くことで起こった地震である。

4-21 根室沖地震の分布

空白域を埋めるようにして海溝に沿った地震が発生している。また、それぞれの地震の震源域は重ならないようになっている。

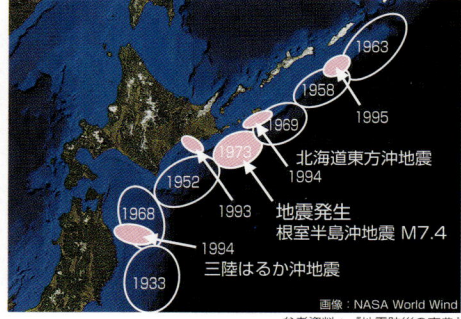

画像：NASA World Wind
参考資料：『地震防災の事典』

4-22 南海トラフの地震の繰り返し

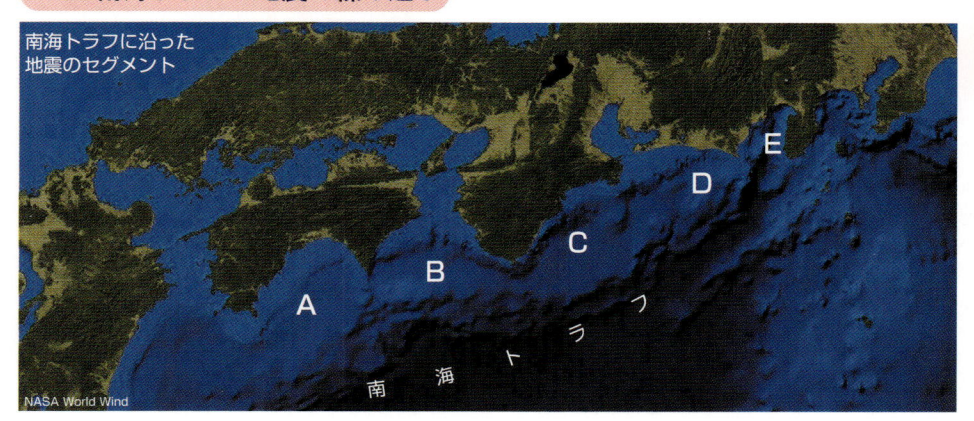

南海トラフに沿った地震のセグメント

南海トラフに沿ったA～Eのセグメントは、右の表のようにいろいろな範囲で連動して動き、定期的に巨大地震を発生させている。

■ **南海地震**：
　A～Bのセグメントが同時に動く。
■ **東南海地震**：
　C～Dのセグメントが同時に動く。
■ **東海地震**（狭義）：
　Eのセグメントが動く。
■ **東海地震**（広義）：
　C～Eのセグメントが同時に動く。

遺跡・古文書から推定された南海トラフの地震

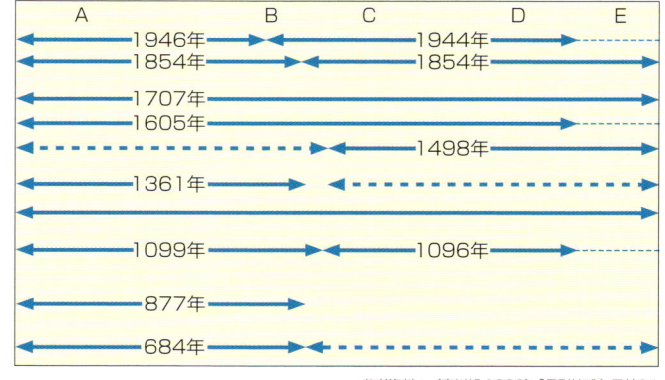

A	B	C	D	E
←1946年→		←1944年→		
←1854年→		←1854年→		
←1707年→				
←1605年→				
		←1498年→		
←1361年→		←1361年→		
←1099年→		←1096年→		
←877年→				
←684年→				

参考資料：〔寒川旭，1999〕『月刊地球』号外24

豆知識 1983年日本海中部地震や1993年北海道南西沖地震は、プレート境界地震の性質をもっており、これらの震源域に顕著な海溝は見あたらないが、プレート境界があると考えられている。

日本の地震②

> **Key word** 活断層型地震　活断層に沿って地震が多発する。規模はさほど大きくないものの震源が都市に近い場合、大きな被害を生じることも多い。

内陸活断層型地震

　日本列島の立地するプレート内の活断層では、過去に多くの地震が発生してきた。M（マグニチュード）7以下であっても、都市近傍の浅いところで発生すると、建造物の倒壊や土砂災害、火災、ライフライン・物流ルートの遮断などの被害をもたらす。

西南日本内陸部の地震

　近畿地方は、古くから被害をもたらした地震が多い。これは地震に関する記録が多く残っているせいもあるが、それ以上に活断層の集中地帯であることが原因としては大きい（活断層分布図→p.210）。ひとつの活断層の地震再来間隔が3000年としても、そのような活断層が何本もあれば、都市が被害を受ける確率は高くなる。たとえば京都では、827年以来数十〜百数十年ごとに地震被害を受けてきた。

　1891年に起こった**濃尾地震**（M8.0）は、観測史上最大の内陸地震といわれ、死者7000人を超える被害を出した。この地震は、岐阜県南西部にあって北西ー南東方向に延びる延長80kmの活断層帯が動いたもので、最大8mの左横ずれ変位をした。また一部の地域では縦ずれも大きく、最大6mの変位が生じた。この一部は天然記念物として保存されている。

　これまでの記録から、西南日本内陸の地震活動は南海地震の発生後数十年間は静穏期に入るが、次の南海地震の50〜70年前になると活動度が高まるという傾向がみられる（図4-23）。1995年の**兵庫県南部地震**（図4-24）以来、次の活動期サイクルに入ったと考えられている。

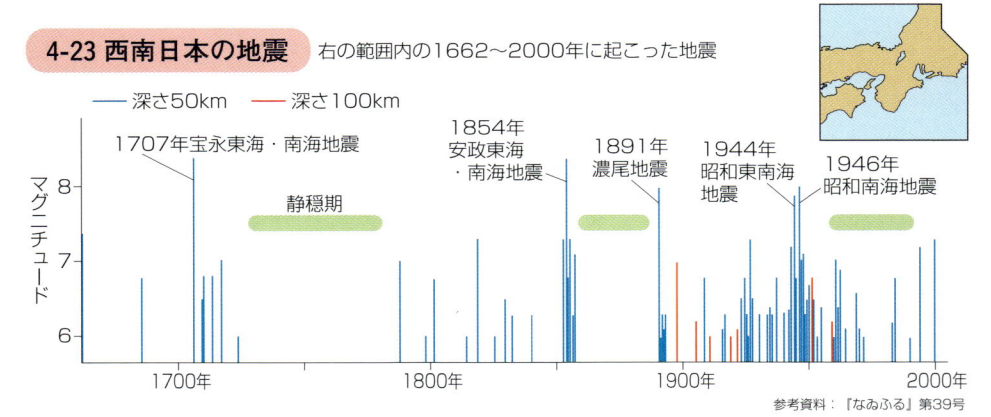

4-23 西南日本の地震　右の範囲内の1662〜2000年に起こった地震

- 深さ50km
- 深さ100km

1707年宝永東海・南海地震
静穏期
1854年安政東海・南海地震
1891年濃尾地震
1944年昭和東南海地震
1946年昭和南海地震

参考資料：『なゐふる』第39号

豆知識　古文書の記述や、遺跡の発掘調査等によってわかる被害の分布から、どの活断層がいつ頃活動したかを推定することができる。このような分野を、古地震学とか地震考古学という。

4-24 兵庫県南部地震

1995年の兵庫県南部地震は、都市部で起こる地震の被害の大きさを知らしめた（右）。被害は、死者・行方不明者6437名に及んだ。淡路島の地表に現れた地震断層（下）。

東北日本内陸部の地震

　西南日本内陸の断層帯の活動は横ずれ型が多いのに対し、東北日本内陸の断層帯の活動は縦ずれ型が多い。これはプレートの押す力と断層面の方向との関係で決まる。堆積層が厚い場合、それがぐにゃっと変形させられ、活褶曲という地殻変動が起こることがある（図4-25）。2004年の**新潟県中越地震**はこのような地域で起こり、斜面崩壊など深刻な被害を出した。また余震が多いのも特徴的である。1847年の**善光寺地震**や1914年の**秋田仙北地震**なども、この例とされている。

　関東地方南部ではプレート境界型の大地震が注目されがちだが、江戸や東京湾を震央とする都市直下型地震も、過去に幾度となく発生している。

4-25 活褶曲

活褶曲は、地下の活断層による褶曲。山間部で起こると、山体崩壊を引き起こす。

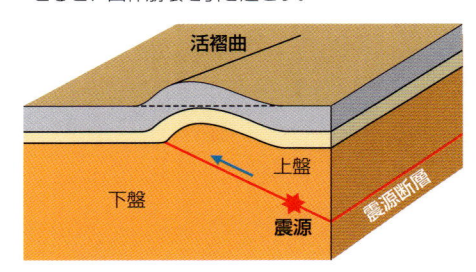

4-26 新潟県中越地震

2004年の新潟県中越地震は、山間部の地震では山体崩壊などの被害が起こることを知らしめた。

豆知識 1596年、豊臣秀吉の伏見城を壊した慶長伏見地震(M7.5)は、有馬・高槻構造線の活動によるものだが、地震とナマズを結びつける話が世間に流布したのは、この時が最初といわれている。

世界の地震

> **Key word** 　**地震帯**　地震を発生させる力はプレートの相対運動によって生じる。したがって地震は、プレート境界に沿った帯状の地域に集中する。

プレート境界と地震帯

　世界中のほとんどの地震は、プレートとプレートの境界付近で発生する。したがって世界の地震の震央分布図を描くと、帯のように連なってみえる（p.129図4-12）。これを**地震帯**という。

沈み込み帯の地震

　南アメリカやアラスカの太平洋岸、アリューシャン列島などは日本と同様、プレートの**沈み込み帯**である。したがって古くから大地震が定期的に発生し、陸域に被害をもたらしてきた。また津波を発生させるような巨大地震も少なくない。津波が発生すると、太平洋の反対側の岸まで20時間あまりで到達する。このため太平洋沿岸諸国では、以前から地震の観測網とともに津波の監視体制・通報体制が整えられてきた。

　しかし、インド洋沿岸では地震・津波の観測網の整備や、また一般への地震・津波に関する知識普及が遅れていた。2004年の**スマトラ沖地震**では、地震の直接の被害をはるかにしのぐ観測史上2番目といわれる大被害が、地震によって発生した大津波によって各国にもたらされた（写真→p.8）。この時の死者は30万人以上に及ぶという説もあるが、詳細はいまだにわかっていない。

トランスフォーム断層の地震

　アメリカ西海岸の**サン・アンドレアス断層**は、太平洋プレートと北アメリカプレートのすれ違いにより、常に横ずれ型のクリープ性地殻変動を起こしている。しかしところどころに断層の引っかかりがあり、ここでは震源の浅い地震が発生する。マグニチュードはそれほど大きくなくても都市の直下に震源があると揺れは大きく、1906年や1989年の地震はサンフランシスコに、また1994年の地震はロスアンゼルスに被害をもたらした。

　トルコ北部の北アナトリア断層は、アラビアプレートとユーラシアプレートのすれ違い境界である。1939年に断層東部で大地震が発生し、その後1967年にかけ断層に沿って震源がしだいに西へ移動するように大地震が続いた。そして1999年、残っていた断層の西端付近で大地震が発生し、死者1万7000人を出した。経験的に地震の発生が予測されていても、それへの対策が遅れたり教訓の伝承がなされていないと、被害は大きくなる。

豆知識　海嶺などのプレートが開いていく境界でも、地震は発生する。このようなところでは、比較的小規模で浅い地震が多い。アイスランドや東アフリカはこの例といえる。

4-27 スマトラ沖地震による津波の伝播

津波は、ある広がりをもった領域から発生し、狭い海峡を抜けて太平洋側にも広がったことがわかる。

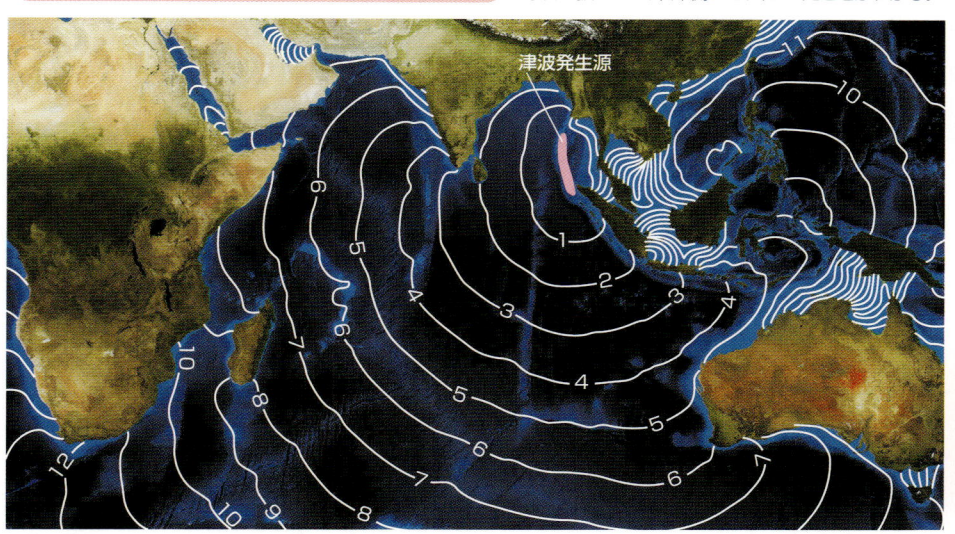

数字は地震発生から津波第一波の時間（単位：時間）

参考資料：「産業技術総合研究所」HP

4-28 トルコの地震

震源域の移動から、プレートがぎくしゃくしながら相対運動していることがわかる。

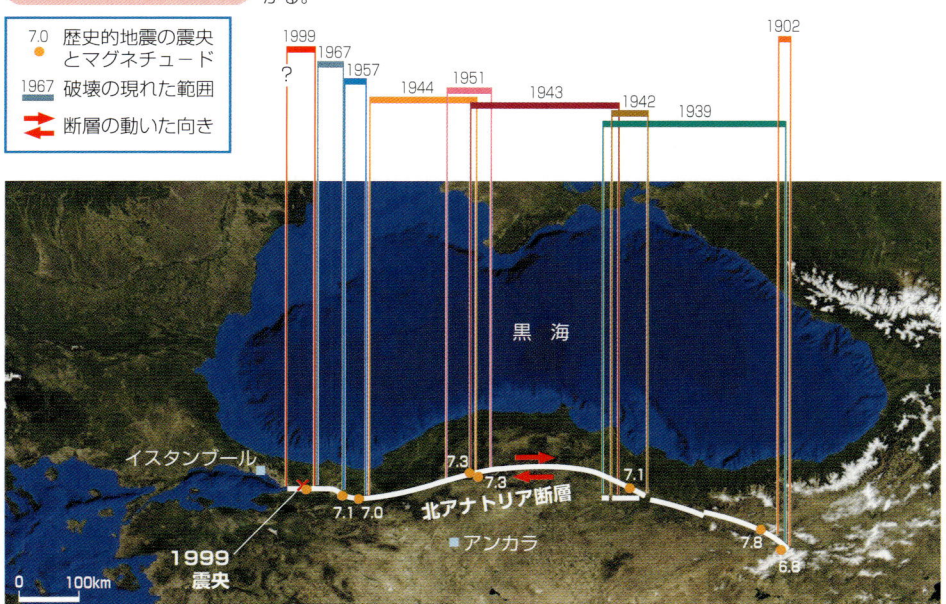

- 7.0 歴史的地震の震央とマグネチュード
- 1967 破壊の現れた範囲
- 断層の動いた向き

参考資料：〔USGS〕「地質情報整備・活用機構」HP

豆知識 1989年や1994年のアメリカの都市直下型地震で、高層ビルや高速道路、橋梁などが被害を受けた。この教訓が生かされないまま1995年、日本でも阪神淡路大震災が起きた。

Column

日本の地震災害

明治以降最大の地震災害は？

　明治以降最大の震災を招いた地震は、言わずとしれた関東大地震（大正12〈1923〉年）である。人口密集地で起こった火災が被害を大きくした。次いで被害が大きかったのは、明治三陸地震（明治29〈1896〉年）で、これは海岸にうち寄せた大津波による被害であった。

明治以降日本で100人以上の死者・行方不明者を出した地震・津波

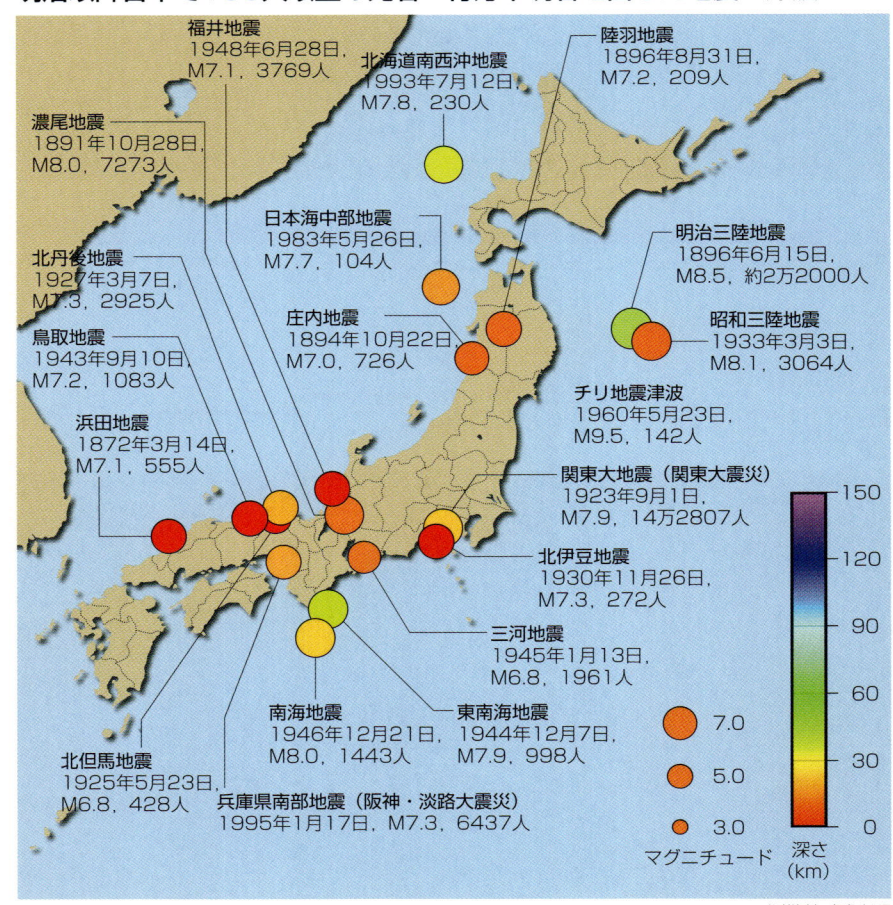

- 福井地震　1948年6月28日、M7.1、3769人
- 北海道南西沖地震　1993年7月12日、M7.8、230人
- 陸羽地震　1896年8月31日、M7.2、209人
- 濃尾地震　1891年10月28日、M8.0、7273人
- 日本海中部地震　1983年5月26日、M7.7、104人
- 明治三陸地震　1896年6月15日、M8.5、約2万2000人
- 北丹後地震　1927年3月7日、M7.3、2925人
- 庄内地震　1894年10月22日、M7.0、726人
- 昭和三陸地震　1933年3月3日、M8.1、3064人
- 鳥取地震　1943年9月10日、M7.2、1083人
- チリ地震津波　1960年5月23日、M9.5、142人
- 浜田地震　1872年3月14日、M7.1、555人
- 関東大地震（関東大震災）　1923年9月1日、M7.9、14万2807人
- 北伊豆地震　1930年11月26日、M7.3、272人
- 三河地震　1945年1月13日、M6.8、1961人
- 北但馬地震　1925年5月23日、M6.8、428人
- 南海地震　1946年12月21日、M8.0、1443人
- 東南海地震　1944年12月7日、M7.9、998人
- 兵庫県南部地震（阪神・淡路大震災）　1995年1月17日、M7.3、6437人

参考資料：気象庁HP

第5章
岩石と地球の調べ方

岩石の風化・侵食

Key word **河川の3作用** 流れる水のはたらきには、侵食・運搬・堆積の3つの作用があり、流れの速さによってはたらく作用がかわってくる。

風化作用

　岩石が大気や水にさらされて、砕かれたり変質したりすることを**風化作用**という。このうち、砕かれるというのは物理的（機械的）な作用であり、変質するというのは化学的な作用である。この両方の作用が合わさって、岩石は風化し、礫や砂に姿を変えていく。

　物理的な風化作用は、岩石の温度変化などによって起こる。例えば、花崗岩は鉱物が大きいので、温度変化による膨張・収縮の効果も大きく、鉱物がバラバラになりやすい。花崗岩が風化してできた粗粒の白い砂は真砂とよばれ、寺社の庭園などに敷かれている。

　他に、石の割れ目に水がしみこみ、凍結し膨張して割れ目をひろげる場合がある。寒冷な地域でよく見られる。岩石の割れ目に植物の根が侵入し、成長して割れ目をひろげるように、生物の作用によって砕かれる場合もある。

　化学的な風化作用は化学変化を伴うため、温暖で湿潤な気候でよく起こる。例えば、炭酸カルシウムでできた石灰岩は雨水や地下水に反応しやすい。溶かされて鍾乳洞やカルスト地形をつくる。

　花崗岩に含まれるカリ長石も、長い年月、雨水にさらされると、水や二酸化炭素と反応してカオリンとよばれる粘土鉱物に変化する。良質の粘土は陶芸の原料として利用される。

侵食・運搬・堆積作用

　河川などの流れる水のはたらきには、侵食・運搬・堆積作用の3つがある。

　侵食作用は、主として水が大地を削っていく作用で、流水そのものが削りとる場合や、流されてきた礫や砂が削りとる場合、そして水に溶かして削る場合などがあるが、礫や砂が削る作用が量的には大きい。侵食する力は流速の約2乗に比例して大きくなる。

　運搬作用は文字通り流水が運ぶ作用で、水に浮かべて運ぶ場合や転がして運ぶ場合、そして溶かして運ぶ場合などがある。運ぶ力は流速の約6乗に比例して大きくなる。

　流れが遅くなると、**堆積作用**がおこる。侵食・運搬・堆積の各作用と流速との間には、図5-3のような関係がある。図中の上の曲線は、流れがだんだん速くなって侵食され始める速さを、下の曲線はだんだん遅くなって堆積が始まる速さを表している。この図から、いちばん侵食されやすい粒子は粒径約0.1mm程度の砂粒であり、また、粒径が大きいものほど堆積しやすいことがわかる。

豆知識 京都の白川の名称は川底の砂が花崗岩の風化した真砂で白く見えることから。

5-1 物理的な風化作用

風化した花崗岩は、構成する鉱物がばらばらになり、いずれ砂状になる。砂状になった花崗岩を「真砂」という。

風化した花崗岩

5-2 化学的な風化作用

大気中の二酸化炭素を溶かし込んだ雨水や地下水などの作用によって、石灰岩は水に溶けやすい物質に変化する。このはたらきによって、鍾乳洞やカルスト地形ができる。

$$\underset{石灰岩}{CaCO_3} + H_2O + \underset{雨水}{CO_2}$$
$$\rightarrow \underset{水に溶けやすい物質}{Ca(HCO_3)_2}$$
$$\downarrow$$
$$鍾乳洞・カルスト地形$$

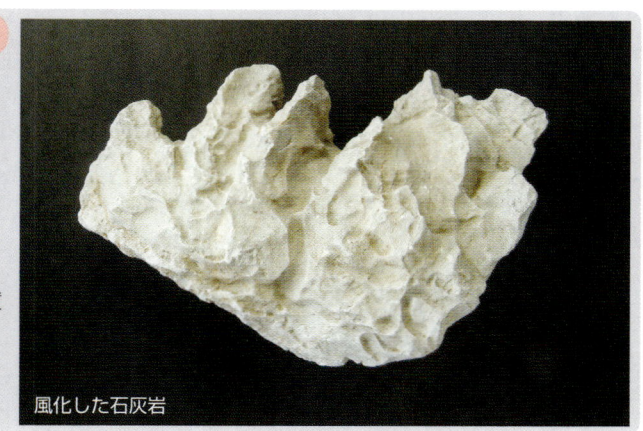

風化した石灰岩

5-3 侵食・運搬・堆積作用と水の流速

河川の水の流れる速さが速いと侵食が進む。最も侵食されやすいのは、粒子の大きさが中くらいの砂状の土砂である。
また、河川の水の流れる速さが遅くなってくると、粒子の大きさが大きい土砂から順に堆積が始まる。

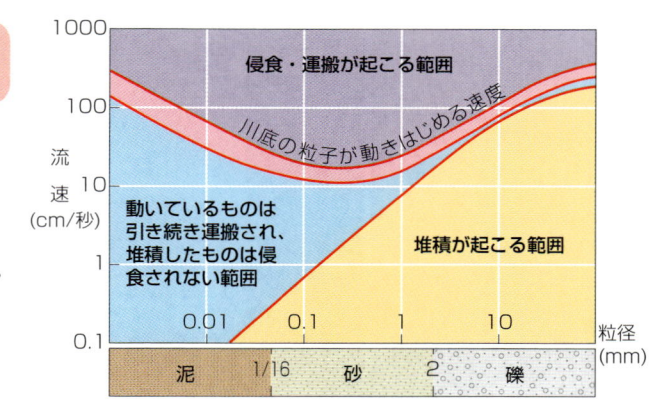

豆知識 全国に見られる「鳴き砂」の多くは、風化に強い石英などの鉱物が残ったもので、石英が擦れて音が出る。

堆積岩のでき方

> **Key word** **セメント化作用** 柔らかい堆積物中で、水中に溶けていた成分が沈殿して堆積物の粒子と粒子をくっつけ、硬い岩石をつくる作用

柔らかい地層が硬い岩石になるのはなぜか？——続成作用

　地層をつくる堆積物は、そのままでは柔らかいままである。しかし、高熱で溶かされて固まることがなくても、長い年月の間に固結し、硬い**堆積岩**となるしくみがあるのだ。これを**続成作用**という。

　続成作用には大きく2つの過程がある。ひとつは、上に積もる堆積物の重みなどで押し固められ、堆積粒子が密着する過程であるが、これだけでは砂場の砂団子状態で、たたけばバラバラと壊れ、固結したことにはならない。

　もうひとつは、水中に溶けていた成分が沈殿して粒子と粒子をくっつける**セメント化作用**である。沈殿するのは$CaCO_3$やSiO_2といった成分だ。この作用があってはじめて硬い堆積岩となるのである。

砕屑岩

　石などが砕けたもの（**砕屑物**）が堆積してできた岩石を**砕屑岩**という。砕屑物は粒子の大きさによって流水による運ばれ方が異なるため、堆積する場所が異なる。例えば、河川から海洋に流れ出た砕屑物は、粒子の大きいものは早く沈むので陸地近くに堆積し、粒子の細かなものは、遅く沈むので沖に運ばれてから堆積する。このようにして、砕屑岩にはいろいろな種類ができるのである。

　砕屑岩は、含まれている砕屑物の粒径が2mm、1/16mmを境界にして、**礫岩・砂岩・泥岩**というように名前がつけられている。泥岩は、1/256mmを境界にしてシルト岩と粘土岩に分けられる。

　泥岩は、さらに上からの圧力を受けると、粒子が並びペラペラはがれるようになる。このような状態になった岩石を**頁岩**という。

火山砕屑岩と生物岩・化学岩

　火山灰などの火山噴出物が固結した岩石を、**火山砕屑岩**という。火山砕屑岩には火山灰が固結した**凝灰岩**、火山礫（粒径2〜64mm）を含む火山礫凝灰岩、火山岩塊（64mm以上）を含む火山角礫岩や凝灰角礫岩などがある。

　石のかけらではなく、生物の遺骸が堆積してできた**生物岩**もある。サンゴやフズリナ、石灰藻などが堆積した石灰岩や、放散虫や珪藻などが堆積したチャートなどである（p.152でくわしく解説）。ただし、石灰岩やチャートは、$CaCO_3$やSiO_2が化学的に沈殿してできた**化学岩**もある。また、NaClが沈殿すると岩塩ができる。

豆知識　ブロック塀などに使われる大谷石は軽石の入った軽石質凝灰岩。

5-4 続成作用

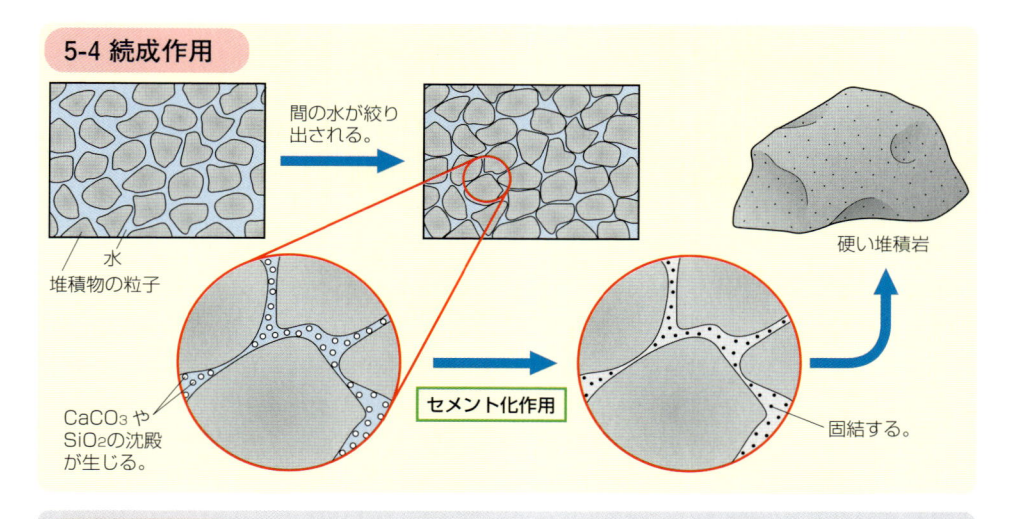

- 水
- 堆積物の粒子
- 間の水が絞り出される。
- $CaCO_3$ や SiO_2 の沈殿が生じる。
- セメント化作用
- 固結する。
- 硬い堆積岩

5-5 砕屑岩

礫岩

シルト岩

5-6 火山砕屑岩

凝灰岩（大谷石）

豆知識 細粒で粒の揃った珪質頁岩や珪質粘土岩は良質の砥石として珍重される。

変成岩のでき方

> **Key word** **再結晶** 岩石が熱や圧力を受けて、その結晶構造を変化させ新しい鉱物に変わったり、結晶を成長させたりすること。

変成作用

　地殻内部の熱や圧力によって、岩石の組織や鉱物組成が変化する作用を**変成作用**といい、変成作用を受けてできた岩石を**変成岩**という。火成岩との大きな違いは、火成岩は一旦融けたマグマが再び固まった岩石であるのに対して、変成作用では岩石は融けず、固体から固体へと、新しい温度・圧力の条件に対して安定な別の鉱物組み合わせへと変化する。この変化を再結晶という。

　変成作用は大きく2つあり、マグマが貫入するときの熱によってマグマに触れた岩石が受けるものを**接触変成作用**（熱変成作用）、造山運動に伴う地下の強い圧力と高い熱によって広範囲に起こるものを**広域変成作用**という。

接触変成岩

　接触変成作用を受けてできるのが**接触変成岩**である。

　変成を受ける元の岩石が泥岩や砂岩、チャートなど、ケイ酸成分を多く含む石の場合は、**ホルンフェルス**という硬くて緻密な岩石となる。割れ口が角のように尖ることから、ホルン(角)フェルスの名がついた。ホルンフェルス中には雲母が生じることが多いが、他に紅柱石や菫青石などが生成されることもある。

　元の岩石が炭酸カルシウムを主成分とする石灰岩の場合、白い粗粒の方解石が集まった**晶質石灰岩**となる。別名**大理石**とよばれ、石材として多く用いられる。

広域変成岩

　広域変成作用を受けると**広域変成岩**ができる。広域変成岩の代表的な種類には、圧力の作用を強く受け**片理**とよばれるはがれやすい構造が発達した**結晶片岩**や、熱の作用を強く受け再結晶が進み鉱物が大きく成長した**片麻岩**がある。岩石に含まれる鉱物によって、変成されたときの温度や圧力の条件を知ることができる。

　広域変成岩は広範囲に分布するので、その地域を**変成帯**とよぶ。日本の変成帯は、結晶片岩を主に産する低温高圧型の変成帯と、片麻岩を主に産する高温低圧型の変成帯があり、その2つが対になって存在していることが知られている。これはプレートの沈み込み帯に見られる特徴で、プレートが沈み込むところでは強い圧力を受けて低温高圧型の変成作用が起こり、大陸側の地殻部分では上昇するマグマの周囲で高温低圧型の変成作用が起こると考えられている。

豆知識 ホルンフェルス中に桜の花のように結晶した菫青石が、風化し雲母化したものが桜石。

5-7 接触変成岩

ホルンフェルス

チャートや泥岩、砂岩などケイ酸成分が多い岩石がマグマにふれて変成を受けると、ホルンフェルスという硬くて緻密な岩石ホルンフェルスとなる。

晶質石灰岩（しょうしつせっかいがん）

炭酸カルシウムを主成分とする石灰岩がマグマにふれて変成を受けると、白い粒状の方解石が集まった晶質石灰岩になる。大理石ともよばれる。

5-8 広域変成岩

結晶片岩（けっしょうへんがん）

岩石が圧力の影響を強く受けて変成されると、薄くはがれやすい構造（片理という）をもつ結晶片岩になる。

片麻岩（へんまがん）

岩石が熱の作用を強く受けて変成されると、鉱物が再結晶して大きく成長した片麻岩になる。

広域変成岩ができる場所

■ 低温高圧型
プレートが沈み込むところでは強い圧力を受けて低温高圧型の変成作用が起こる。

■ 高温低圧型
大陸側の地殻部分では上昇するマグマの周囲で高温低圧型の変成作用が起こる。

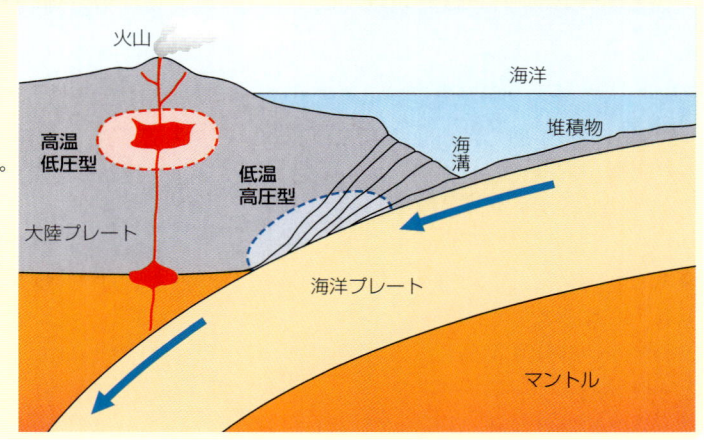

第5章

豆知識　三波川帯の緑色片岩は、筋の見られる緑色の石で、庭石によく使われる。

地層から時代を知る

> **Key word** **地層累重の法則**　「上位の地層は下位の地層より新しい」という、地層の堆積に関する基本的な法則。

地層の新旧を観察によって知る

　地層の新旧を調べ、地層の**層序**—地層の堆積した順序—を組み立てることで、地球の歴史は解明されてきた。

　一般に、堆積物は上へ上へと積み重なるので、「上位の地層は下位の地層より新しい」ということができる。これを**地層累重の法則**という。当たり前のようであるが、地層の層序を考える上では重要な法則である。

　地層の新旧を判断するには、地層の上下を確認し、地層累重の法則を使うほか、地層に見られるいろいろな線が「切っているか」「切られているか」によってもわかる。ここで図5-9に示すように、同じ堆積物からなる一枚の地層を**単層**、単層と単層の間を**層理**、単層の中に見られる細かい縞模様を**葉理**とよぶことを覚えておこう。層理の線が「切っている」方が「切られている」方より新しいという関係を把握すると、地層の新旧を判断できるのである。

　火成岩体についても同様の考え方で新旧がわかる。例えば、火成岩が地層に接触変成作用を与えていれば、地層中に後から熱いマグマが貫入して火成岩になったことを示す。また、地層の岩石が**ゼノリス**（捕獲岩）として火成岩に取り込まれていれば火成岩が新しく、火成岩の礫が地層の中に見られれば地層が新しいと考えられるのである。

地層の上下や堆積環境を観察によって知る

　地層の中には様々な堆積構造を示すものがある。この堆積構造から地層の堆積環境や、地層の上下を判断することができる。これらも、地層のできかたを判断する上で重要な情報だ。

　例えば、大きな粒子が下に沈み、上へ行くほど細かい粒子になっている構造を**級化層理**という。混濁流堆積物などに見られ、流れがだんだん遅くなるときに大きな粒子から堆積することによってこのような構造ができるのだ。ただし、洪水による堆積物にはその反対に上方が大きな粒子の逆級化層理が見られる。

　また、水流のあるところで堆積と侵食が繰り返されると**斜交葉理（クロスラミナ）**が形成される。これによって当時の水流の方向を推定することができる。

　波が水の底につくった模様が残されたものを**れん痕**という。地層の表面に付き、尖った方が上方である。

　さらに、足跡やはい跡、巣穴など、生物の生活していた痕跡を**生痕**というが、これも地層の上下を判断するのに役に立つ重要な情報だ。

豆知識　地層の広がり具合は、野外ではクリノメーターという道具を使って調べる。

5-9 地層のよび方

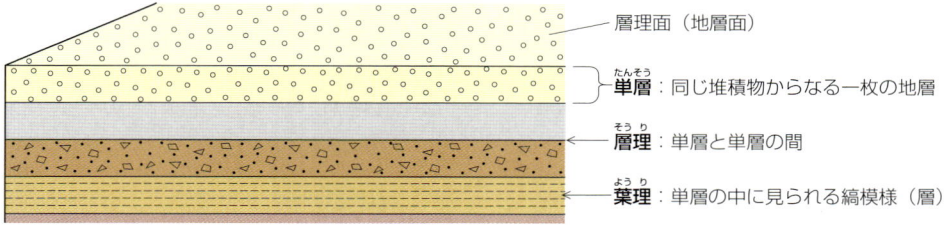

- **層理面（地層面）**
- **単層**：同じ堆積物からなる一枚の地層
- **層理**：単層と単層の間
- **葉理**：単層の中に見られる縞模様（層）

5-10 堆積構造と地層の新旧

① 級化層理

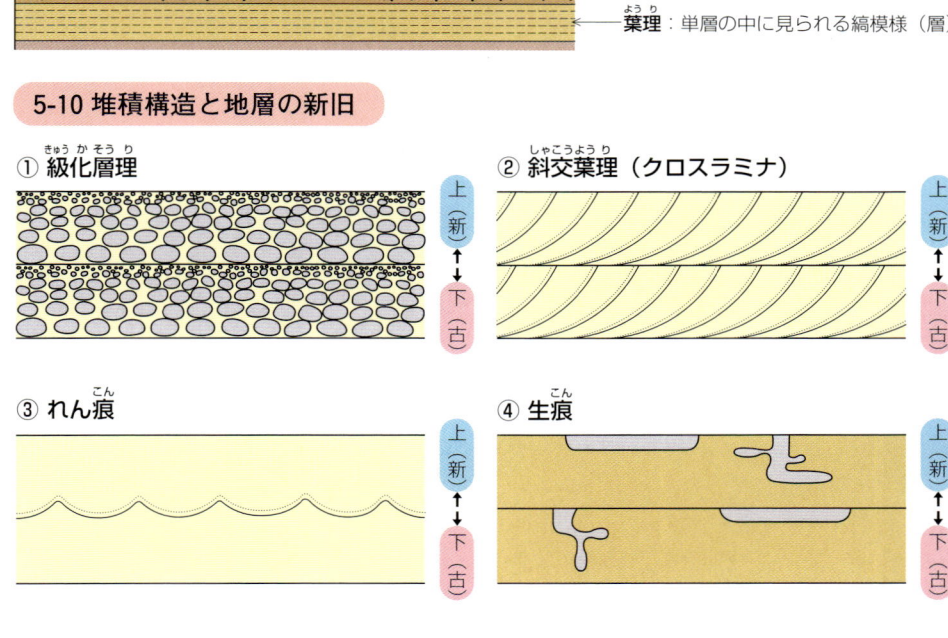

② 斜交葉理（クロスラミナ）

上（新）↕下（古）

③ れん痕

④ 生痕

上（新）↕下（古）

5-11 地層を見ながら地層の新旧を実際に判断してみると……

① 厚いチャートの層が堆積したあと、激しい地殻変動が起こり、地層は褶曲した。
② そのあと引き続いて花崗岩が貫入したあと陸化した。
③ この褶曲山地が長い間侵食されたあと、再び海底に沈み、砂岩層が堆積した。
④ その後、地殻変動を受けて隆起するとともに、正断層を生じた。
⑤ 最後に安山岩からなる陸上火山が生じて現在にいたった。

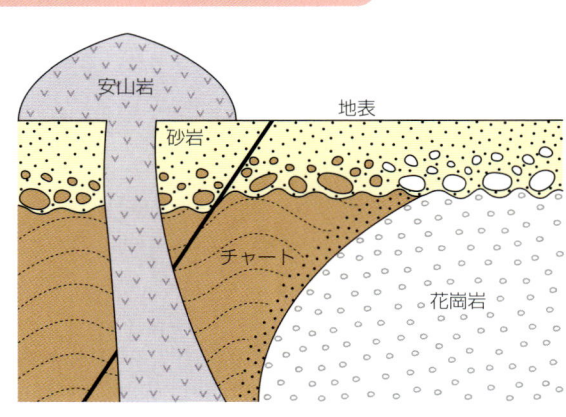

（図中ラベル：安山岩、地表、砂岩、チャート、花崗岩）

豆知識 火山灰層のように、離れた地層の年代を比較するのに有効な層を鍵層という。

化石から時代を知る

> **Key word** 示相化石と示準化石　地層の堆積した環境を知る手がかりとなる化石を示相化石、時代を知る手がかりとなる化石を示準化石という。

化石とは

　生物の遺骸や生きていた痕跡が地層の中に残されたものを**化石**という。生物の遺骸がそのまま残った体化石や、型どりした形だけ残った印象化石などがある。

　化石になりやすいものは生物の体の硬い部分で、骨、歯、殻、植物の茎や葉などが残りやすい。

示相化石

　地層の堆積した当時の環境を知る手がかりとなる化石を**示相化石**という。生活環境が限定されていて、生活していたその場で化石になったものが示相化石としては有効である。

　例えば、サンゴ礁をつくる造礁サンゴは、平均水温25℃以上の暖かい海、日光の届く浅くて透明な海にしかすまない。

また生活していた痕跡が残ったものを生痕化石とよぶが、代表的なものには足跡やはい跡、巣穴、糞などがあげられる。

　化石は基本的に生物に関係するので、波のつくったれん痕を「波の化石」、雨粒の跡を「雨の化石」とよぶこともあるが、それは厳密な意味での化石ではない。

だから、サンゴの化石が見つかれば、そこは──あるいはその地層や岩石ができたところは──暖かく浅い海だったと考えることができる。

　他に、貝類にはアサリ（海水）カキ（汽水・海水）、シジミ（汽水・淡水）などのように、すんでいる環境が限定されているものが多く、よい示相化石となる。

示準化石

　地層の堆積した時代を知る手がかりとなる化石を**示準化石**という。よい示準化石となる条件は、まず、種の進化が速く生存期間が限定されている生物で、離れた地域の地層を比較するためには広範囲に分布するものがよい。また、個体数の多いものの方が化石となって残りやすい。つまり、ある一時期に爆発的に繁栄した生物が、良い示準化石である。

　アンモナイトは古生代デボン紀に出現し、中生代に大繁栄したが、白亜紀の終わりには絶滅している。

　石灰岩中に多く見られるフズリナ（紡錘虫）も、古生代後期の示準化石である。

　アンモナイトもフズリナも、海にすむ生物であるから、化石が見つかったらそこは海であったと推定することができる。このように、化石は多かれ少なかれ示相化石と示準化石の両方の性質を持っている。

豆知識 地質時代に出現し、ほとんど変化のない生物を「生きている化石」という。

5-12 示相化石
地層の堆積した当時の環境を知る手がかりとなる化石を示相化石という。

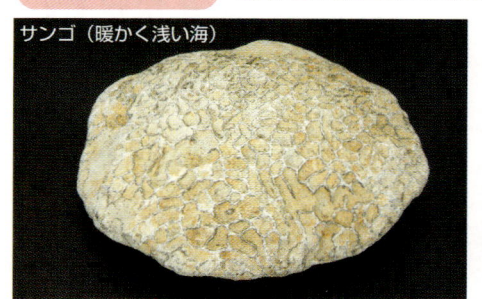

サンゴ（暖かく浅い海）

木の葉（陸上の湿地）

5-13 示準化石
地層の堆積した時代を知る手がかりとなる化石を示準化石という。

アンモナイト（中生代など）

フズリナ（古生代）岩石中の丸い粒

三葉虫（古生代）

5-14 いろいろな示準化石の使われ方

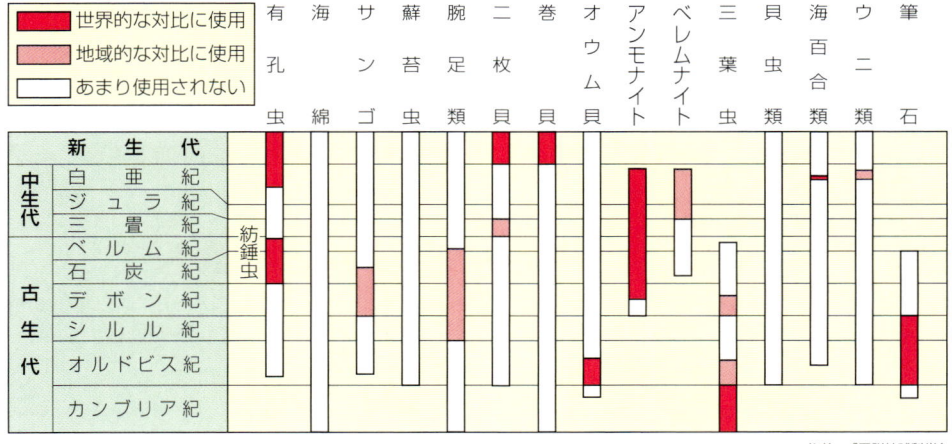

- ■ 世界的な対比に使用
- ■ 地域的な対比に使用
- □ あまり使用されない

		有孔虫	海綿	サンゴ	蘚苔虫	腕足類	二枚貝	巻貝	オウム貝	アンモナイト	ベレムナイト	三葉虫	貝虫類	海百合類	ウニ類	筆石
	新生代	■					■	■						■	■	
中生代	白亜紀									■	■			■		
	ジュラ紀									■	■					
	三畳紀									■						
古生代	ペルム紀	紡錘虫														
	石炭紀	紡錘虫			■											
	デボン紀															
	シルル紀											■				■
	オルドビス紀							■				■				
	カンブリア紀											■				

参考：『図説地球科学』

豆知識 ヒトはどこにでもいるが、出現してから時間が経っていないので示準化石。

石灰岩・チャートと付加体

Key word 　**付加体**　海洋プレートが海溝に沈むとき、大陸プレートに付け加わった岩石。日本列島はほとんど付加体でできている。

石灰岩とサンゴ礁

　炭酸カルシウム（$CaCO_3$）を主成分とする**石灰岩**は、日本では数少ない自給自足のできる鉱山資源であるが、日本に産する石灰岩は、**サンゴやフズリナ**などの化石を多く含むことから海でできたものであることがわかる。海でできた岩石が、なぜ日本列島の山々をつくっているのだろうか？実は、日本の石灰岩の正体は、海山の上にのっているサンゴ礁である。暖かい海で育ったサンゴ礁は長い年月をかけて海のプレートに乗ってはこばれ、日本列島に転がり込んだ。

チャートと放散虫

　二酸化ケイ素（SiO_2）を主成分とする**チャート**は日本では普通に見ることができる岩石で、硬くてツルツルしていて、赤、緑、白、黒など色は様々である。

　近年、電子顕微鏡などの発達で、チャートは**放散虫**という海にすむプランクトンが堆積したものであることがわかってきた。放散虫は赤道付近の深海底に降り積もる。そこから海のプレートに乗って日本へとはこばれ、プレートが沈み込むとき一緒になって沈むのではなく日本列島にはりついたのがチャートである。

　チャートのとなりにケイ酸成分の少ない**ケイ質頁岩**、そのとなりにもっと少ない**黒色泥岩**と続くことがある。これは、プレート移動にともなって堆積物中の放散虫の割合が減ったものと考えられる。

　チャートをつくる放散虫は、年代によって形が異なることが明らかにされてきた。放散虫を調べることで、今まで肉眼で認められる大きさの化石が出なくて時代がわからなかった地層であっても時代を決めることができるようになった。それまで石灰岩中のフズリナをたよりに古生代とされていた地層群の大部分が、放散虫の研究で中生代に塗り変えられた。放散虫の研究が日本の地質学を大きく飛躍させたのだ。

海底でできた石灰岩やチャートが日本にあるのはなぜか？

　海のプレートが、はるか彼方の海嶺から大陸に近づき、やがて海溝に沈み込むとき、上にのっている堆積物は比較的軽いので、沈み込まずに海溝部にたまり、やがて大陸側のプレートに下から付け加わるようにくっついていく。これを付加体（→p.50）という。日本列島の土台は、ほとんどこの付加体でできている。そのため日本では、海底でできた石灰岩やチャートが見つかるのである。

豆知識　日本の石灰岩は点在し、チャートは広範囲に分布する。

5-15 石灰岩

日本に産する石灰岩は、サンゴやフズリナなどの化石を多く含む。写真はフズリナの化石を含んだ石灰岩。

5-16 チャート

チャートは日本では普通に見ることができる岩石。硬くてツルツルしており、色はさまざま。放散虫という海のプランクトンの殻が海底に堆積してできた岩石である。

5-17 石灰岩やチャートが日本で見つかるわけ

海洋プレートが海溝へ沈み込むとき、チャートや石灰岩を陸のプレートに付け加える。

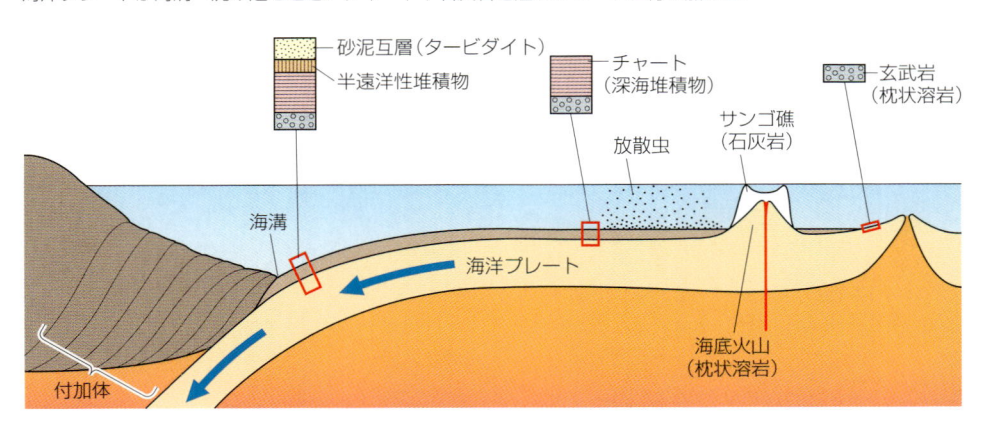

砂泥互層(タービダイト)
半遠洋性堆積物
チャート(深海堆積物)
玄武岩(枕状溶岩)
放散虫
サンゴ礁(石灰岩)
海溝
海洋プレート
海底火山(枕状溶岩)
付加体

豆知識 西南日本はほとんど付加体からなるため、北ほど古く南ほど新しい岩石が分布している。

身近な地形を考える①

Key word 　**台地**　低地とは急な崖で境をなす一段高い土地で、平坦な上面がある地形を台地という。

身のまわりの地形から土地の歴史を考える

ふだん何気なく登っている街中の坂道がどのようにしてできたのか考えたことがあるだろうか。調べてみると、なにげない坂ひとつも数万年に渡る地質学的な歴史を背負っていることがわかる。ある地域を例にその歴史を紐解いてみよう。

街中の身近な坂道

なぜ坂があるのか——台地と低地

「坂」は、「台地」と「低地」のように「地形区分」の境目を通過する場所に存在する。地形区分とは、図5-18に示すような地形の区分のことである。

例にあげる埼玉県北部地域にはこれら4つの地形区分が全て見られるが、ここでは写真の坂をつくる舞台となった2万年以降に着目して説明をしよう。

2万年前、地球上は**最終氷期**を迎え、現在より寒冷で高緯度地方や標高の高い地域に氷河が発達した結果、海水面が低下し、相対的に高くなった土地を河川が下方へ侵食する作用が活発になった。こ

台地と低地の境をなす急な崖

のため、台地の末端が下に向かって削られ、大きな崖となった（図5-19①）。

ところが1万年前になると、一転して気候は温暖になり、氷河がとけ海水面は上昇に転じた（**縄文海進**：図5-19②）。河川は標高の低い下流域が土砂の堆積の場となるが、海水面の上昇に伴い、海岸線がかなり内陸部に進入したのだ。この証拠が内陸部に出土する貝塚の存在で、当時の海岸線の位置を示すものである。最終氷期に深く削られた谷は、今度は堆積の場となり、しだいに埋められていった。こうして現在の河川によってつくられた平坦地が低地である。台地と低地の境には段差が存在し、それが坂の原因なのだ。

最終氷期に深く削られた谷はかなり埋め戻され、結果的に台地と低地の段差が低くなった。もし、縄文海進が起こらなかったら、普段我々が登り下りをしているこの坂は見上げるような絶壁になっていただろう。

豆知識　温泉の中には、周囲にマグマの活動がないものもあり、断層によって生じた熱や数千万年前の火成岩に残った熱がもとになっているものがあると言われている。

5-18 地形区分

山地		山岳の多い地域
平野	丘陵	山地から平野に移り変わる部分で、頂部には平坦面が残されているが、開析が進み起伏に富んでいる。山地から半島状に突出するものと、孤立した残丘状のものに分かれる。
	台地	丘陵より一段低い地形で平坦な台地上面をよく残している。一段低い低地とは急な崖で境をなしている。
	低地	最終氷期（約1万年前）の海水面低下期に台地を開析してできた深い谷を、縄文海進期に現在の河川が埋積して平坦面をつくったもの。

5-19 段差のできた2万年の歴史

① 2〜1万年前　氷期のため現在より海水面が低い
土地は相対的に標高が高くなっており、河川による下方侵食が進んで、高い崖ができた。

② 1万年前〜現在　氷期が終わり海水面が上昇（縄文海進）
土地は相対的に低くなり、河川による氾濫原の場に変わった。土砂が堆積してかつての高い崖は低くなった。

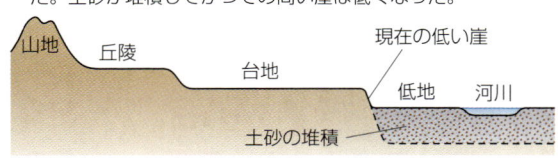

5-20 立体視地形図

写真の坂を立体視できる地形図で示した。この図の段差は実際の地形より2倍に誇張されてるとはいえ、立派な段差であることが分かるだろう。

【立体視のやり方】
2つの地図を、地図の奥に向かって遠くを見るようにすると、地図の像が3つ見えるようになる。真ん中の像に注意して見ると、右目で見た右の地図の像と左目で見た左の地図の像が重ね合わせられて見え、立体像になる。

地形図の出典：「国土地理院」HPの地図閲覧サービス

豆知識　国土地理院のHPでは、日本全国の国土を航空機から撮影した航空写真や地形図を閲覧できる。
http://wss.gsi.go.jp/

身近な地形を考える②

Key word　丘陵　かつて河川の堆積作用でできた平らな地形が、高い場所に取り残されたもの。

なぜ森の中にレキがあるのか

　地元の森を巡るちょっとしたハイキングの途中で、足元に角の丸いレキ（礫）を見つけた（写真）。本来河原にあるはずのレキが、小高い丘の森にあるのはなぜだろうか？　蹴飛ばしてしまえばそれまでのレキも、地質学的な歴史を立派に背負っている。このレキがどんな履歴を経てきたかをたどってみよう。

　地元では「大久保山」とよばれているこの山は、写真で見ると、頂部が平坦で揃っており、地形区分で言うと丘陵とよばれる地形だ（前ページの表5-18参照）。

　丘陵は山地から平野に移り変わる部分に存在する。河川は下方侵食とレキの堆積を繰り返し、河岸段丘をつくりながら大地を侵食してゆく（図5-21）。一般的にこうして作られた段丘面の最上位のものが丘陵である。

　丘陵の地表面には、段丘がつくられた際に河川が残していったレキが分布している。ちなみにこの地域で段丘が形成されたのは百万～数十万年前頃と考えられているので、足元のレキは、その頃から、この場所に佇んでいたのだ。

レキのもとになった地層は数億年かけて海底から陸地に上がった

　このレキはチャートといって、非常に硬く、火打ち石に使われる石材でもある。チャートは海水中の放散虫というプランクトンが、水深数千mの海洋底に降り積もって形成された。その堆積速度は千年で数mmという極めて緩やかなものだ。

　このチャートはプレート移動によって海溝で付加体（→p.154）に組み込まれ、やがて大陸地殻の一部になった。チャートが海溝に差しかかったのは1億数千万年前頃と推定されている。チャートが堆積した時代は、さらに数千万年前以上前の出来事となるのだ。

　大陸地殻を構成するチャートを含む地層はやがて地表に出て、河川の侵食・運搬・堆積の作用によってレキとなり、この地まで運ばれてきたのである。

　普段何気なく転がっている石ころひとつにも、こんなに長い時間をかけた歴史が詰まっていたのだ。

豆知識　写真の丘陵は、侵食が進み、山地から切り離され、台地上に残丘状に存在している。

5-21 丘陵の森の中でレキが見つかる理由は？

河岸段丘の形成過程

① 河川の氾濫により土砂が堆積し、広い河原ができる。

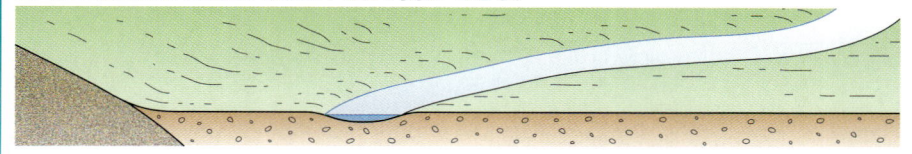

↓ 土地の隆起（または海面低下）

② 河川の侵食作用が活発になり、V字谷ができる。

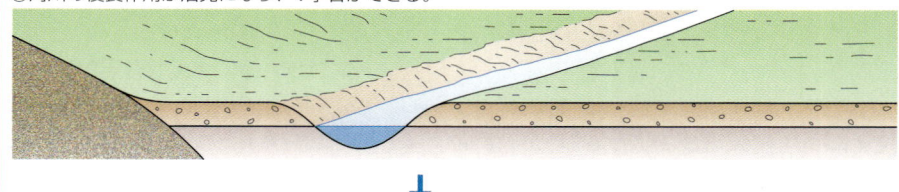

↓

③ 谷底が低くなると、河川はそれ以上下方への侵食はせず、側方へ侵食して広い河原をつくる。

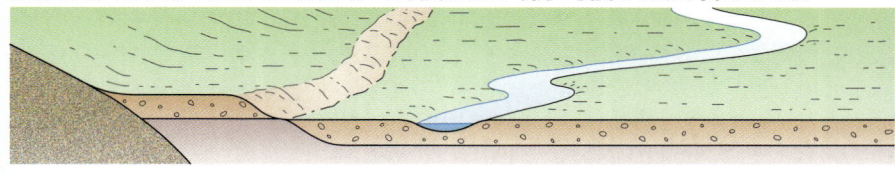

↓ 土地の隆起（または海面低下）をくり返す

④ 河岸段丘の起伏に富んだ地形ができる。段丘の平坦面にはレキが取り残されている。

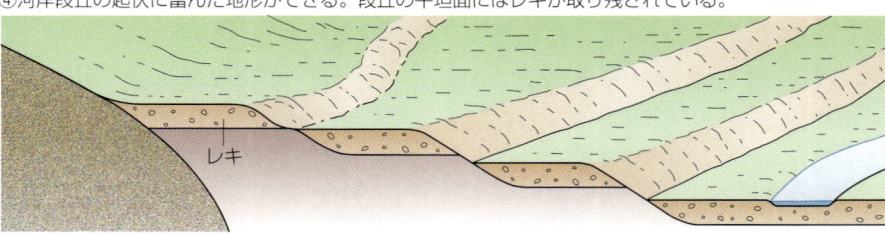

レキ

↓ 土地の沈降（または海面上昇）

低地・丘陵の形成

⑤ 土地が低くなり、河川は土砂を堆積させる作用が強まり、氾濫によって段丘を埋めながら平坦面をつくる（低地の形成）。取り残された段丘の一番上の面が現在の丘陵である。

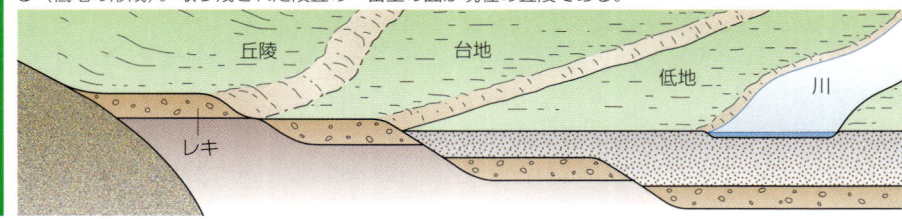

丘陵　台地　低地　川
レキ

豆知識 海水面が低下すると、その地点の標高が相対的に増すので、川の傾斜が大きくなり、下方への侵食が増加する。

放射年代測定のしくみ

> **Key word** **放射性同位体** 時間が経つと、ひとりでに放射性崩壊が起こって別の元素に変身する同位体。絶対年代の測定に使われる。

相対年代と絶対年代

地球誕生は46億年前——というような話を聞いて、「どうやって年代を決めたのだろう」と疑問に思ったことはないだろうか。

中生代・新生代といった**地質年代**は、例えば中生代は恐竜、新生代はほ乳類が栄えた時代といった具合に、生物進化の段階をもとに区分したものである。この方法では、中生代が新生代より相対的に古いと判断できても、具体的に何年古いのかは知ることができず、**相対年代**とよばれる。地球史の解明は、まず相対年代によって行われていった。

地球史の解明に具体的な数値による尺度を入れたのが、**放射性同位体**の利用による岩石の**放射年代**の測定である。この方法では、具体的に何年前の岩石であるかが測定できるので、こうしてわかった年代のことを**絶対年代**とよんでいる。

こうして2つの年代を組み合わせて、「恐竜が栄えた中生代は今から2.5億〜6500万年前」などと定められたのである。

放射性同位体とは何か？

絶対年代の測定に使われる放射性同位体とは何だろうか？ これを知るために、まず原子の構造の話から始めよう。

物質をつくる最小単位である原子の原子核は、陽子と中性子でできており、**陽子の数**によって、鉄やケイ素などといった**元素の種類**が決まる（図5-22）。例えば、鉄原子は陽子が26個ある原子であると決まっている。これは元素の周期表（→p.208）では「原子番号」として表示されているものだ。これに対して、同じ元素（つまり同じ陽子の数）でも、原子核の**中性子の数**が異なるものが存在する場合があり、これらを**同位体**という。

同位体のなかには、時間が経つと放射線（電子やヘリウム原子核）がひとりでに飛び出して、陽子や中性子の数が変わってしまうものがある。すると、原子は別の種類の元素に変身する。このような変化を原子の**放射性崩壊**という（図5-23）。例えばよく知られるウラン（^{235}U）は、約7億年経つとその半分が放射性崩壊して鉛（^{207}Pb）に変身する。

絶対年代の測定に使われる**放射性同位体**とは、時間が経つとひとりでに放射性崩壊が起こって別の元素に変身する同位体のことである。

放射性同位体が崩壊する速さは、その同位体によって異なる。初めにあった放射性同位体の原子数が半分にまで減少する時間のことを**半減期**という。

豆知識 「放射性元素」というときは、その元素の同位体がすべて放射性である場合を指す。

絶対年代測定に有効な放射性同位体

絶対年代は放射性同位体の半減期を用いて決定される。岩石ができたときに、ある割合で含まれていたはずの放射性同位体が、どれだけ減っているかを測定することで、岩石ができてからどれだけの年月が経ったのかがわかるのである。この方法は火成岩と変成岩だけにしか通用せず、堆積岩の年代は直接的には決められない。

また、目的に合った放射性同位体を利用することがポイントである。例えば、炭素14（^{14}C）は、宇宙線が大気中の窒素に衝突して生成する放射性同位体であるが、半減期が5730年である。人類の歴史程度の年代測定には最適だが、地球誕生のころの炭素14はすべて崩壊しつくしてしまっており、利用できない。また、ルビジウム87は、花崗岩を調べるには多量に含まれていて都合がよいが、玄武岩には含まれていないので利用できない。

5-22 原子の構造

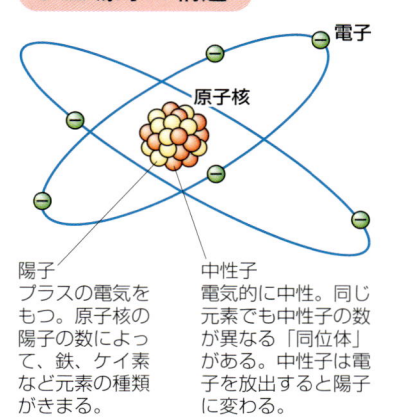

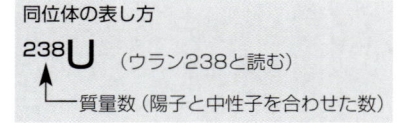

電子

原子核

陽子 プラスの電気をもつ。原子核の陽子の数によって、鉄、ケイ素など元素の種類がきまる。

中性子 電気的に中性。同じ元素でも中性子の数が異なる「同位体」がある。中性子は電子を放出すると陽子に変わる。

同位体の表し方

^{238}U （ウラン238と読む）

↑ 質量数（陽子と中性子を合わせた数）

5-23 放射性崩壊の種類

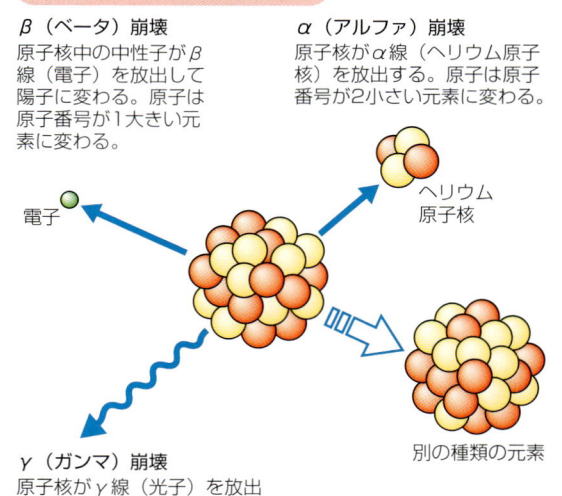

β（ベータ）崩壊
原子核中の中性子がβ線（電子）を放出して陽子に変わる。原子は原子番号が1大きい元素に変わる。

α（アルファ）崩壊
原子核がα線（ヘリウム原子核）を放出する。原子は原子番号が2小さい元素に変わる。

電子

ヘリウム原子核

別の種類の元素

γ（ガンマ）崩壊
原子核がγ線（光子）を放出する。元素や同位体の種類は変わらない。

5-24 放射年代測定に利用される放射性同位体

放射性同位体	半減期	崩壊してできる同位体	放射年代測定に利用する方法名
^{238}U	45億年	^{206}Pb	^{238}U-Pb 法
^{235}U	7億年	^{207}Pb	^{235}U-Pb 法
^{87}Rb	488億年	^{87}Sr	Rb-Sr 法
^{40}K	13億年	^{40}Ar, ^{40}Ca	K-Ar 法
^{14}C	5730年	^{14}N	^{14}C 法

豆知識　「放射性物質」とは、放射性同位体を含む物質を指す。

放射年代測定の実際

Key word **放射年代測定** もともと岩石に含まれていた放射性同位体の量がわかれば、放射年代測定は簡単。しかし、わからない場合は工夫が必要。

放射年代測定の例

放射性同位体であるルビジウム87(^{87}Rb)は、崩壊してストロンチウム87(^{87}Sr)に変化する(図5-25)。その半減期は約488億年である。ストロンチウムには、ストロンチウム87のほかに、質量数が異なる安定な(放射性崩壊しない)同位体のストロンチウム86(^{86}Sr)が存在する。ストロンチウム86は、別の元素の崩壊によって増加してしまうこともなく、時間が経っても地球上に存在する数が不変である。

今、ある岩石に含まれているルビジウム87の量と、その岩石ができたときに含まれていたルビジウム87の量がわかれば、半減期により、その岩石がつくられた年代がわかるはずである。しかし実際には、岩石ができたときルビジウム87がどれだけ含まれていたかはわからない。

そこで、次の節で説明する方法で、3種類の原子(^{87}Rb、^{87}Sr、^{86}Sr)が岩石中にどのような割合で存在するかを調べると、その岩石が何億年前にできたかを知ることができる。説明はやや煩雑になるが、具体的に説明しよう。

ルビジウム-ストロンチウム法の実際

今、マグマが冷却して3つの鉱物A、B、Cが晶出し、岩石ができたというモデルを考えよう。Aはルビジウム(Rb)を多く含む鉱物、Bはやや含む鉱物、Cはほとんど含まない鉱物とする。このとき、鉱物は同じマグマから晶出するので、どの鉱物も^{86}Srと^{87}Srを区別なく取り込む。すると、鉱物中の両者の存在比は、どの鉱物も同じになる(このことを図5-26①ではどの鉱物も^{86}Srの数が100、^{87}Srの数が10であるとして表した)。

時間が経つにつれて、ルビジウム87は崩壊して^{87}Srになっていくので、鉱物中のルビジウム87とストロンチウム87の数は変化し始める。ルビジウム87を多く含む鉱物ほど、時間が経つとストロンチウム87が増えていくことになる。一方ストロンチウム86は崩壊に関係しないので、原子数は変化しない。

1半減期(つまり488億年)の後に、3種類の原子数の変化を図5-26②に示した。また、図5-26③に、縦軸にストロンチウム86に対するストロンチウム87の存在比(^{87}Sr／^{86}Sr)、横軸にストロンチウム86に対するルビジウム87の存在比(^{87}Rb／^{86}Sr)をとりグラフを作成した。

グラフを見ると、岩石ができたばかりのときのグラフも、1半減期後のグラフも、どちらも一直線になっている。

グラフのそれぞれの直線は、同じ時点

豆知識 ルビジウム(Rb)は、ナトリウムやカリウムと同じ属の元素で、花崗岩に多く含まれる。

における各原子数の比を表したものであり、等時線（アイソクロン）という。岩石ができたばかりのときの鉱物A、B、Cは、どれも$^{87}Sr/^{86}Sr$が同じなので、等時線は水平になっている。時間が経つにつれて等時線は傾いていき、半減期の488億年後には、③のグラフの傾いた方の直線になる。

このようにして、ある岩石のルビジウム87、ストロンチウム87、ストロンチウム86の存在比を調べて等時線を作成すると、その傾きによって絶対年代を知ることができるのである。

5-25 ルビジウム87の放射性崩壊による原子数変化

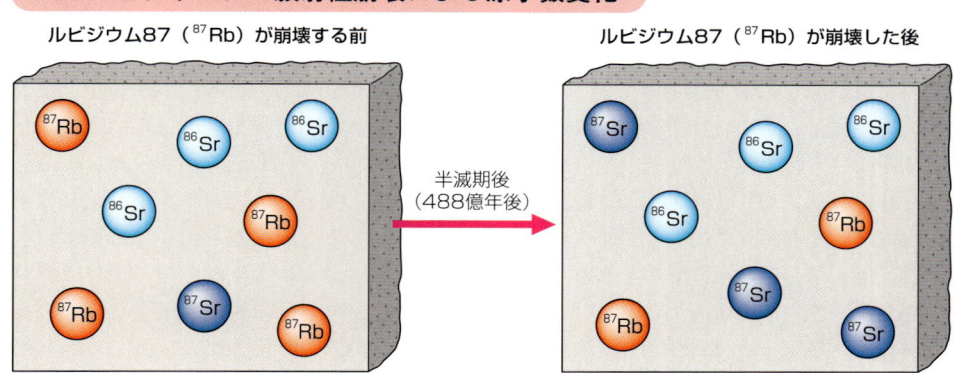

ルビジウム87（^{87}Rb）が崩壊する前　　　　　　　　　　　ルビジウム87（^{87}Rb）が崩壊した後

半減期後
（488億年後）

ルビジウム87（^{87}Rb）が半分に減って、ストロンチウム87（^{87}Sr）が増える。

5-26 ルビジウム-ストロンチウム法

マグマが冷えて3つの鉱物、A、B、Cが晶出したとする。モデルとして、鉱物ができたときの原子数が①の表のようであったとすると、ルビジウムの半減期（488億年）がたった後、鉱物中の原子数は②の表のように変化する。表をグラフにしたのが③である。グラフの直線をアイソクロンといい、この傾きによってマグマができてからの時間がわかる。

①鉱物ができたときの原子数

鉱物種	^{87}Rbの数	^{87}Srの数	^{86}Srの数	$\dfrac{^{87}Rb}{^{86}Sr}$	$\dfrac{^{87}Sr}{^{86}Sr}$
A_0	100	10	100	1.00	0.10
B_0	50	10	100	0.50	0.10
C_0	4	10	100	0.04	0.10

②1半減期後（488億年後）各原子数

鉱物種	^{87}Rbの数	^{87}Srの数	^{86}Srの数	$\dfrac{^{87}Rb}{^{86}Sr}$	$\dfrac{^{87}Sr}{^{86}Sr}$
A_1	50	60	100	0.50	0.60
B_1	25	35	100	0.25	0.35
C_1	2	12	100	0.02	0.12

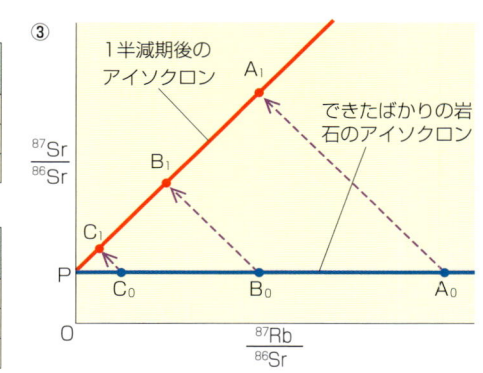

豆知識 アイソクロンと縦軸の交点Pは初生値といい、実際の岩石では約0.7くらいである。

同位体から知る地球環境

> **Key word** **同位体効果** 同位体の質量の違いによって、わずかに生じる蒸発速度や化学反応速度の違いを、速度論的同位体効果という。

安定同位体とは？

放射年代測定では、放射性崩壊をする同位体を利用して絶対年代の測定を行う（→p.160〜163）。同位体とは、陽子の数は同じ（つまり同じ種類の元素）だが、中性子の数が異なる原子核をもつ原子である。同位体は、不安定で放射性崩壊するものばかりでなく、安定で崩壊しないものもある。例えば、酸素原子には陽子が8個あるが、中性子の数は7個、8個、9個、10個のものがあり、これらはそれぞれ、^{15}O、^{16}O、^{17}O、^{18}Oと書く。^{15}Oは半減期が122秒という不安定な放射性同位体だ。しかし、^{16}O、^{17}O、^{18}Oはどれも**安定な同位体**である。自然界に存在する酸素は、99.8％を^{16}Oが占め、わずか0.21％を^{18}Oが占めている（^{17}Oはさらに少ない）。

異なる同位体であっても、プラスの電荷をもつ陽子の数が同じであると、原子核のまわりの電子数や軌道も同じになり、化学的な性質は同じである。そのため、^{16}O、^{17}O、^{18}Oは、同じように水分子（H_2O）をつくる。全く同じであれば、安定同位体は地球科学にとって利用価値がないが、中性子1個か2個分の質量の違いが、過去の地球環境について知る手がかりとして利用されている。

同位体の質量の違いによる効果

例えば海水から水が蒸発するとき、^{16}Oでできた軽い水分子より^{18}Oでできた重い水分子のほうがわずかに動きにくいため（同位体効果）、海水中に取り残される傾向になる。このため、重い^{18}Oの存在度は海水中では増大し、大気中に蒸発した水では減少する。地球が寒冷な時期であれば、蒸発した軽い^{16}O水分子は降雪によって氷となって氷床の上に積み重なり、蓄えられていく。温暖な時期になれば、氷床はとけて軽い水分子は海に戻り、^{18}Oの存在度はもとに戻るであろう。つまり、海水中の^{18}Oの存在度を知ることができれば、地表の氷床の変動がわかるのである。

海水中の^{18}Oの存在度は、海水中に生息していたプランクトンである有孔虫などの炭酸カルシウムでできた殻から知ることができ、過去270万年の変動が解明されている（図5-28）。

5-27 ^{16}O水分子と^{18}O水分子の違い

蒸発の速さ

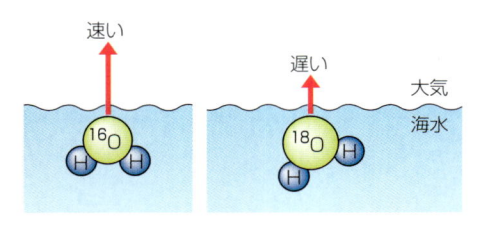

速い ／ 遅い

豆知識 ごく少量存在する物質の存在量などは、千分率（単位：パーミル〈‰〉）で表すことが多い。0.1％＝1‰である。

5-28 海水の酸素同位対比の変動

海水中の^{18}Oの存在度の変動が270万年にわたって解明されている。存在度が高いほど氷床が多く気温が低い。

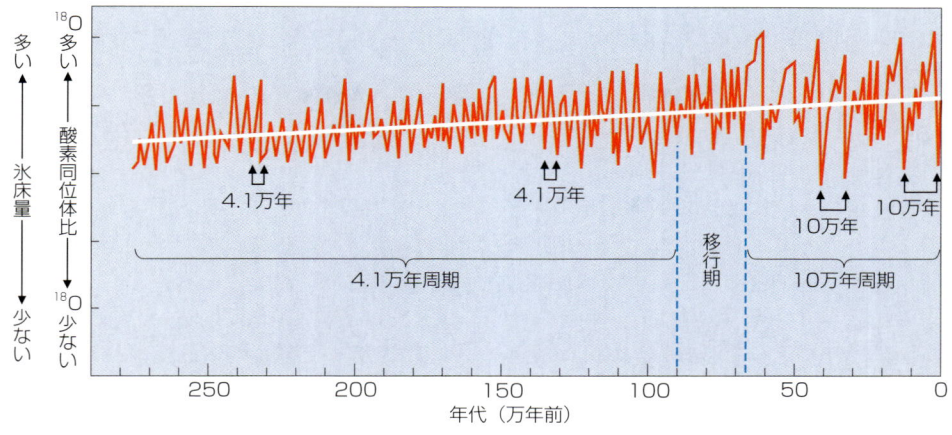

（グラフ：縦軸 ^{18}O 多い↑/少ない↓、酸素同位体比、氷床量 多い↑/少ない↓　横軸 年代（万年前）250〜0
4.1万年周期、移行期、10万年周期、4.1万年、10万年のラベル付き）

参考資料：〔Ruddiman, 2000〕『進化する地球惑星システム』

44億年前のジルコン結晶からわかった地球環境

　オーストラリアのジャックヒルズで産出した堆積岩には、非常に古い年代の**ジルコン**という鉱物が数粒含まれていることが発見された。このジャックヒルズ産のジルコンは、ウラン・鉛による放射年代測定でなんと44億年前にできたと判定された。

　ジルコンは非常に丈夫な結晶で、それを含む岩石が風化し飛散しても、ジルコン結晶は変質や分解することがなく、堆積岩の中で生き残る。つまり、ジルコン結晶は、ジルコンができたときの環境を内部に閉じこめたまま現在にいたっているのである。

　44億年前のジルコンの内部に含まれる酸素原子の同位体の存在比を調べれば、当時の地球環境について重要な情報が得られる。44億年前といえば地球誕生から間もない時期である。もちろん得られるのは先に述べたような氷床の発達を反映した情報ではない。結晶に含まれる酸素同位体の比^{18}O/^{16}Oは、その結晶ができたときの温度によって異なることが知られており、温度についての情報が得られるのである。

　従来の学説では、44億年前といえばマグマオーシャンの時代であり、地球上のどの場所も高温であった（本書p.56でもそのように示した）。しかし、44億年前のジルコンから得られた情報は、意外にも低温な環境を示していたのである。このことから、44億年前の地球表面はすでに冷却しており、海ができていたという新たな学説が生まれた。

　古いジルコン結晶を見つけることは、砂浜の砂から数粒の目的の粒を見つけるような作業だ。小さなジルコン結晶から、地球誕生間もないころの情報を引き出す手法は、地球科学の醍醐味を感じさせてやまない。

豆知識 ジルコンの透明で美しい色をしたものは、宝石として利用される。

地球を掘って調べる

> **Key word** 　**地球深部の掘削**　宇宙探査を実現している人類も、まだ地殻を掘り抜いてマントルにまで達したことはない。

地球深部探査船「ちきゅう」

　古来より、地球を深く掘っていくとどのようになっているのかは、人々の興味とするところであった。私たちは地殻の上で生活しているが、地殻の下のマントルにはまだ到達していない。地殻を掘り抜いて前人未到のマントル物質を直接手に入れようという計画が、現在、国際的に進行している。統合国際深海掘削計画(IODP)である。

　この掘削探査のために造られたのが、日本の地球深部探査船「ちきゅう」だ。海底下約7000ｍまでも掘れる能力をもつ船で、2005年に完成した。

　地球を深く掘るのに、なぜわざわざ船を造って海底を掘るのだろうか？陸域を掘った方が足場も安定していて掘りやすそうに思われる。しかし、この理由は簡単である。大陸地域と海洋地域では、地

5-29 地球深部探査船「ちきゅう」
全長210mの「ちきゅう」の全景。掘削用のドリルパイプを支える大きな「やぐら」は、船底からの高さが130m（30階建てのビルの高さ）もある。

画像提供：海洋研究開発機構

豆知識　地球深部探査船「ちきゅう」についての情報は、海洋研究開発機構のホームページ(http://www.jamstec.go.jp/chikyu/jp/index.html)で得ることができる。

殻の厚さが違うからである。

実際に、現在陸地に掘られている一番深い井戸は、約12kmの深さまで掘られている。しかしそれだけ掘っても、まだ地殻である。マントルまでは到達しない。

それが、海洋地域であればどうであろう。「ちきゅう」の掘削能力は約7kmである。海洋地殻の厚さは平均して約5kmと考えられているので、十分マントルに到達することができるというわけだ。

海洋底を掘ってわかること

海洋底を掘ってわかることは、まずマントルや地殻の構成物質を直接手に入れることで、固体地球の表層部の状態が解明できることである。

もうひとつは、海洋底上部の堆積物や構成岩石を調べることで、海洋底の動き、つまりプレートテクトニクスの解明に寄与できるであろうことである。それは、地震の発生メカニズムの解明の一歩でもあり、気温の変化から地球環境の変動を知ることでもある。

現在の地球科学では、地球全体を固体地球、大気・海洋、生物圏などからなるシステムと捉え、地球システム全体の変動を理解しようという方向に進んでいるが、そのような考え方を導き出したのも、海洋底探査の功績である。

掘削の方法の模式図

船上の「やぐら」から船底を突き抜けてのびる掘削用のドリルパイプ

いろいろなドリルビットを使い分ける

豆知識　地球深部探査船「ちきゅう」が使う船と海底をつなぐ掘削用のパイプは、内側の直径が約50cm、外側の直径は1.2m、長さは1本が27m、重さは約27トンもある。

超高圧実験からわかること

Key word ダイヤモンド・アンビル　ダイヤモンドを用いて超高温・高圧を実現する実験装置

地球内部の超高圧を再現する

　地球の内部は、積み重なる岩石の重みで、非常に大きな圧力がかかっている。マントルの最下部では、125万気圧にも達する。このような超高圧のもとでは、岩石はどうなっているのであろうか？

　マントルを構成するかんらん岩は、地球内部の2000℃を超える高温のもとでも液体にはならず、高圧のために固体の状態を保っている。しかし、高圧によるかんらん岩への影響はそれだけではない。

　岩石をつくる基本物質であるシリカがSiO_4四面体という基本構造をもっていることは、p.100の解説を参照してほしい（図5-31 (a)にも示した）。このような、どの岩石にも共通する基本的な結晶構造も、地球内部の超高圧の条件では同じであると限らない。より隙間の少ない結晶に変化している可能性がある。

　マントル内部を掘って岩石を採取すれば、実際の結晶構造がわかるが、マントルの深さまで地球を掘ることはできていない。そこで、実験室でかんらん岩を地球内部と同じ超高圧・高温の条件において変化を調べることが有効な方法になる。この実験に使われるのが、ダイヤモンド2個で試料をはさんで加圧する**ダイヤモンド・アンビル**という装置で、硬くて透明なダイヤモンドの利点を生かし、レーザー光で加熱し、X線で結晶構造を調べることが可能である（図5-30）。

かんらん岩の相転移

　ダイヤモンド・アンビルを用いた超高圧実験の結果、かんらん岩は深さ410km付近で「スピネル相」とよばれる結晶構造に変わり、深さ660km付近で「ペロブスカイト相」とよばれる結晶構造に変わる（相転移という）ことがわかった。

　深さ660km付近は上部マントルと下部マントルの境界にあたる。この境界より深いところでは、かんらん石はペロブスカイト相（図5-31(b)）に変化する。ペロブスカイト相では、SiO_4四面体よりも原子が密にパッキングされており、密度の高い結晶になっている。

　地震波トモグラフィーは、海溝から沈み込んだプレートは上下のマントル境界付近に漂っていることを明らかにした（→p.42）。プレートをつくる鉱物の結晶構造も、この境界で漂いながら、SiO_4四面体の結晶構造からペロブスカイト相へとゆっくり相転移していると考えられる。そして、密度の高い鉱物に変わって初めて、さらにマントルの深部へと沈んでいくことができるのだと考えられている。

豆知識　ダイヤモンドを多く産出するのは、キンバーライトとよばれる岩石で、南アフリカやシベリアにある特殊な岩石。マントルから高速で上昇したマグマによってできた。

5-30 ダイヤモンド・アンビル

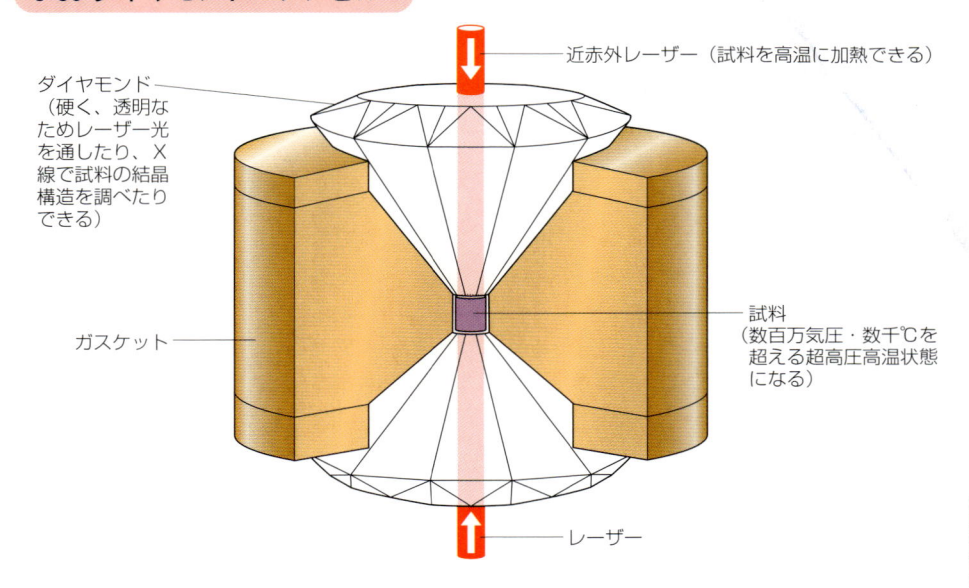

ダイヤモンド（硬く、透明なためレーザー光を通したり、X線で試料の結晶構造を調べたりできる）

近赤外レーザー（試料を高温に加熱できる）

ガスケット

試料（数百万気圧・数千℃を超える超高圧高温状態になる）

レーザー

5-31 ペロブスカイト相への結晶構造の相転移

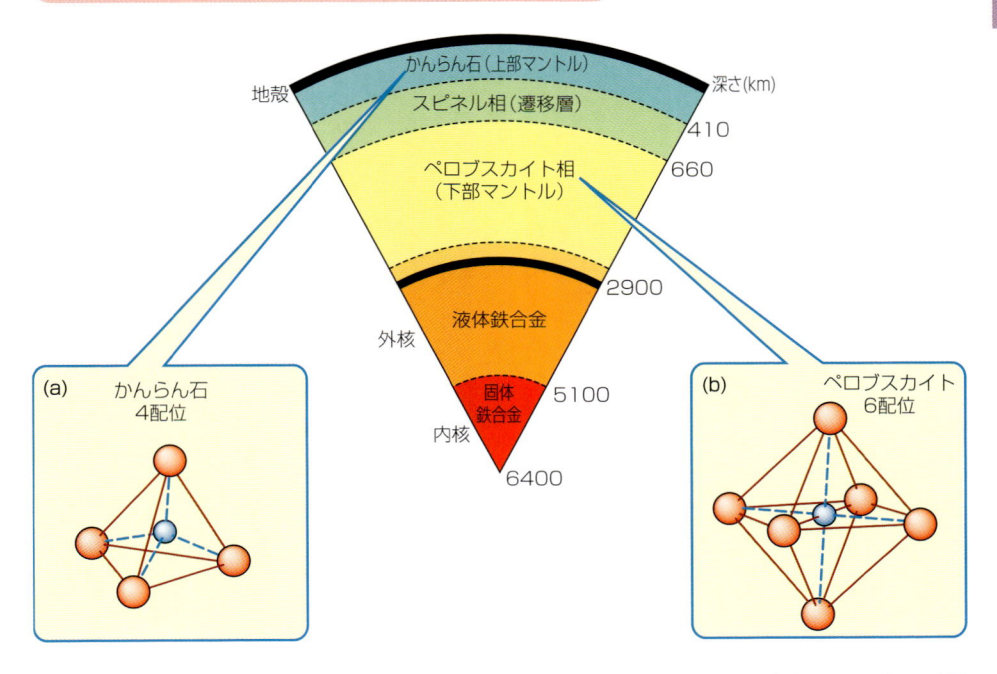

地殻
かんらん石（上部マントル）
スピネル相（遷移層）
ペロブスカイト相（下部マントル）
外核　液体鉄合金
内核　固体鉄合金

深さ(km)
410
660
2900
5100
6400

(a) かんらん石　4配位

(b) ペロブスカイト　6配位

豆知識 ダイヤモンドは炭素だけからできた結晶であり、硬いが、酸素中で高温にすると燃えてしまう。

Column

浮かぶ大陸

アイソスタシー

地震波などを用いて調べたモホ面の深さは、山のあるところでは海よりずっと深い。地殻とマントルの関係を見ていると、まるで水に浮かぶ氷のようだ。氷が水に浮くときは、水と氷の密度の違いから、その体積の約9割が水面下にある。つまり、水面より高く頭を出している氷ほど、水面下の深いところまで氷が存在するわけだ。

地殻の下のマントルを氷に対する水に見立てると、マントルの上に地殻が浮いているという考え方はできないだろうか？ 地殻の厚いところは浮かび上がって山になり、薄いところはあまり浮かび上がらないので海になる…というようにである。

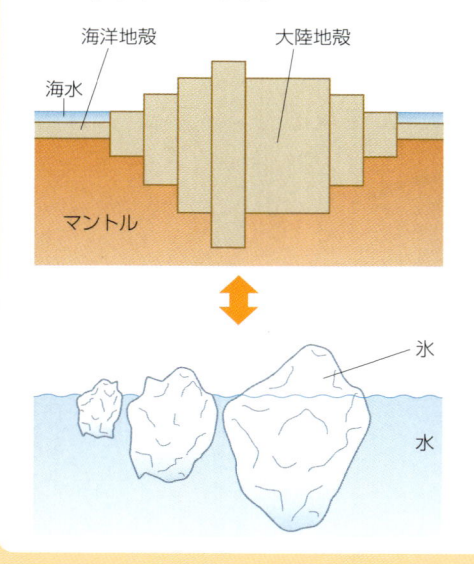

このように地殻がマントルに浮いているという考え方を**アイソスタシー**（地殻の均衡）とよぶ。実際にアイソスタシーを裏付けるような現象が起こっている地域がある。

北欧のスカンジナビア半島は、少し前の氷期には分厚い大陸氷河を載せていた。マントルに浮かぶ地殻のそのまた上に大きな重しを載せていたわけである。氷期が終わり氷河が融けて水となって流れてしまうと、重しがなくなった地殻はだんだん浮き上がってくる。固体のマントルが形を変えるためにはとても長い時間が必要になるので、スカンジナビア半島の隆起はゆっくりと進行し、現在も続いてる。

スカンジナビア地方の土地の隆起（過去3000年間）　（単位はm）

第6章
地球表面から宇宙まで

海洋のしくみ①

Key word **深海平原と大陸棚** 海洋の平均深度は3700mあり、大部分が深海平原であるが、大陸周辺には水深0～200mの大陸棚とよばれる部分がある。

海洋の深さと広さ

海洋は地球表面の約70%を占める。試しに地球儀を見るとき、目線を下げて南太平洋の方向から見てみるとよい。ほとんど海しか見えない地球の姿がそこにあることに気づくだろう。

海洋の深さは、平均で3700mもあり、約13億km³の体積の海水をたたえている。陸から離れた遠洋の深さ4000～6000mの**深海平原**は、海嶺で誕生した平坦な海洋プレートを基盤にしてできている。この海洋プレート上に、海洋の表層で育った海洋性プランクトンの死がいが、雪のような「マリンスノー」としてゆっくり落ちていき、海洋底に厚く積もっている。プランクトンの死がいはケイ酸質の殻があり、これが固まってチャートという岩石をつくっている。

もっとも深い海である海溝は、最深で1万920m（マリアナ海溝）にもなる。水深200mより深い深海には太陽光が届かず、真っ暗闇であるが、海溝のような深海にも生物圏があることが知られている。

6-1 海洋のしくみ①

深層水の湧昇
密度の大きい深層水は容易には表層に上がってこないが、地形や気象条件によって、深層水がゆっくりわき上がる場所がある。深層水は二酸化炭素に富んでおり、植物性プランクトンが豊富に発生する。

大陸棚の海の深さ 0～200m

好漁場

河川水の流入
年間3.6万km³、の河川水が海洋に流入する。土砂を海洋に堆積させ、溶け出した岩石の成分を海洋に運ぶ。

大陸斜面

乱泥流

大陸棚
氷河期など海水面が低かった時代には陸地だった部分で、大陸地殻でできている。原油・天然ガスなど資源が豊富である。

陸からの堆積層
河川から海洋へ流れ込んだ土砂は、大陸棚や大陸斜面を浸食して谷をつくり、大陸斜面を流れ落ちている。洪水や地震のときは、激しい乱泥流となる。

豆知識 海底での水圧は、10m深くなるごとに1気圧増える。4000mの海底では、海面上の大気圧の400倍の圧力である。このとき1cm²あたり400kgの力がはたらく。

海水に含まれる塩分

海水1ℓを蒸発させると、約35gの物質が得られる（内訳は右図）。これは、陸地の岩石が雨水で侵食されて水で洗われるうちにその成分が溶け出したもので、海水中では、ナトリウムイオン、塩化物イオン、マグネシウムイオンなどとして存在している。

また、酸素は海水に溶けている気体の36％を占め、二酸化炭素は大気中より多い割合の15％を占めている。

6-2 海水を蒸発させたときの成分

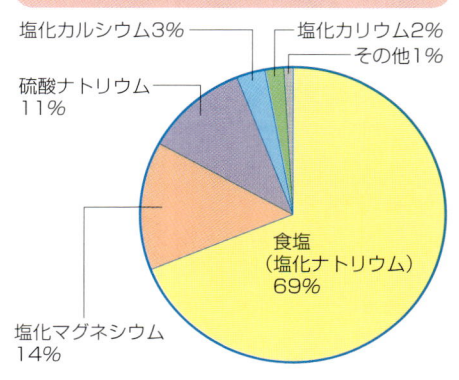

- 塩化カルシウム3％
- 塩化カリウム2％
- その他1％
- 硫酸ナトリウム11％
- 食塩（塩化ナトリウム）69％
- 塩化マグネシウム14％

大陸棚と深海平原

大陸の周縁部には、大陸地殻でできているが現在は海になっている部分があり、**大陸棚**という。大陸棚は、水深が0～200mであり、地球史の中で氷床が多くつくられて海水面が低下していた氷河期には、陸地になっていた部分である。

大陸棚の海には、海洋地殻の海と異なり、原油・天然ガスなどの資源が埋蔵されていることが多い。

遠洋には、水深4000～6000mの深海平原が広がっている。

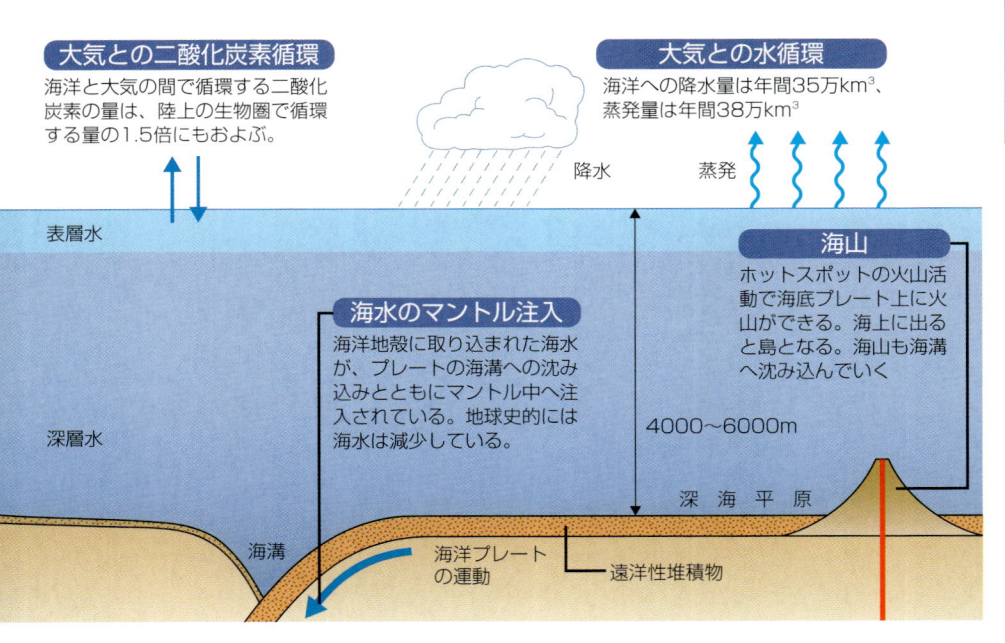

大気との二酸化炭素循環
海洋と大気の間で循環する二酸化炭素の量は、陸上の生物圏で循環する量の1.5倍にもおよぶ。

大気との水循環
海洋への降水量は年間35万km³、蒸発量は年間38万km³

降水　蒸発

表層水

海山
ホットスポットの火山活動で海底プレート上に火山ができる。海上に出ると島となる。海山も海溝へ沈み込んでいく

海水のマントル注入
海洋地殻に取り込まれた海水が、プレートの海溝への沈み込みとともにマントル中へ注入されている。地球史的には海水は減少している。

4000～6000m

深層水

海溝　海洋プレートの運動　遠洋性堆積物　深海平原

豆知識 地中海は、蒸発量が淡水の流入量より多く、塩分が多く密度が大きい海水をつくりだしているため、ジブラルタル海峡から出たあと、大西洋の深層に流れ出している。

海洋のしくみ②

> **Key word** 　**表層海流**　風の影響などで、海洋の表層400mぐらいの海水は、海流によって水平方向に環流している。

海水の循環

　地球表面の70%を占める海洋では、さまざまなレベルで水が循環している。

　海洋の表層400mくらいには、**表層海流**ができて循環している。これは、地表に吹く大規模な風——偏西風や貿易風の影響などによって起こっている。

　1000mを超えるような深海では、表層海流のような速い流れはないが、**深層流**とよばれる循環がある。北極や南極では、氷ができるときに塩分が濃くなった、低温で密度の高い海水が生成されている。この海水は重いため、大洋の深海底に流れ出し、数千年かけて地球の深海を巡り、表層に出てくるという非常にゆっくりとした大規模な循環をしている（→p.194）。

　さらに数億年規模の長期にわたる循環としては、**海水のマントルへの注入**がある。中央海嶺で海水とマグマが反応して、海水が含水鉱物として海洋プレートに固定されたまま移動して、海溝からマントルへ注入される。その一部は火山活動によって地表に戻っているが、全体として海水は徐々に減少していると考えられている（→p.68）。

6-3 海洋のしくみ②

遠洋性堆積物
陸からの堆積物の届かない遠洋では、プランクトンの殻が積もった堆積物ができる。厚さ800m以上に達するところもある。中央海嶺から遠ざかるほど層は厚い。この堆積層は「チャート」とよばれる岩石として日本でも産出される（→p.154）

マリンスノー
表層のプランクトン（炭酸カルシウムや二酸化ケイ素の殻をもつ）の遺骸が、雪のように深海へ沈んでいき、遠洋性堆積物となる。

表層水
水深150mくらいまでの表層の海水は、温度や塩分濃度が場所によって異なる。熱帯の海では、温度が高く、蒸発量が多いため塩分濃度が高い。高緯度では、河川からの真水の流入により塩分濃度が低い。

深層水
1000mを超える深さの深層水の温度は、3℃前後で、地球のどこでも同じである。

4000〜6000m

深海平原

マンガン団塊

豆知識　マンガン団塊は、深海底に散在し、貴重な金属資源を含むジャガイモ大の塊である。有効な採集方法が見つかっていない。

6-4 表層海流

海流のなかで、高緯度へ向かう流れは暖流とよばれ、低緯度へ向かう流れは寒流とよばれる。

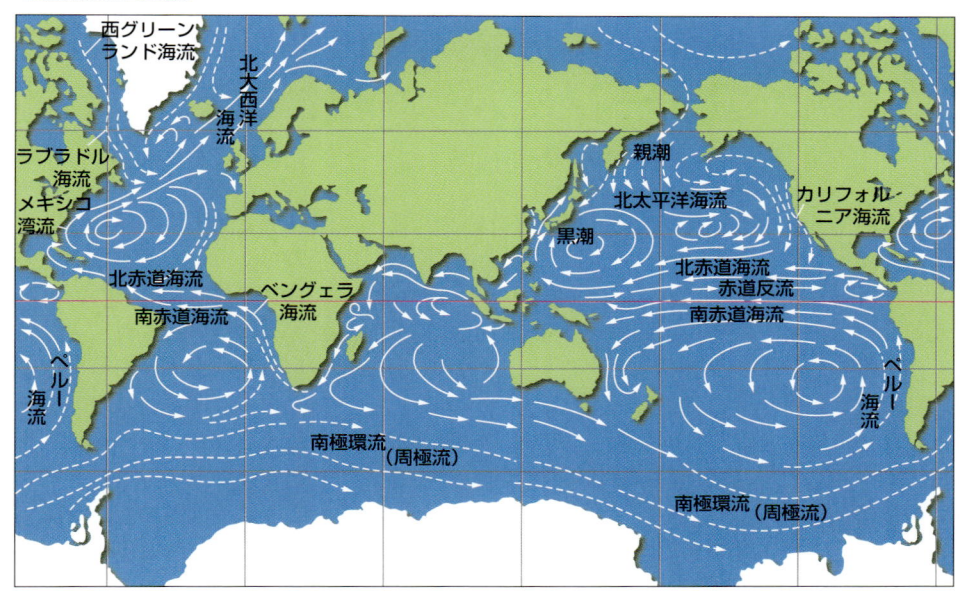

西グリーンランド海流
北大西洋海流
ラブラドル海流
メキシコ湾流
北赤道海流
南赤道海流
ベンゲラ海流
ペルー海流
南極環流（周極流）
親潮
北太平洋海流
黒潮
北赤道海流
赤道反流
南赤道海流
カリフォルニア海流
ペルー海流
南極環流（周極流）

参考資料：〔The Open University, 1989〕

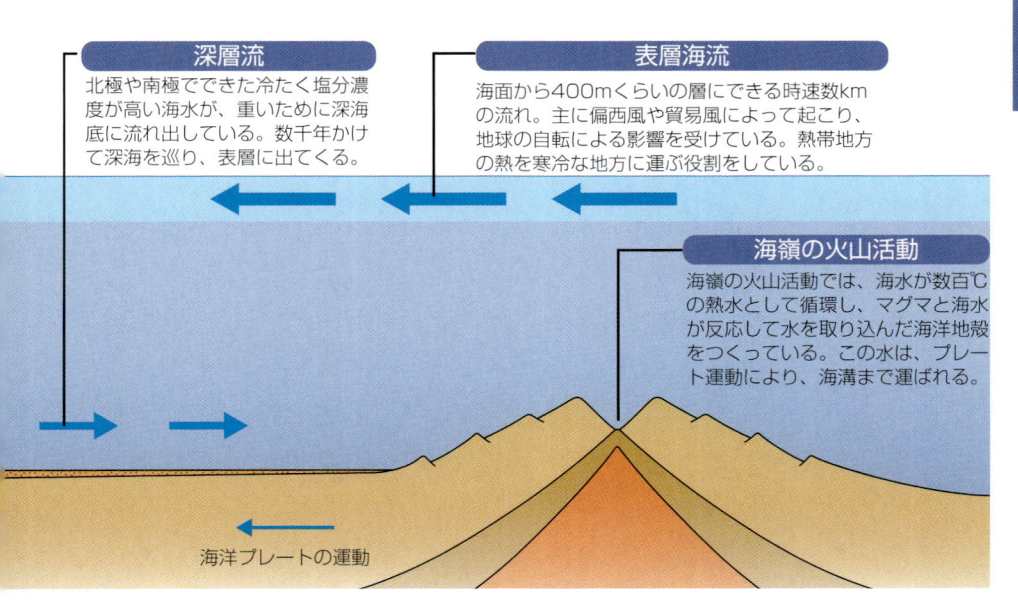

深層流
北極や南極でできた冷たく塩分濃度が高い海水が、重いために深海底に流れ出している。数千年かけて深海を巡り、表層に出てくる。

表層海流
海面から400mくらいの層にできる時速数kmの流れ。主に偏西風や貿易風によって起こり、地球の自転による影響を受けている。熱帯地方の熱を寒冷な地方に運ぶ役割をしている。

海嶺の火山活動
海嶺の火山活動では、海水が数百℃の熱水として循環し、マグマと海水が反応して水を取り込んだ海洋地殻をつくっている。この水は、プレート運動により、海溝まで運ばれる。

海洋プレートの運動

豆知識 海水は太古の昔から塩辛かったのではなく、7.5億年前頃、陸地が増えて岩石が大量に侵食されるようになってから、岩石の成分が溶け出して塩分が増えた。

潮汐のしくみ

> **Key word** **潮汐** 海面が周期的に昇降する現象。主に月と太陽の引力によって起こる。新月と満月のときは大潮、半月のときは小潮になる。

潮汐はどのように起こるか

　海は、1日に2回の**潮汐**（満ち干）を繰り返している。例えば東京湾では大潮のときは、1日のうちに2mくらい潮位が変わる。このような潮汐は、何によって起こるのだろうか？

　潮汐には月の引力が関係しているが、月が天高く見えるときだけでなく、地球の裏側にあるときにも満潮が生じるので、月の引力が海水を引っ張り上げているというだけでは説明できない。

　月と地球の共通重心（重さの中心）は、地球の中心から少し月側にずれたところ（地球の半径の4分の3だけ月に近い位置）にある。そのため、月が地球の周りを回ると、地球は重心の周りで振り回されることになる。この共通重心の周りに、地球が自転せずに公転だけしていると考えよう。このとき、地球上のどの点も同じ半径の円運動をするので、生じる遠心力はどこでも同じ大きさである（図6-5）。

　一方、月の引力によって海水は引っ張られており、これは月に近い側の海水にに対して大きくなっている。先に述べた遠心力と月の引力とを合わせた力を**潮汐力**といい、結果として潮汐力は月に近い側の海水と、最も遠い側の海水を引っ張り上げることになる。

　太陽によっても潮汐は起こる。太陽が地球に及ぼす引力は月よりもずっと大きいので、潮汐も大きくなりそうだが、実際は小さい。これは、地球と太陽の距離が大きいためである。

　月の潮汐と太陽の潮汐がくみ合わさって、大潮と小潮が生じる（図6-6）。月と太陽の位置関係は1カ月周期で変わるので、大潮の周期も1カ月（約29.5日）となる。また、干満の大きさは地形によっても差が大きい。

6-5 潮汐のしくみ

地表の海水にはたらく月の引力は、月に近い側で大きくなる。一方、地球と月の共通重心を回る遠心力は、地球のどの部分でも同じ大きさである。

- 海面が盛り上がる
- 地球
- 月の引力（月に近い側では遠心力より大きい）
- 月
- 円運動による遠心力（月と反対側では月の引力より大きい）
- 地球の中心が共通重心周りを公転したときの各点の円運動
- 地球と月の共通重心

豆知識 地球は他の惑星からも潮汐を受けているが、無視できるほど小さい。

6-6 大潮と小潮のしくみ

潮汐には、海面の干満の差が大きな大潮と、干満の差が少ない小潮が、およそ半月ごとに繰り返されている。大潮は、月に2回満月と新月のすぐ後に起こる（海水の移動に少し時間が必要なので、満月や新月より少し遅れる）。

大潮

太陽と月が地球を中心に一直線の位置にあるのは、満月または新月のときである。このとき、月による潮汐の方向と、太陽による潮汐の方向が一致するため潮汐が大きくなり、大潮となる。

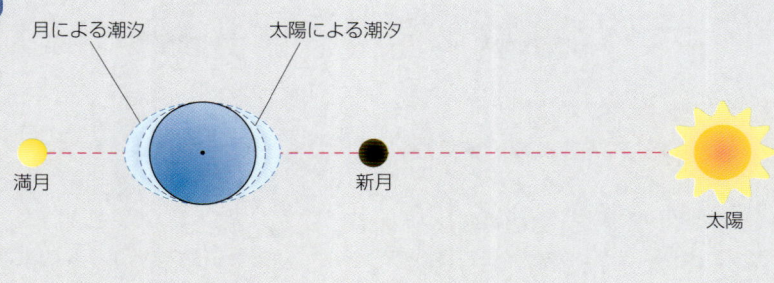

月による潮汐　太陽による潮汐　満月　新月　太陽

小潮

太陽と月が地球を中心に90度の位置にあるのは、半月（上弦または下弦）のときである。このとき、月による潮汐の方向と、太陽による潮汐の方向は一致しないため潮汐は小さく、小潮となる。

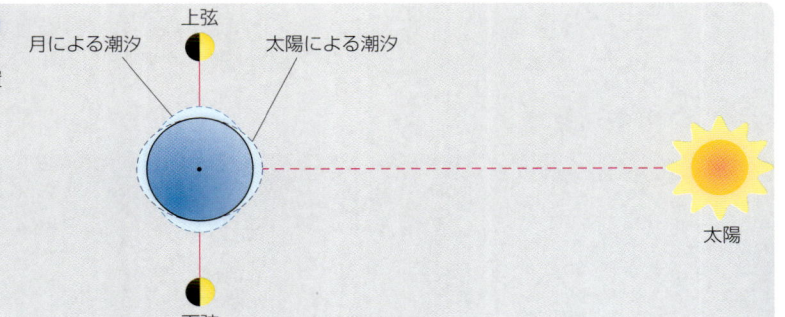

上弦　月による潮汐　太陽による潮汐　太陽　下弦

6-7 太陽系の天体に見られる潮汐

木星による潮汐で起こった火山活動

イオは月ほどの大きさであるが、月とは異なり内部が冷えていない。木星の潮汐による内部の摩擦で、活発な火山活動が起こっており、活火山の数は100以上にもなる。

木星の潮汐力で分裂した彗星

シューメーカー・レビー彗星は、木星に近づいたとき潮汐の作用を受けてばらばらに引き裂かれ、いくつもの破片に分裂して木星表面に落下した。

第6章

豆知識　潮汐は、地球の自転にとって摩擦力をはたらかせており、地球の自転速度を次第に遅くさせている。

大気のしくみ

Key word　**地球大気の主成分**　窒素78％・酸素21％・アルゴン1％が地球大気の主成分で、上空80kmまで一定である。

大気の垂直構造

　私たちが生きている地球大気圏の最下層——**対流圏**は、高緯度で8km、赤道で16kmほどの厚さだ。地球の直径の1000分の1ほどの厚さしかない。この領域では、地表が太陽光で熱せられて地表に接した空気が暖められ、盛んに上下方向の対流が起こっている。大気中と地表の水は、三態（水蒸気、水、氷）に姿を変えて巡ることで、さまざまな気象現象を起こしている。

　対流圏の上にある**成層圏**は、地表から起こる上下方向の対流が及びにくくなっている。これは温度の垂直分布が対流圏とは逆になっているためだ。成層圏には

6-8 大気の垂直構造

熱圏
宇宙からのX線や宇宙線などのエネルギーを吸収して、一部の大気が電子とイオンに電離しており、電離層をつくっている。上空ほど温度が高い。流星が大気との摩擦で燃える。極地方では、太陽風の影響でオーロラができる。

中間圏
気圧は地表の1000分の1以下しかない。上空ほど温度が低い

成層圏
オゾン層があり、紫外線によりオゾン層が熱せられている。紫外線が強い上空ほど気温が高い。

対流圏
上下方向の対流が盛んで、雲が発生し、降雨などさまざまな気象現象が起こる。上空ほど気温が低い。

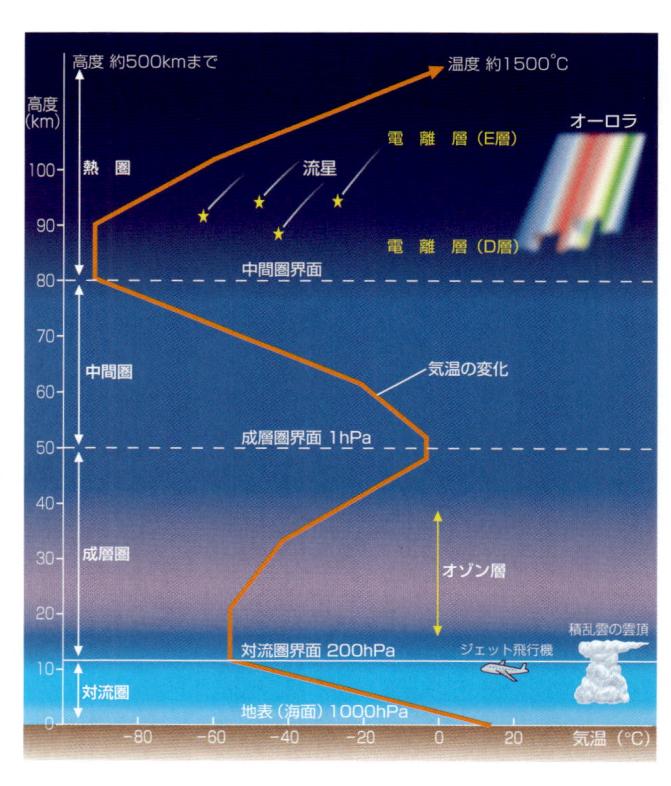

豆知識　電離層は発生する高度、時間帯によって下からD層、E層、F層に別れておりその発生高度はD層の90kmからF層の200kmに及ぶ。

オゾン層が形成されており、オゾンが太陽光の有害な紫外線を吸収して地表に届くのをふせいでいる。このおかげで、海中だけでなく陸地に生物圏が存在でき

る。また、オゾン層は、紫外線を吸収して熱せられているため、紫外線の強い上空ほど温度が高い。

大気の大循環

地球は球形をしているため、赤道近くは太陽光で強く熱せられて熱くなるが、両極は熱せられず冷たい。このため、赤道近くの熱を両極に運ぶ**大気の大循環**が起こる。これは、太陽光の熱をエネルギー源とするエンジンが動いているようなものである。

実際の大気の大循環は、3つの領域に分けられ、赤道から上昇気流が起こることで生じる循環（**貿易風帯**）、極の冷たい空気が流れ出すことによる循環（**極偏東風帯**）、中緯度の蛇行する偏西風による循環（**偏西風帯**）がある。また、それぞれの循環の境界に**寒帯前線帯、亜熱帯高圧帯、赤道低圧帯**が位置している。

6-9 大気の大循環

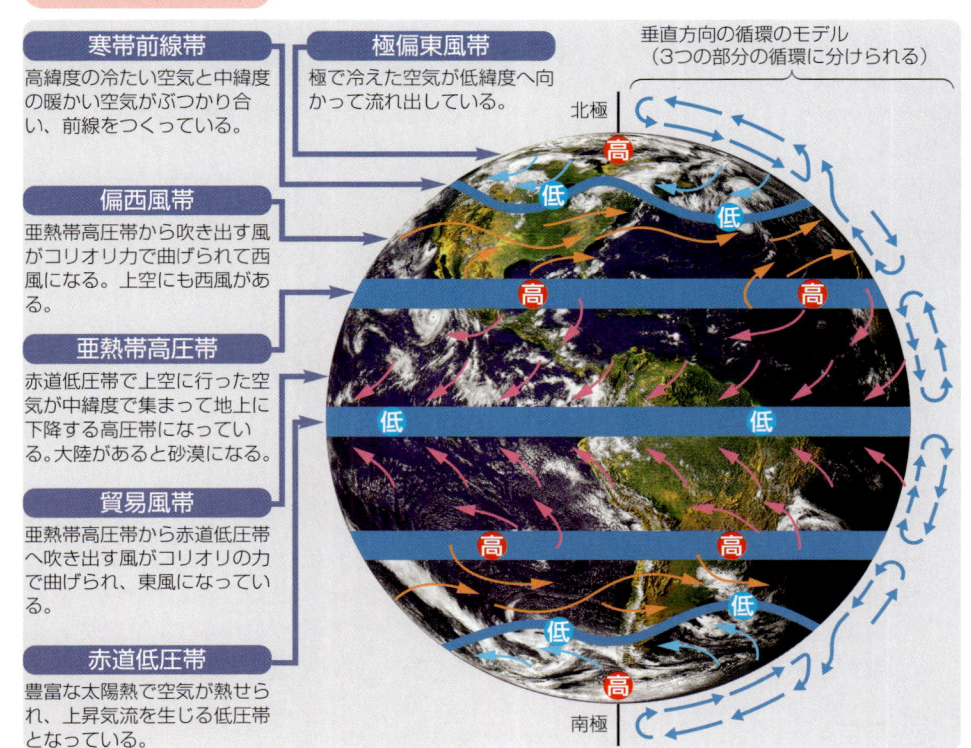

寒帯前線帯
高緯度の冷たい空気と中緯度の暖かい空気がぶつかり合い、前線をつくっている。

極偏東風帯
極で冷えた空気が低緯度へ向かって流れ出している。

偏西風帯
亜熱帯高圧帯から吹き出す風がコリオリ力で曲げられて西風になる。上空にも西風がある。

亜熱帯高圧帯
赤道低圧帯で上空に行った空気が中緯度で集まって地上に下降する高圧帯になっている。大陸があると砂漠になる。

貿易風帯
亜熱帯高圧帯から赤道低圧帯へ吹き出す風がコリオリの力で曲げられ、東風になっている。

赤道低圧帯
豊富な太陽熱で空気が熱せられ、上昇気流を生じる低圧帯となっている。

垂直方向の循環のモデル（3つの部分の循環に分けられる）

豆知識 対流圏界面の高さは、赤道付近で16km、中緯度で11km、極地方で8km くらい。つまり緯度によって雲ができる高さの上限に違いがある。

大気の温室効果と熱収支

Key word 　**温室効果気体**　水蒸気と二酸化炭素が地球の重要な温室効果気体である。地球を保温し、温暖な環境をつくっている。

温室効果

　大気の**温室効果**は、二酸化炭素増加による**地球温暖化問題**として聞くことが多い。しかし、地球史の時間スケールで見ると、少し違った論じられ方になる。

　地球が誕生して間もないころ、微惑星が地表に衝突し、主に**水蒸気**と**二酸化炭素**の厚い大気をつくった（→p.58）。実は、水蒸気は非常に強い**温室効果気体**である。微惑星の衝突で発生した熱は、大気の強い温室効果で宇宙空間へ逃げることができず、原始の地球表面は過熱してマグマオーシャンが形成された。

　水蒸気と二酸化炭素は、原始地球に比べて格段に少なくなったとはいえ、現在でも温室効果を発揮している。もしこの温室効果がなかったら、地球の平均気温は氷点下18℃になると見積もられている。

　水蒸気量は大気中に1％程度であるが、二酸化炭素は0.04％程度である。地球温暖化を防ぐのに、二酸化炭素の代わりに水蒸気量をわずかに減らせばよいのだろうか？実際には、海洋から水が蒸発するのを止めるようなことはできない。そのため、地球温暖化で問題とされるのは、二酸化炭素の増加なのである。

　現在の温暖化問題は、**化石燃料の燃焼**による二酸化炭素の増加が原因だ。一方、南極の氷床の研究から、過去16万年間に二酸化炭素の濃度は増減し、それにともない温度も10℃ほど上下していたことがわかっている。これは、人類の活動によるものでなく、**火山活動の活発化**によるものと考えられる。

　メタンも強い温室効果ガスであるが、大気中には微量しか存在しない。しかし、深海の海底には、**メタンハイドレート**（「豆知識」参照）が大量に存在している。これが大気中に放出されると、温室効果が高まり、地球は温暖化する。5500万年前にそのような事件が起こり、実際に地球は温暖化したと言われている。

温室効果気体のはたらくしくみ

　ストーブに顔を向けると暖かいのは、熱が**赤外線**として放射されているからである。暖まった物体からは赤外線が出ている。**温室効果気体**は、赤外線をよく吸収し、そして赤外線を放出する。

　地表が太陽光で暖まると、熱を赤外線として放射し始めるが、温室効果気体は、この赤外線を吸収して暖まる。暖まった気体は赤外線を放射するが、この赤外線は宇宙へ逃げていく方向だけでなく、地表に向かっても放射されるので、地表を暖めるのである。

豆知識　メタンハイドレートとは、プランクトンの遺骸が分解してできたメタンが氷に閉じこめられてシャーベット状となったもので、深海底に大量に閉じこめられている。

地球の熱収支

図6-10は地球の熱収支を表している。これをながめると、地球の温度環境についていろいろなことが考えられる。

地球に入る熱（図の①）を100とすると、出る量（⑤＋⑩＋⑪）も100になっており、これは地球が暴走的に寒冷・温暖化しておらず、温度環境が一定であることを示している。

次に、地表に出入りする熱の量を見てみよう。地表を暖めているのは、太陽からの放射（⑥）による49と、**温室効果気体からの放射**（⑨）による95の2つである。地球を暖めるエネルギーの源は太陽であるのに、温室効果気体から暖められる量の方が大きいとはおかしな感じがするかもしれない。これは、いったん太陽から受け取った熱を、地表と温室効果気体の間で赤外線の形でキャッチボールし合うことにより、熱をためこんでいるためである。温室効果気体がなければ、地表からの赤外線は宇宙にそのまま放射され（⑪）、地表はたちまち冷えてしまう。

太陽からやってくるエネルギー（①）が小さくてももちろん地球は冷える。過去に30〜40億年さかのぼると太陽放射は今よりも弱く、地球は凍結する可能性があったが、大気の二酸化炭素濃度が高かったため温暖な環境が保たれていた。

スノーボールアース仮説（→p.70）では、地表に氷床がある程度広がると、地表が太陽光を反射する量（④）が多すぎ、暴走的な寒冷化を起こすと主張した。

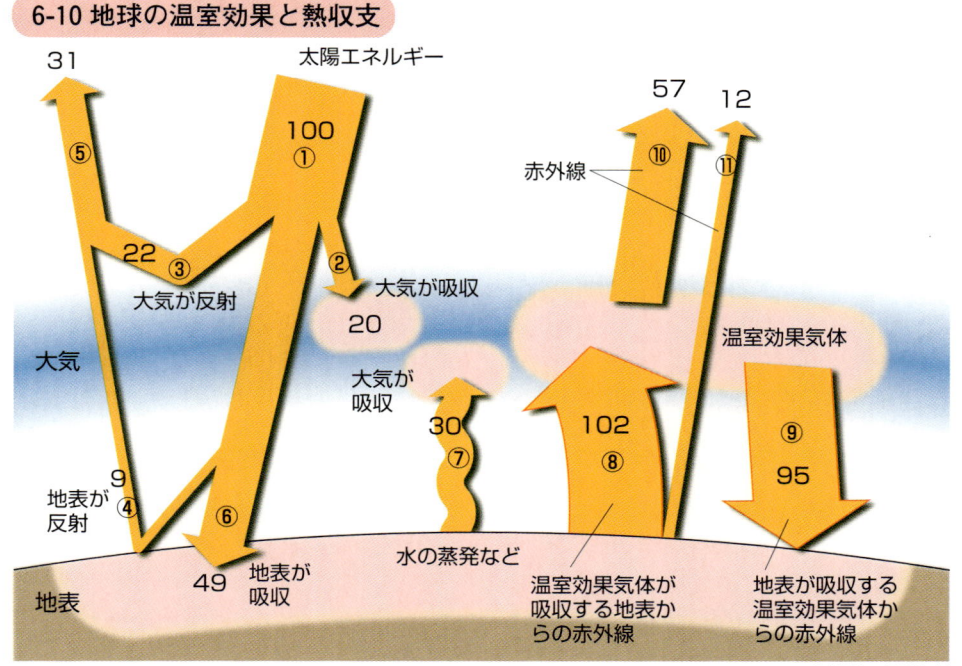

6-10 地球の温室効果と熱収支

参考資料：『理科年表』

豆知識 赤外線は光（電磁波）の一種。ただし波長が長く目には見えない。熱を運ぶことから熱線とよばれることもある。

地球の磁気圏

> **Key word** **磁気圏** 惑星の磁場が及ぶ範囲。地球の磁気圏は、太陽風から地球を守るバリアになっている。

太陽風

太陽は、一番外側の大気層のコロナから**太陽風**を放射している。太陽風は超高速のプラズマ流(原子の原子核と電子がばらばらになったガス)で、地球付近に届く太陽風は、主に陽子(水素原子核)と電子の流れである。速度は秒速450kmもあり、1cm³あたり5〜10個の粒子密度である。

太陽風の存在は、彗星の尾が、太陽と反対側にたなびくことでも存在がわかる。また、冥王星の軌道の外側にまで到達している。

太陽風は、高エネルギーの粒子であり、もし地表に直接降り注いだら、生物を死滅させてしまう。地球の生物にとって、太陽風から身を守るバリアが必要であり、地球の磁場はその役割をしている。

地球の磁気圏

惑星の磁界が影響を及ぼす範囲を**磁気圏**という。地球の磁気圏の形は、太陽風の風上側は、地球半径の10倍程度の大きさに押し縮められ、太陽風の風下側は地球半径の200倍以上も長く延ばされた形になっており、満月のときにはこの中に月が入るほどである。

一方、太陽風は、電気を帯びた陽子や電子の流れであるため、磁場があると力を受けて(「豆知識」参照)、進路を大きく曲げられてしまう。このため、太陽風は地球の磁力線を横切って磁気圏に入ってくることができず、磁気圏との境界に**磁気圏界面**をつくる。太陽風は、磁気圏界面に沿うようにして、地球を迂回しているのだ。

オーロラ

太陽表面で爆発(フレア)が起こると、太陽風が強まり、地球の高緯度でオーロラが見られる。オーロラができるのは、大気の熱圏(高度80km以上)で、地球の磁極を囲むように環状になっている。

太陽風は、地球の磁場と作用して、複雑な電流を起こしている。オーロラもこの電流と関係があると考えられているが、詳しい解明は研究途上である。

オーロラの中には電子の流れがあり、これにより熱圏の大気中の原子や分子、イオンのエネルギーが高められて元に戻るときにさまざまな色の光を出す。例えば、緑の光は酸素原始から発せられ、ピンク色は窒素分子から発せられている。

オーロラは大気と磁気圏をもつ他の惑星——木星・土星・天王星・海王星でも見られる。

豆知識 磁場の中で電流が流れると、電流はローレンツ力とよばれる力を受ける。導線を流れる電流ばかりでなく、電荷をもった粒子の運動でも同様である。

6-11 地球の磁気圏

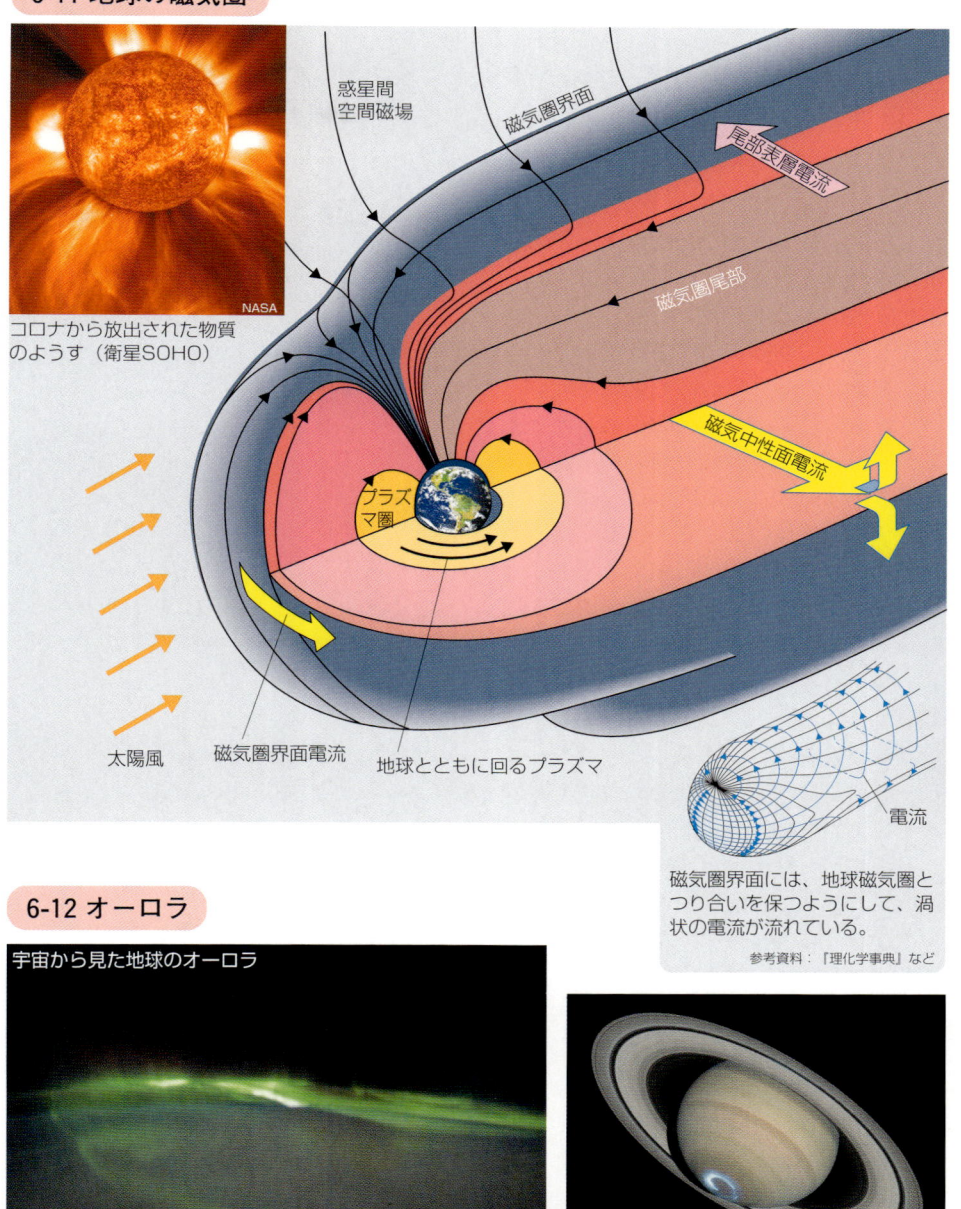

コロナから放出された物質のようす（衛星SOHO）

惑星間空間磁場
磁気圏界面
尾部表層電流
磁気圏尾部
磁気中性面電流
プラズマ圏
太陽風
磁気圏界面電流
地球とともに回るプラズマ
電流

磁気圏界面には、地球磁気圏とつり合いを保つようにして、渦状の電流が流れている。

参考資料：『理化学事典』など

6-12 オーロラ

宇宙から見た地球のオーロラ

土星のオーロラ

豆知識 オーロラができるのは、緯度にして60～80度くらい。強いオーロラのときには、北海道でも一部が見えることがある。

地球の形・大きさ・重力

> **Key word** ジオイド　平均海水面を、陸地にまで延ばしてできる地球の形をジオイドという。「標高」とはジオイドからの高さである。

古代の地球の大きさ測定方法

　地球が球形であることは、今日では宇宙からの画像を見れば自明であるが、およそ500年前にマゼランが船で世界一周をなしとげて初めて証明された。

　マゼランの時代以前にも地球が丸いという考え方はあった。2200年前のエラトステネスは、夏至の日の同時刻に数百キロ離れた2地点で太陽の高度を測って、幾何学的に地球の大きさを計算し、地球の周囲の長さは約46000kmであるとはじきだした。実際は約40000kmなので、当時としては驚くような正確さである。

6-13 古代に地球を測った方法

図の角度が7.2度であることから、シエネとアレクサンドリアの距離を、360÷7.2=50倍すると、地球の円周の長さになることがわかる。シエネとアレクサンドリアの距離は5000スタジア（925km）であることから、地球の円周は925×50=46250kmであると見積もられたことになる。

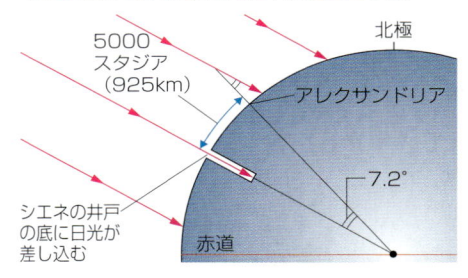

地球の重力

　糸におもりをつけて下げたときの向きは、鉛直下向きである。これは重力がはたらいている向きを表しており、糸の下に水面があれば、糸と水面の角度はどの方向から測っても直角になっている。重力の向きはこのようにして測ることができるが、この向きとは「どのような向き」なのだろうか？

　ひとつの答えは「地球の中心方向」ということだろう。地球上の物体には地球の万有引力がはたらいており、その方向は地球の中心方向である。

　しかし、ここではもう少し丁寧に考えてみよう。地球は自転しているので、地球上の物体には遠心力——赤道上で万有引力の300分の1程度の大きさ——がはたらく。すると少し正確な答えは、重力は、「万有引力と遠心力」を合成した向きということになる（図6-14）。

　さらに正確に考えてみよう。地球内部のどこかに、特に密度が大きく重い物

6-14 重力の向き

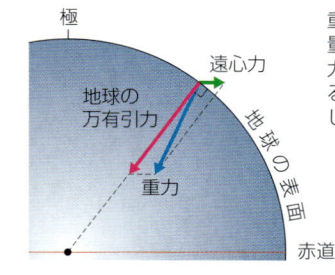

重力は地球の質量による万有引力と、自転による遠心力を合成したものになる。

豆知識　金属鉱床の上で重力を測定すると、周囲より大きな値が得られる。この方法は、鉱物資源の探査に用いられている。

質が偏って存在していたら、万有引力は、その方向に偏ってはたらいたりはしないのだろうか？　山脈のように大きな質量の物体が地表に飛び出していたら、その方向に万有引力を受けるのではないだろうか？　実際に地球上の物体にはたらく重力を正確に測定していくと、重力の方向や大きさのずれは存在しているのだ。つまり、正確な答えは、「**重力は万有引力と自転の遠心力を合成した向きであるが、場所によってずれているところもある**」ということになる。

重力のズレは、重力異常とよばれ、地球内部の様子を知る手がかりとなる。

地球の形

地球は、自転の遠心力のため赤道がふくらんだ回転楕円体である。地球の中心から北極までは6357kmだが、赤道までは約20km長い6378kmある。幾何学的に正確な回転楕円体のうち、地球の実際の形に最も近いものを**地球楕円体**という。

実際の地球の形は、地球楕円体とは異なっている。地球表面は山脈や海の凸凹があるので、仮に海水面を陸地の内部にまで導き入れたと考えてみよう。この場合に平均海水面でつくられる地球の形を**ジオイド**という。ジオイドの面は、どの場所でも必ず重力のはたらく方向と鉛直になっている。

地球がむらなく一様な物質でできていれば、ジオイドは地球楕円体と一致するはずだ。しかし、地殻やマントルをつくる物質は場所ごとの特色があって密度が異なるので、重力の大きさや向きに変化が生じている。つまり、その場所に海水を導き入れると、海面に高低の差が出てくるのである。このため、ジオイドはきれいな回転楕円体ではなく、20mくらいの凹凸があることがわかっている。

密度の大きな物質が地球内部にあるところでは、重力が大きく海水を多く引きつけるためジオイドは高くなっており、密度の低い物質が地下にあるところではジオイドは低くなっている。なお、標高とは、ジオイドからの高さのことである。

6-15 ジオイド

ジオイドは平均海水面と一致するが、陸地の地形とは一致しない。重力の向きはジオイドの面と鉛直になっている。

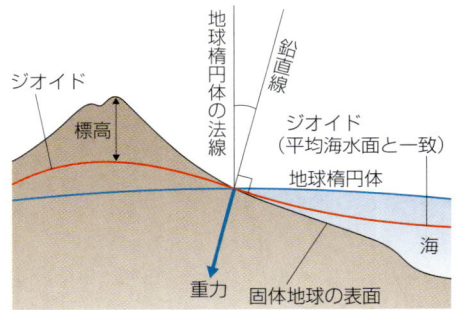

地球楕円体とジオイドの球体からのずれの大きさ

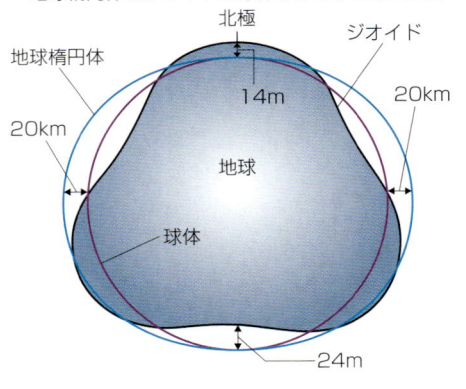

豆知識 ジオイドの「ジオ（geo）」とは地球を意味し、「オイド（-oid）」とは「〜のようなもの」を意味する。つまりジオイドとは、「地球のようなもの」の意味。

地球システムとCO₂

> **Key word** 　**二酸化炭素**　地球システムにおいては、水の循環だけでなく、二酸化炭素の循環が重要な役割を担っている。

二酸化炭素の役割

　私たち人間などの動物は、酸素を吸って二酸化炭素を吐き出している。また、二酸化炭素増加による地球温暖化問題のため、二酸化炭素は「不要なもの」というイメージが強い。しかし、地球というシステムを大きな視野で考えるとき、二酸化炭素はとても重要な物質である。

　適度の二酸化炭素がなければ、植物は光合成を行えず、私たちは食料を得られない。栄養素となる有機物は主に炭素と水素などが結びついた化合物だ。この炭素は、空気中の二酸化炭素を材料として、光合成でつくられる。「栄養素のもと」になる二酸化炭素は、空気中に0.03～0.04%という微量が含まれているだけだが、それが生命を支えているのだ。

　今度は、温室効果ガスとしての二酸化炭素の役割を考えてみよう。

　地球史的には、南極の氷床の研究から、過去16万年の二酸化炭素の変動は0.018%から0.03%の間を変動していたことがわかっている。これに同調して気温も変動し、その変動幅は10℃もあったとされている（図6-16）。二酸化炭素が減少した時期には気温が大きく低下し、増加した時期には気温が上がっているのだ。

　産業革命以後の二酸化炭素増加はこれに匹敵する変動であり、0.028%程度から現在では0.036%以上にまで増加しているが、まだ10℃もの平均気温の変動はしていない。これは、現象の時間スケールが異なるためであるといわれる。

二酸化炭素循環による温度調整機能は現在もはたらくか？

　図6-16では十万年程度の歴史を見たが、プレートの運動の影響が表れる数億年の時間の中で二酸化炭素の変化を考えることにしよう。二酸化炭素の循環によって、**気温の変化を抑制する地球システム**がはたらいているらしい。大気の二酸化炭素が増えて温暖化すると、降水量が増え、岩石からカルシウムイオンを洗い出して海に注ぐ量が増える（図6-17）。すると海水中に溶けていた二酸化炭素と結びついて沈殿するため、二酸化炭素は除去されていく。これにより温室効果が下がり、気温は元に戻るのである。

　では、現在の地球温暖化も地球がもっているこのシステムによって、抑制されるのだろうか？　私たち現代人が生きている時間の長さは、数十年とか数百年の尺度である。数億年かけて起こるシステムは、この短い時間にははたらかない。地球史における温室効果の問題と今の環境問題は、分けて考える必要がありそうだ。

豆知識　土星の衛星タイタンでは、メタンが気体と液体に状態変化する温度・圧力の条件にある。地球における水のように、メタンは雨となり、地表を侵食するなどして、循環している。

6-16 過去17.5万年の二酸化炭素と気温の変動

南極氷床に含まれる気泡の研究から推定された過去16万年の二酸化炭素と気温の変動は、みごとに連動している。

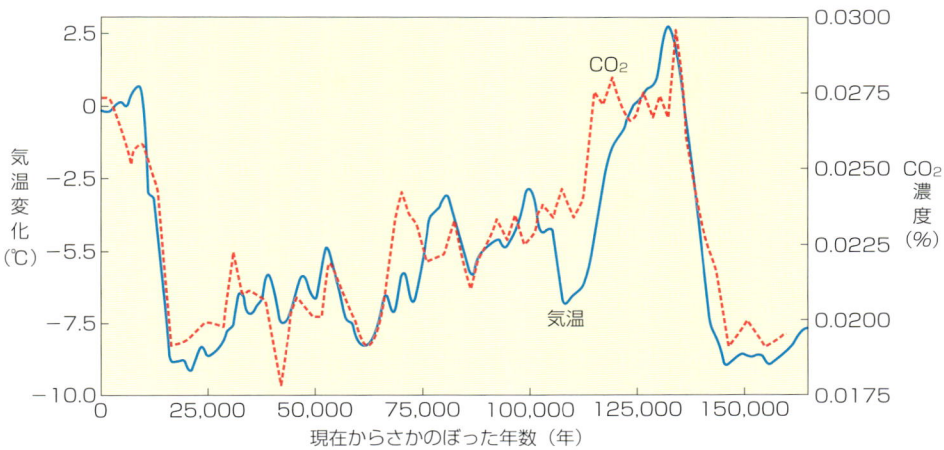

グラフ縦軸左: 気温変化（℃）
グラフ縦軸右: CO_2 濃度（％）
グラフ横軸: 現在からさかのぼった年数（年）

参考資料：『地球学入門』

6-17 CO_2 循環と温度調整のしくみ

数億年の間に起こる調整機能。現在の地球温暖化は時間の尺度が異なるため、この機能では解決しない。

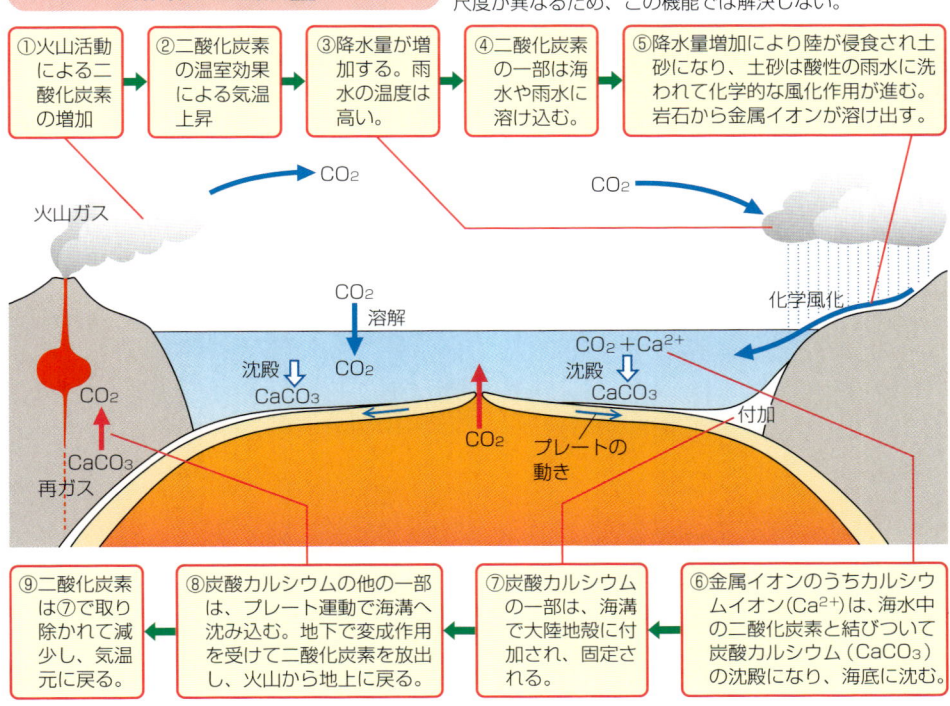

① 火山活動による二酸化炭素の増加

② 二酸化炭素の温室効果による気温上昇

③ 降水量が増加する。雨水の温度は高い。

④ 二酸化炭素の一部は海水や雨水に溶け込む。

⑤ 降水量増加により陸が侵食され土砂になり、土砂は酸性の雨水に洗われて化学的な風化作用が進む。岩石から金属イオンが溶け出す。

火山ガス　CO_2　CO_2　化学風化
CO_2 溶解
沈殿 $CaCO_3$　$CO_2 + Ca^{2+}$　沈殿 $CaCO_3$
CO_2
$CaCO_3$ 再ガス
プレートの動き　付加

⑥ 金属イオンのうちカルシウムイオン（Ca^{2+}）は、海水中の二酸化炭素と結びついて炭酸カルシウム（$CaCO_3$）の沈殿になり、海底に沈む。

⑦ 炭酸カルシウムの一部は、海溝で大陸地殻に付加され、固定される。

⑧ 炭酸カルシウムの他の一部は、プレート運動で海溝へ沈み込む。地下で変成作用を受けて二酸化炭素を放出し、火山から地上に戻る。

⑨ 二酸化炭素は⑦で取り除かれて減少し、気温元に戻る。

豆知識 地球が自己調節機能をもつことから、地球を「ガイア」というひとつの生命体に例える仮説がある。

流星と隕石

Key word　隕石　太陽系誕生の時代につくられた岩石が地上に落ちてきたもの。大きな隕石の落下は地球環境に打撃を与える。

流星群は彗星のかけらが地球に落ちてくるもの

流星（流れ星）は、地球の大気中での現象である。宇宙空間にある塵が大気中に落下してきて、熱圏で大気との摩擦により発光する。落ちてくる塵の大きさは、数ミクロン程度のものが多く、ほとんどのものは大気中で蒸発してしまう。

流星の中には、2～3日の短い期間に集中して発生する流星群がある。流星群では、星空のある1点を中心にして、すべての流星が放射状に広がる方向に流れる。この中心を放射点といい、例えば放射点が獅子座にある流星群は「獅子座流星群」などと命名されている。

流星群の原因は、地球の軌道を横切る彗星の軌道だ。彗星は太陽系が誕生した頃の微惑星（→p.56）の生き残りであると考えられており、氷と岩石質のダストでできている。その軌道には、彗星から放出された塵（ダスト）がまき散らかされており、太陽を周回している。地球がこの塵の中に突入すると、流星はすべて同じ方向から地球大気に突入してくるように見える。この方向が放射点である。

流星群は、太陽系誕生間もない頃にできた微惑星＝彗星のかけらが地球に落ちてくるものである。流星群ごとに色や明るさが異なり、これは母彗星の構成物質が微妙に異なるためであり興味深い。

6-18 流星群　彗星の軌道と地球の軌道の交点は決まった場所にあるので、毎年同じ頃に同じ流星群が見られる。また、図から、流星群の流星が見られる時間は夜半過ぎから明け方であることが推測できるであろう。もし流星が宵から夜半前に見られたならば、それは彗星起源の流星群とはちがうものであると考えられる。

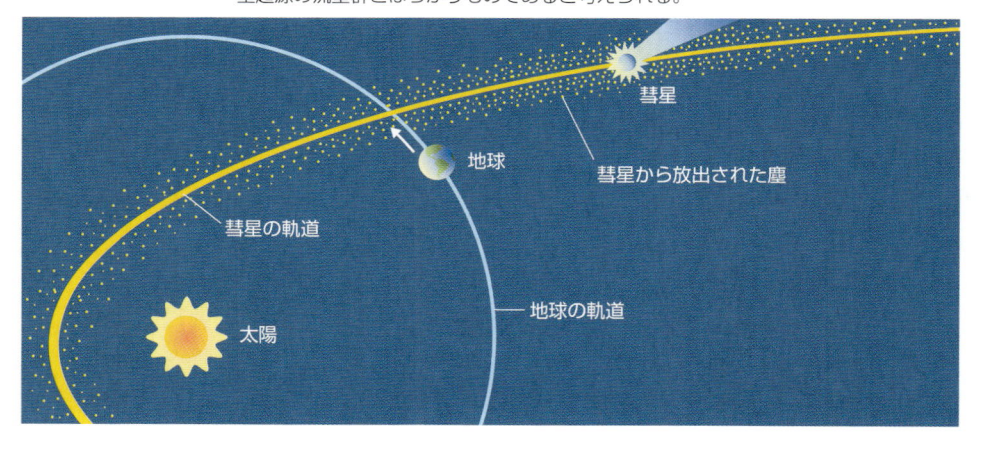

豆知識　活発な流星群では1時間に数十個から数百個も流星が見られる。一度に複数個の流星が見られる状態は、流星雨とよばれ、2001年の獅子座流星群では流星雨が見られた。

隕石

　流星が大気中で燃え尽きてしまわずに地上に落ちてきたものを**隕石**という。大きな隕石が落下すると、地表にクレーターをつくることになる。アリゾナのメテオクレーターは直径1.2kmあり、5万年前に直径50mで30万トン以上ある隕石の落下の結果できたといわれている。

　隕石の多くは火星と木星の間の小惑星帯にあり、軌道を外れた一部が隕石として地球に落下する。

　隕石の86％は、46億年前ごろにできたコンドライトとよばれる岩石である。これは、太陽系が誕生した時代に、微惑星が合体してできた直径数百kmサイズの天体どうしが衝突したときの破片であると考えられている。

　また、鉄質の隕鉄などコンドライト以外の隕石もあり、もっと後の時代に原始惑星（→p.56）の衝突によってできた破片であると考えられている。隕石は太陽系の起源を知る重要な手がかりである。

　巨大な隕石（小惑星や彗星）の落下では、地球環境に重大な打撃を与え、6500万年前には恐竜など生物の大量絶滅を招いた。小惑星などを監視し、将来落下する可能性のある小惑星を発見することは、今日の人類にとって重要な課題として認識されてきている。

6-19 地球にできたクレーター

アメリカ合衆国アリゾナ州ペインティッド砂漠のメテオクレーターは、直径1.2km

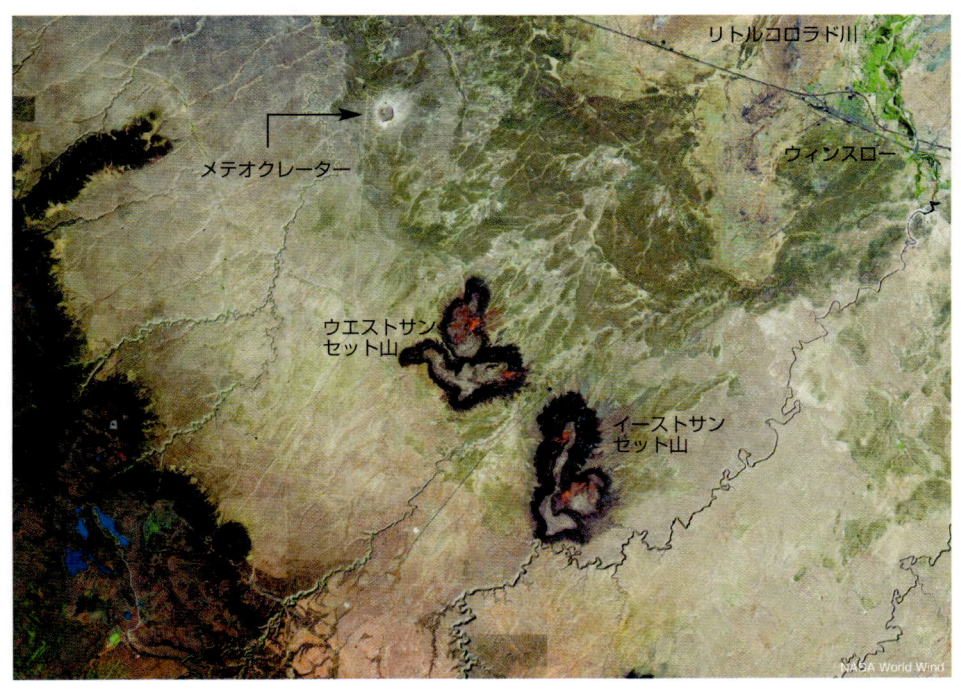

豆知識　月にクレーターが多いのは、プレートテクトニクスがなく、水による侵食・堆積作用もないため。

地球という水惑星

> **Key word　天王星型惑星**　水は地球だけにあるのではない。天王星や海王星は、氷を主成分とする巨大氷惑星である。

地球には水が多いのか？

　地球は水の惑星といわれる。地表の7割を海洋が占めている姿は、太陽系の他の惑星には見られないものである。しかし、太陽系の中で水が珍しい物質かというとそうではない。

　木星や土星の外側にある天王星と海王星は、かつては木星型惑星に含めて考えられていたが、現在では「氷の惑星」として天王星型惑星と分類されている。これらの星のマントルは水などを成分とする氷でできており、星の成分の半分が水である。また、木星や土星の衛星の中にも水を主成分とする星がいくつもある。

　太陽系をつくる物質は、大きく分けて4つある。

①金属
②岩石
③氷（水・アンモニア・メタン）
④水素・ヘリウム

　地球は主に金属と岩石でできた星であり、水星・金星・火星とともに地球型惑星とよばれる。太陽系の中では水が少ない星に分類される。地球の質量に比べて、海水の質量は0.02％程度しかないのだ。地球を水惑星とよぶならば、それは水の量によってではなく、「質」によってなのである。

　一方、天王星型惑星では、水の量は多くても温度が低いため、水は固体の氷としてしか存在しない。太陽系を構成する③の物質は、温度と圧力の条件で、固体・液体・気体の間を変化することが特徴なのだ。

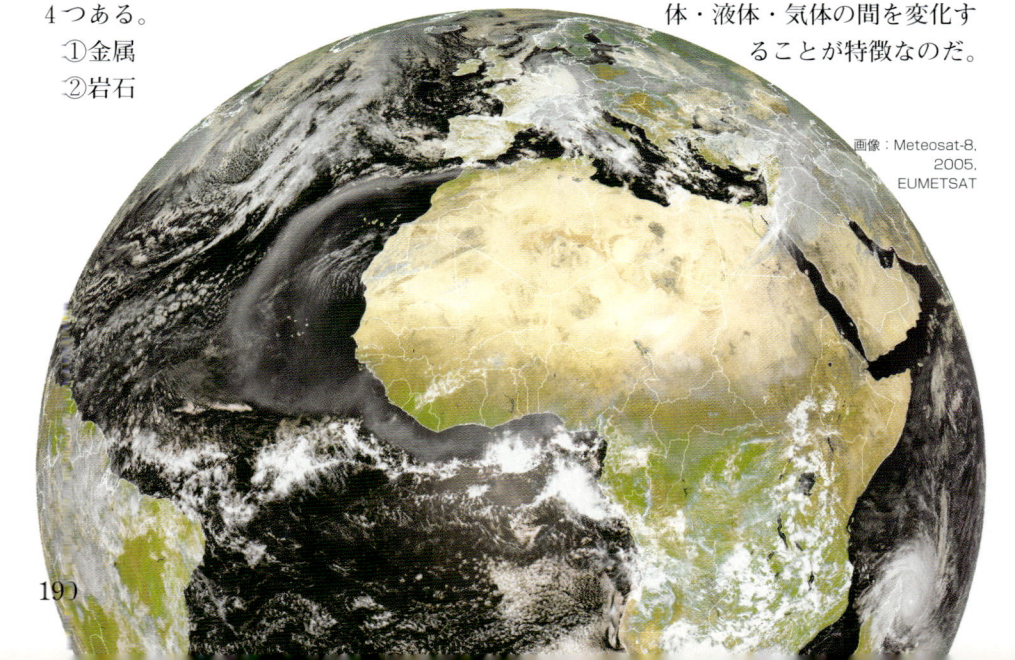

画像：Meteosat-8, 2005, EUMETSAT

6-20 木星型惑星と天王星型惑星の内部構造

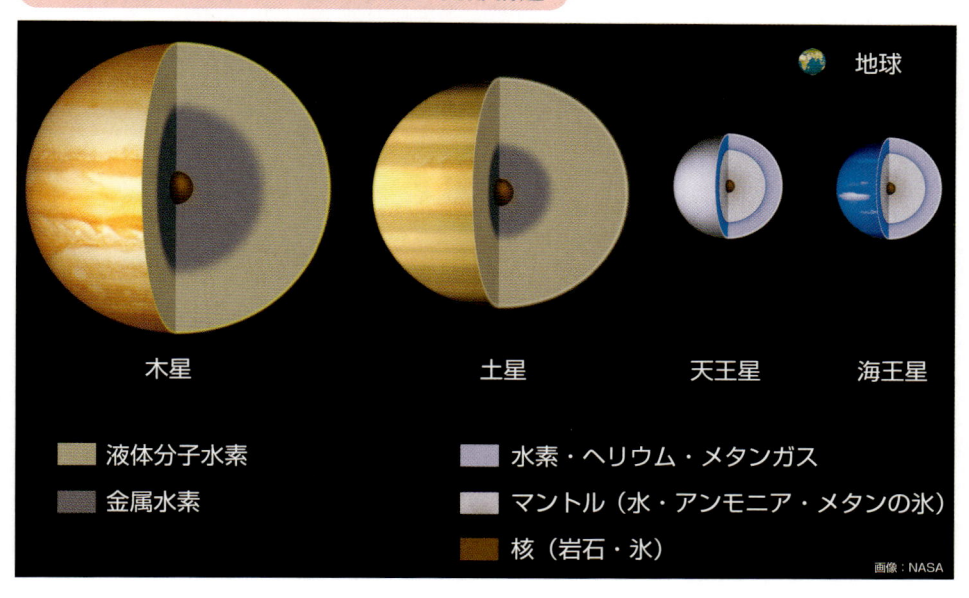

地球

木星　　土星　　天王星　　海王星

- ■ 液体分子水素
- ■ 金属水素
- ■ 水素・ヘリウム・メタンガス
- ■ マントル（水・アンモニア・メタンの氷）
- ■ 核（岩石・氷）

画像：NASA

地球における水も、かつて「スノーボールアース」（→p.70）になった可能性が指摘されているように、水が液体として存在するのは、地球システムの中で微妙なバランスによって支えられているものなのである。

海をもつ太陽系天体はあるか？

火星にはかつて海があったかもしれないといわれている。火星探査は数年おきに行われているので、いずれ明らかになるであろう。また、現在でも海があると考えられている星もある。木星の衛星エウロパは、表面が氷で覆われた星だ。この氷の厚さは100kmくらいの厚さがあると考えられていたが、実はその厚さは1～2kmくらいしかないと考えられるようになった。氷の下には海が広がっている可能性があり、ここには生命が存在するかもしれない。

6-21 木星の衛星エウロパ

エウロパの表面は氷で覆われているが、1～2kmの厚さしかなく、その下には海がある。

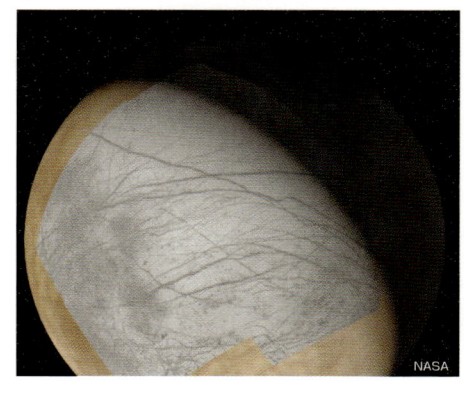

NASA

豆知識 木星の衛星ガニメデも、内部に厚い水または氷の層がある。

システムとしての地球

Key word **要素還元主義** 現象を小さな要素に分解して考える科学の方法。これに対してシステム的な科学の必要性がいわれている。

地球をシステムとして見る

科学の多くの分野は、「要素還元主義」とよばれるものの見方で発展してきた。例えば、地球について調べるとき、地表をつくっている個々の岩石を調べ、さらに岩石をつくっている鉱物を調べ、さらに原子分子のレベルまで細かく分け入って調べるというように。その結果、放射年代測定に代表されるような、高度な科学に発展したので、要素還元主義は大成功をおさめてきたといえる。

しかし、本書でも紹介してきたように、地球の構成要素である海洋・大気と地殻・マントルなどの岩石圏は、相互に関係し合っているし、さらに生命の進化さえ、海洋や大気だけでなく、マントルのプルームの活動に強く影響されていることが明らかになってきた。また、地球環境問題は、人間圏と地球の個々の要素との相互作用の問題である。

地球の個々の要素がどのように関連し合って「地球というシステム」をつくっているかを探究する科学が、現在発展を期待されているのである。日本で1990年代に始まった「全地球史解読計画」やその後の地球科学に関連する学会の連合「日本地球惑星科学連合」の結成は、日本における「システムとしての地球科学」の大きな進展の象徴である。

水の循環を通してみた地球システム

図6-22は、地球の構成要素の間のエネルギーや物質の流れを模式的に示したものである。水を例にしてその流れを見てみよう。太陽光で暖められた海洋の水は大気中に移る。その一部は大陸へと運ばれ、雨となって大陸地殻の上に注ぎ、岩石を風化させる。風化によって岩石から成分が溶かし出され海洋へと流れ込む。海の水が塩辛いのは、海洋と大陸地殻が水を通して相互作用しているからである。水の一部は、空気中の二酸化炭素とともに、植物の光合成によって有機物の中に取り込まれる。そして食物連鎖を通じて生物圏を支えているのだ。

海洋の水は、海底の中央海嶺がマグマから海洋地殻をつくり出す際に、含水鉱物として取り込まれる。そしてその水は、プレートの運動とともに海溝からマントルへと注入される。水が注入されたマントルからはマグマが生じ、火山活動を活発にさせる。また、水が注入されて流動性を増したマントルの上ではプレートの運動速度が増しているだろう。

また、大気の上層にいった水分子は、紫外線によって酸素と水素に分解され、水素は宇宙空間へと逃げ出している。

豆知識 「暗い太陽のパラドックス」とは、太古の太陽ほど輝きが暗いことがわかっており、地球は太陽からの熱量が足りなくて凍り付いていたはずだというもの。

水の循環以外でも、二酸化炭素の循環を通して地球システムの稼働をみることができる。これはp.186の「地球システムとCO_2」を参照してほしい。

　このように水や二酸化炭素が地球のシステムに関与し、地球の構成要素のさまざまなところで移動する原動力のひとつは、水を蒸発させ雨を降らせた太陽のエネルギーである。そして忘れてはならないのは、マントルを対流させプレートを動かしている地球内部のエネルギーである。これら2つの動力源によって、個々の構成要素の間で物質が移動し、地球システムが稼働しているのだ。

6-22 地球システムの構成要素

地球システムを構成要素に分け、それらの間の物質やエネルギーの流れを示した模式図。

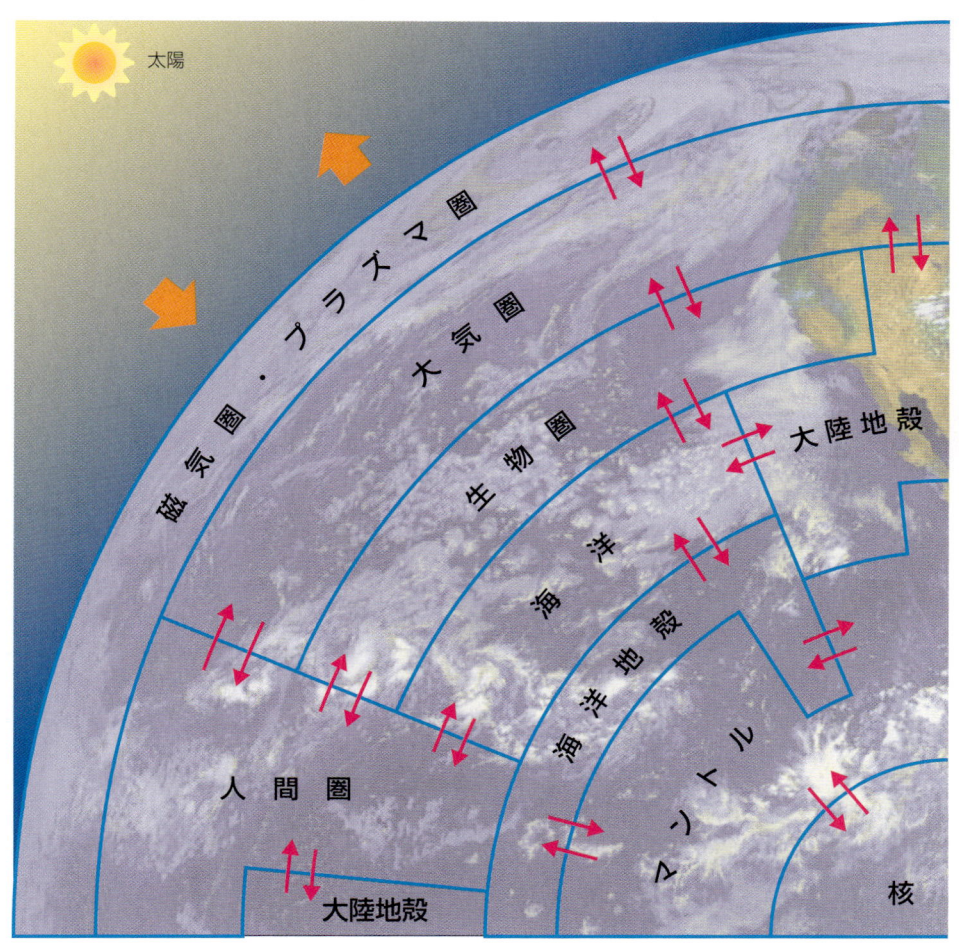

太陽
磁気圏・プラズマ圏
大気圏
生物圏
海洋
大陸地殻
海洋地殻
マントル
人間圏
大陸地殻
核

参考資料:『岩波講座地球惑星科学2』

豆知識　「暗い太陽のパラドックス」は、地球の大気が変化していることを考えないために生じる。実際の地球はシステムとして機能し、大気の温室効果の変化により凍り付かずにいた。

Column

深層流のはたらき

海洋熱塩循環とは？

　地球の海洋には、表層と深層の間で、1200年もの時間をかけてゆっくりと循環する流れがある。表層の海流と異なり、これは海水の密度の変化による対流であり、塩分の濃い海水や極地で冷やされて密度の大きくなった海水が、表層から深層へ沈み込むことによって起こり、**海洋熱塩循環**という。

　北部大西洋には大規模な深層への沈み込みがあるが、太平洋には見られない。これは、流入する河川が多く、塩分濃度が低いからである。表層水が沈み込むのは、海水温度低下と塩分濃度低下の微妙なバランスの上に成り立っているのだ。

　海洋熱塩循環は、低緯度の熱を高緯度へ運ぶはたらきを担っており、もしもこの循環が止まると、極地の気温は低下するだろう。

　例えば、地球史上には、気温が上がって氷床がとけたあと、今度は気温が急低下し再び氷床が形成されるという現象が見られる。これは、氷床がとけて海洋に真水が大量に流れ込んで塩分濃度を下げたことにより、海洋熱塩循環が乱されたことが一因で起こる現象ではないかという説があるのだ。海洋熱塩循環も地球システムの大きな要素であるといえよう。

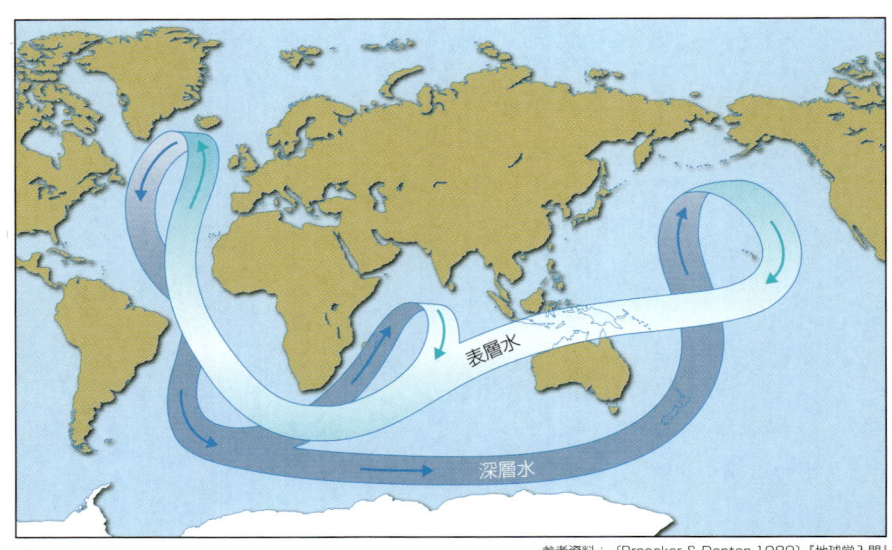

表層水
深層水

参考資料：〔Broecker & Denton, 1989〕『地球学入門』

第7章
地球の楽しみ方

景勝地や博物館を楽しむ

Key word　科学博物館　日本全国には、大小合わせて600以上の自然科学系の博物館がある。景勝地を解説する展示のある博物館も数多い。

景勝地と地球科学

　私たちがレジャーとして旅行先に選ぶ場所の多くは、観光の名所となるような美しい景勝地であることが多い。「景勝地の景色はなぜ美しいのか？」そう考えることは、地球科学に興味をもつきっかけでもある。

　例えば、ある景勝地にいったとき、目の前に美しく丸い形をした湖が広がり、その背後に美しく左右対称な形の山がそびえていたとしよう。山と湖の組み合わせは、偶然にその場所にできたのではなく、一つの火山活動により形成された火口に水のたまったのが湖で、山は中央火口丘ではないだろうか？

　あるいは、きれいな鍾乳石が見られる鍾乳洞を訪れたとしよう。石灰岩でできた土地に鍾乳洞はできる。しかし、「どうしてここに石灰岩があるのか？」と考えてみる。数億年前に太平洋の彼方にあった珊瑚礁の島が、プレートの運動によって日本まで運ばれてきたものではないだろうか？

　景勝地を訪れるとき、あと少しの知識があればもっと楽しく景色を楽しむことができるのにと思うことは多い。それを助けてくれるのが、各地の科学博物館である。恐竜の展示が充実したような大きな博物館もよいが、景勝地の近くの博物館では独自の展示で景勝地の成り立ちを解説していることが多い。旅行の計画には、旅行先の科学博物館もコースに加えてみてはいかがだろうか。

昭和新山（北海道）

　昭和新山は、現在も噴気活動をしている標高398mの火山である。
　1943年12月に突然麦畑の中から噴火が始まり、1945年9月までのおよそ2年間にわたる火山活動により誕生した。支笏洞爺国立公園内の有珠山の側にあり、粘性の高い流紋岩質の溶岩であるために溶岩円頂丘という山体を形作っている。また、国の特別天然記念物に指定されている。

　誕生からの記録は、郵便局長をしていた三松正夫氏によって克明につけられている。この記録はミマツダイヤグラムとして世界的に有名なものであり、昭和新山近くの三松正夫記念館（昭和新山資料館）の中に保存展示されている。
　噴火当時住んでいた土地の農民支援のため三松家が土地を買い取ったことで昭和新山は三松家の私有の山となっている。

地球を楽しむ博物館情報
三松正夫記念館
■所在地　有珠郡壮瞥町字昭和新山184-12
■TEL　0142-75-2365
■展示内容　ミマツダイヤグラム・スケッチ・声のライブラリー

秋吉台（山口県）

秋吉台は、東西17km、南北8kmの広がりを持つ山口県中央部にある日本最大のカルスト台地である。地表面には石灰岩の大小多数の岩が点在しており、あたかも羊が群れているように見える。ドリーネといった凹地も多く点在し、起伏にとんだ雄大な地形が広がっている。

秋吉台にある石灰岩は、およそ3億年前に南太平洋上で生まれた火山島の周りに発達したサンゴ礁からできている。太平洋プレートの動きとともに北上を続け、日本列島の縁に到着した。その後の「秋吉造山運動」により付近一帯が陸地となり、現在の場所に秋吉台ができ上がった。

石灰岩に含まれるサンゴやフズリナの化石研究により、生物の進化や地殻変動の歴史を知る上でも貴重である。日本の近代地質学発祥の地と言っても過言ではなく、国の特別天然記念物に指定されている。

秋吉台の地下には東洋一ともいわれる秋芳洞という鍾乳洞がある。総延長距離は約8.7kmで、そのうち1kmほどが一般公開されている。洞内は平均30mと天井も高く、気温も1年を通してほぼ17℃前後に保たれている。

地球を楽しむ博物館情報
秋吉台科学博物館
■所在地　山口県美祢郡秋芳町秋吉／JR新山口駅または美祢線美祢駅よりバス・下車後徒歩30分／中国自動車道小郡ICより約40分
■TEL　0837-62-0640
■展示内容　秋吉台の石灰岩の自然／HPでの解説も充実

地獄谷

秋芳洞の百枚皿

昭和新山と三松正夫氏

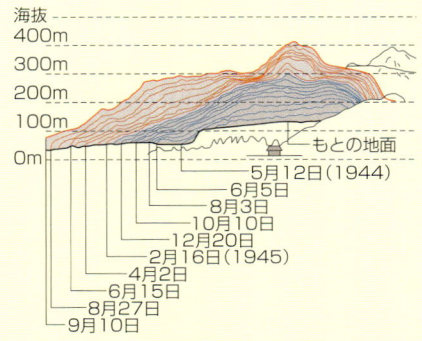

昭和新山溶岩円頂丘の成長を示す三松ダイアグラム（2.5km東方から観測）（三松，1962）

玄武洞（兵庫県）

　玄武洞は、自然が創りだした岩石の規則正しい美しさと地質学的価値の高さから早くから国の天然記念物に指定されている。

　玄武洞は、160万年前に起きた火山活動の際に流れ出した溶岩が冷却固結をするとき、「節理」という規則正しい割れ目ができたものである。それが6000年前、波の侵食作用により姿を地表に現し今日にいたっている。江戸時代に採石が行なわれ、その名残として穴があいている。

　玄武洞で見ることができる節理を**柱状節理**といい、六角形の石はひとつの石の高さと六角形の一辺がほぼ同じ長さになっている。これは溶岩が冷えて固まるときに、縦と横の長さの比が1対1となる「ベナール渦」を生じたためである。

　玄武洞という名前は1807年にこの地を訪れた江戸時代の儒学者柴野栗山が命名したことに由来する。火山岩の一種である「**玄武岩**」の名前は、この玄武洞に由来する。また、1929年には松山基範が玄武洞の岩石から地磁気の逆転を発見し、プレートテクトニクス説の成立に大きく寄与することになった。

　玄武洞には青龍洞、玄武洞、白虎洞、南朱雀洞、北朱雀洞と5つの洞がある。下を流れる円山川のたもとには玄武洞ミュージアムがあり、玄武洞についての詳しい展示などがなされている。

地球を楽しむ博物館情報
玄武洞ミュージアム
- ■所在地　兵庫県豊岡市赤石1362番地
- ■TEL　0796-23-3821
- ■展示内容　玄武洞と玄武岩（玄武洞の成り立ちや歴史、玄武岩からできる宝石など）、但馬5億年の歩み（地域の成り立ち）、鉱物・化石のコレクション

福井県立恐竜博物館

　ここは、日本列島が、大陸から分裂する前の中生代に、恐竜たちが生活していた場所なのだ。その福井県にある恐竜博物館は、ドーム型の常設展示室をもち、ところせましと恐竜骨格や化石・標本、ジオラマ、復元模型などが展示されている。福井県産の鳥脚類の恐竜フクイサウルス、獣脚類の恐竜フクイラプトル、ニッポノサウルスの復元骨格などを中心に、発見された化石の全身骨格30体以上。

　展示室は「恐竜の世界」「地球の科学」「生命の歴史」の各ゾーンに分けられている。

地球を楽しむ博物館情報
- ■所在地　福井県勝山市村岡町寺尾51-11（勝山市長尾山総合公園内）／えちぜん鉄道勝山駅からバス15分／北陸自動車道福井北IC・丸岡ICから35分
- ■TEL　0779-88-0001
- ■展示内容

　福井県では、「手取層群」とよばれる中生代の地層から、恐竜の化石が多数産出している。日本列島の地質分布図を見ると、福井県の付近には、先カンブリア時代の大陸の断片があることがわかる。

富士山

日本の象徴「富士山」は、造形の美しさから世界に誇る名山として知られている。忘れてはならないのは、富士山の火山としての一面である。富士山の土台となっているのが小御岳火山。この火山は、今から数十万年ほど前に噴火した。小御岳火山は、2400mほどの高さがあったが、山の大部分は富士山の溶岩に埋めつくされた。山梨県側のスバルライン終点の小御岳神社付近に、小御岳の一部分を見ることができる。その後、有史以来も活動を続け、平安時代の文学や歴史書にも記録が残されている。富士山の最新の活動は、1707年の「宝永の噴火」。この噴火は、東海〜南海地震の巨大地震である「宝永地震」の49日後に起こったとされている。江戸にも火山灰が降り、2〜5cm積もったという。

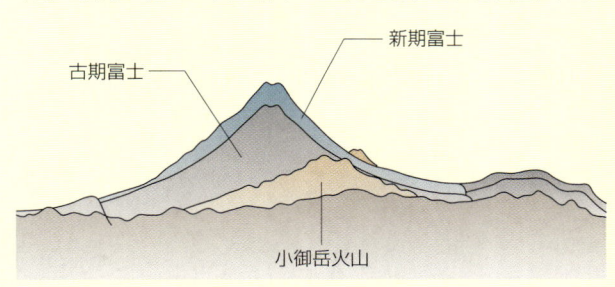

古期富士 / 新期富士 / 小御岳火山

地球を楽しむ博物館情報
なるさわ富士山博物館
■所在地　山梨県南都留郡鳴沢村字8532-63／河口湖I.Cから8km／富士急行河口湖駅からバス25分
■TEL　0555-20-5600
■展示内容　富士山と周辺の自然と歴史、三面マルチスクリーン、マグマのようすがわかる透明な巨大富士山模型、溶岩

地球を楽しむ博物館情報
神奈川県立生命の星・地球博物館
■所在地　神奈川県小田原市入生田499／箱根登山鉄道入生田駅から徒歩3分
■TEL　0465-21-1515
■展示内容
　46億年にわたる地球の歴史とそこに生きる生命の多様性を、グローバルな視点から展示・展開
　また神奈川県の自然史博物館として、神奈川県内の自然環境をトータルに知ることができる唯一の博物館としての側面ももつ。
　「生命の星・地球」の誕生から現在までの46億年にわたる地球の歴史とその神秘性を、時間の流れを追ってわかりやすく展示。巨大な恐竜や隕石から豆粒ほどの昆虫まで1万点にのぼる実物標本。ジャンボブック展示室は実物標本が満載された高さ2.5メートルの立体百科事典がズラリ27冊。

地球に酸素がつくられ始めたころにできた縞状鉄鉱層

龍泉洞（岩手県）

　龍泉洞は岩手県岩泉町にあり、高知県の龍河洞、山口県の秋芳洞とともに日本三大鍾乳洞のひとつである。国の天然記念物に指定されており、現在までに延べ2500mの洞内が知られている。まだ知られていない部分を含めると、全長5000m以上あると推定されている。

　地底深くから湧き出る清水により数カ所に深い地底湖を形成している。その中でも第3地底湖は水深98m、一般公開されていない第4地底湖は水深120mを誇り日本一である。水の透明度も高く世界有数を誇っている。

　昭和42（1967）年には龍泉洞入り口向かい側に新龍泉洞が発見されている。このとき洞内から発見された数多くの土器・石器をはじめ、地学・生物学・考古学などの貴重な資料が、自然洞穴科学館として展示されている。

　鍾乳洞は石灰岩地帯の地下にできる洞窟で通路のようになっており、別名石灰洞ともいう。石灰岩が雨水や地下水による侵食作用をうけ、その結果水路ができることになる。水に溶けた石灰分が再結晶することで鍾乳石や石筍（せきじゅん）、石柱などができる。

竜泉洞内の地底湖

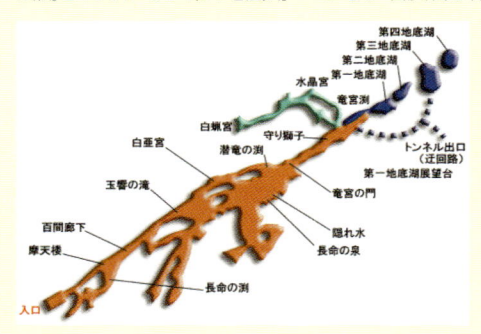

地球を楽しむ博物館情報
龍泉新洞科学館

■所在地　岩手県下閉伊郡岩泉町岩泉字神成1番地1
■TEL　0194-22-2566（龍泉洞事務所）
■展示内容　龍泉新洞は龍泉洞入口の向かい側に昭和42年に発見された。洞内から発見された多数の土器・石器、洞穴学・地学・生物学・考古学等の資料や標本を展示した自然洞穴科学館

地球を楽しむ博物館情報
天草市立御所浦白亜紀資料館（熊本県）

■所在地　熊本県天草市御所浦町御所浦4310-5／本渡港・棚底港・三角港・八代港・大道港・水俣港より定期船・フェリーで渡島
■TEL　0969-67-2325
■展示内容　御所浦は、熊本県の不知火海（八代海）にある天草の離島。島をまるごと博物館と見立てて、野外見学地などの整備を行っている。その中心となる御所浦白亜紀資料館には、恐竜やアンモナイト、ほ乳類、貝化石（トリゴニア・イノセラムス等）などたくさんの化石が展示されており、全島まるごと博物館の情報を収集したあと、野外に出かけるとよい。誰でも化石の発掘が気軽にできる花岡山化石採集場のほか、見学地としてアンモナイト館・ニガキ化石公園・前島アンモナイト層・イノセラムスの壁・白亜紀の壁・弁天島の恐竜足跡など。

阿蘇山（熊本県）

　阿蘇山のカルデラは、日本を代表する世界一のカルデラである。その大きさは東西18km、南北25km、面積380km²を誇っている。カルデラ内には国道をはじめJRなどの鉄道が走り、カルデラ北部の阿蘇市と南部の南阿蘇村におよそ4万人が生活をしている。

　約27万年前のカルデラ内での大規模火砕流噴火により阿蘇山は誕生した。大規模火砕流噴火は九州の南を除くすべての海岸に達している。島原半島、天草下島、山口県宇部市には海を越えて火砕流堆積物が堆積している。火砕流噴出により地下のマグマがなくなり、陥没がおきてカルデラが完成した。

　カルデラの壁はおよそ300mから600mの高さを持つ急峻ながけである。立野のカルデラ壁が崩れ、カルデラ内にあった大量の水が流れ出している。現在も活動している中央火口丘はおよそ7万年前から活動をはじめている。噴出したマグマが玄武岩質から流紋岩質までと範囲が広いため、火山の形や構造もさまざまである。

　外輪山の最高峰である大観峰から見る阿蘇全景はすばらしく阿蘇五岳といわれる根子岳、高岳、中岳、烏帽子岳、杵島岳の姿は仏の涅槃像にもたとえられている。中岳は今も活動が続いており火口の側まで行って中を見ることができる。

　その他にもスコリア丘の美しい形をした米塚や草千里ヶ浜火口など火山の見所がたくさんある。草千里には阿蘇火山博物館があり、阿蘇山についての展示が多くなされている。また、火山地帯によく見られる温泉や湧水が数多くある。

阿蘇山の噴火口

地球を楽しむ博物館情報
阿蘇火山博物館
■所在地　熊本県阿蘇市赤水1930-1／JR阿蘇駅からバスで35分
■TEL　0967-34-2111
■展示内容　活動中の中岳火口にTVカメラと集音マイクを設置し、博物館まで生中継。阿蘇火山の生まれる前からカルデラ形成期、中央火口丘形成期、そして現在の阿蘇火山の姿ができるまでの過程をジオラマや写真パネルで紹介。

松島（宮城県）

　松島は、京都府の天橋立、広島県の厳島とともに日本三景のひとつに数えられるとともに日本の白砂青松100選のひとつでもある。昭和27（1952）年に国の特別名勝に指定されている。

　松島は松島湾に浮かぶ大小260あまりの島の総称であり、地形的には松島丘陵とよばれた段丘の南東部分が沈降し、山頂部分が島や岬として残ったリアス式海岸である。地質学的には凝灰岩質。

　太平洋の波の侵食によりさまざまな奇勝がつくられている。松島のすべての景色を堪能するには「四大観」とよばれる4カ所の展望台を訪れるとよい。「四大観」とは松島最大の島である宮古島にある大高山、北の富山、西の扇谷山、南の多聞山であり、それぞれ「壮観・麗観・偉観・幽観」と言われている。

　江戸時代の俳人松尾芭蕉は、紀行文「奥の細道」の中で、松島を訪れたときあまりの絶景に、句が浮かばず「松島やああ松島や松島や」と詠んだという逸話が残る。

松島（リアス式海岸）

屏風ヶ浦（千葉県）

　全長10kmほどの海岸線に切り立った崖が続く屏風ヶ浦は、東洋のドーバーともよばれる独特の景観で有名である。

　銚子半島の突端には、硬い中生代の岩石が露出しており、この突端の岩から、緩やかなカーブを描いて屏風ヶ浦、九十九里浜へと海岸線がのびている。

　屏風ヶ浦の崖は、海食崖とよばれるもので、土地の隆起によりかつての堆積層が侵食されてできている。崖にははっきりと地層が見られ、やわらかい泥岩の層のほか、箱根火山や九州の阿蘇や桜島が大爆発したときの火山灰が含まれている層がある。地層がやわらかいため、かつては年間1m弱の速度で後退を続けてきた。また、屏風ヶ浦から削られた砂が、沿岸流で運ばれて九十九里浜方面へと流れ、九十九里浜の平野をつくる材料となった。消波堤の設置によって現在は後退が抑えられている。

屏風ヶ浦（海食崖）

東尋坊（福井県）

　東尋坊は、日本海に面する巨大な安山岩の柱状節理の海食崖である。柱状節理の岩が、海岸の波で侵食されて海食崖となり、まるで誰かが作ったかのような造形美をかもしだしている。

　柱状節理は、溶岩流が固まって冷えるときに、温度低下とともに溶岩の体積が収縮し、そのために多角形の規則的な割れ目ができたものである。断面は六角形のことが多いが、四角形、五角形、七角形、八角形のこともある。たとえて言うならば、干上がった田圃の土の上にできたひび割れ模様が規則的な亀の甲の模様のように見えるのと似ている。

　東尋坊の柱状節理をつくった溶岩は、地上に流れ出たものではなく、地下の浅いところにマグマが貫入した岩体であるとされている。

東尋坊（海食崖・柱状節理）

解説　海水のつくる地形

　海水の侵食作用によってつくられる地形に海食崖、海食台、海食洞がある。

　海食崖は海水に削られてできた崖で、その下の方に平坦な**海食台**がつくられる。海食崖に穴があいた地形は**海食洞**とよばれる（写真）。

　また、海食台が隆起したり海水面が低下したりすると、**海岸段丘**ができる。

　反対に、土地が沈降したり海水面が上昇したりして、山地の谷が水没してできるのが**リアス式海岸**である。入り組んだ海岸線が特徴である。

　一方、堆積作用によって海岸付近にできる地形もある。土砂が堆積しくちばしのように突き出した地形が**砂嘴**（さし）で、景勝地として有名な天橋立（あまのはしだて・京都府）がある。くちばしが向こう岸までつながると**砂州**（さす）という。また、砂嘴が島までつながったものを**陸けい島**という。江ノ島（神奈川県）は、陸けい島である。

但馬海岸の海食崖と海食台（兵庫県）

北長門海岸の海食崖と海食洞（山口県）

黒部渓谷（富山県）

　立山黒部アルペンルートは、高山の乗り物を乗り継いで北アルプス奥地の眺望を楽しめる人気コースだ。しかし、ルートを一歩外れればそこは登山者の領域。黒部ダムから黒部川を下るルートは、深いV字谷であり、水面との標高差には驚くばかりだ。
　このような深いV字谷ができるのはなぜだろうか？　川が谷をけずっても渓谷の標高が低くなっていけば、谷はもう深く削られることはない。
　北アルプスは、糸魚川ー静岡構造線を挟んで東側から北米プレートがユーラシアプレートを押すことで成長を続け、標高を高くしてきた。渓谷は常に標高の高い位置に押し上げられてきたのである。

深いV字谷の黒部渓谷S字峡

地球を楽しむ博物館情報
立山カルデラ砂防博物館
■所在地　富山県中新川郡立山町芦峅寺字ブナ坂68／富山地方鉄道立山駅下車徒歩1分
■TEL　076-481-1160
■展示内容　立山カルデラを中心とする野外ゾーンにおける体験学習会を通した実体験を年間約30回行う。立山カルデラを疑似体験できる大型ジオラマ。320インチハイビジョン立体映像ホール。

解説　V字谷と扇状地

■V字谷（ぶいじこく）
河川の侵食作用や堆積作用は、山を削り、谷を埋め、いろいろな地形をつくる。
上流の流速の速いところでは、下へ下へと削る下方侵食作用が卓越する。山は下へ下へと掘り下げられ、Vの字に切れ込んだ渓谷、V字谷がつくられる。

■扇状地
川が山から急に平野に出るところでは、流れが急にゆっくりになる。流速の急な低下が堆積作用を引き起こし、川によって運ばれてきた土砂が扇状に堆積していく。これを扇状地という。川は伏流水として地下に潜る場合も多く、扇状地の下方でまた地上に現れる。扇状地は水はけがよく、畑や果樹園等に利用される。

NASA World Wind

黒部川の臨海性扇状地（富山県黒部市）
険しい山が海岸にせまっている日本海側の特有の地形のため、黒部川のつくる扇状地は、直接海に面するめずらしい地形となった。

涸沢カール（長野県）

　涸沢カールは、北アルプスの穂高岳の山々の間に取り囲まれる場所、標高2300mに位置する。上高地から登山道を20キロほど歩いたところである。涸沢カールは、秋の紅葉が美しいことでも有名だが、スプーンでえぐったような丸みを帯びた独特な氷河性の地形も特徴だ。このような地形は、一般に「カール」とよばれる。

　現在、日本の山には氷河は存在しない。しかし、数万年前の氷期には、現在より気温がおよそ10℃低く、高地には氷河が存在していた。北アルプスも氷河に広く覆われていたと考えられており、涸沢カールは、成長中の北アルプスの山を深くえぐってできた地形なのである。

　日本にかつて氷河が存在したのは、北アルプスのほか、南アルプス・中央アルプス、日高山脈の4つの山脈であると考えられている。

涸沢カール

解説　氷河と氷河による地形

　氷河とは、文字通り氷の河である。もとは空から降ってきた雪であるが、降雪量が融雪量より多い高緯度や高山地域では、万年雪が長い年月で押し固められ、その重みで流れ下り氷の河と化すのである。

　氷は固体であるが、長い時間の間には液体のように形を変えながら流れていく。ただ、やはり固体であるため、河川がつくる地形とは異なり、固体ならではの地形をつくる。氷河に飲み込まれた礫や砂などの岩片は**モレーン**とよばれる。氷河の両側に黒い筋となって見られる他、氷河の下に沈んでこすれながら岩盤を削り取る。

　大地は氷河によって、スプーンですくった跡のような形に削られ、**カール**とよばれる。山肌が氷河で削られると、その中央に先端が尖った山が残される。日本にもこのカール地形は見ることができる。長い距離にわたって削られると、谷の断面がU字型となる幅の広い**U字谷**がつくられる。U字谷に海水が入った細長い湾状の地形は、ヨーロッパのスカンジナビア地方などで見られる**フィヨルド**である。

ヨーロッパアルプスの氷河

第7章

フォッサマグナミュージアム（新潟県）

地球を楽しむ博物館情報
- ■所在地　新潟県糸魚川市一ノ宮1313（美山公園）
- ■TEL　025-553-1880
- ■展示内容
　フォッサマグナやナウマン博士に関する展示。ナウマン博士は、明治時代に日本に招かれて日本の本格的な地質調査を指導した人物で、「ナウマン象」の名で知られる。

　フォッサマグナは、博士が地質調査をして見いだしたものである。原始の日本列島は、現在よりも南北に直線的に存在したと思われるが、数百万年前、フィリピン海プレートが伊豆半島を乗せて日本列島に接近した際、列島が現在のように中央で折り曲げられたと考えられている。その際に折れ目になったのがフォッサマグナである。フォッサマグナの西の端は糸魚川ー静岡構造線である。断層や火山が多数存在する。

　ミュージアムには、糸魚川やその周辺地域から産するヒスイや色々な鉱物・化石・岩石、世界中の鉱物・化石などをも展示している。

伊豆大島火山博物館（東京都）

地球を楽しむ博物館情報
- ■所在地　東京都大島町元町字神田屋敷617
- ■TEL　04992-2-4103
- ■展示内容　伊豆大島の噴火についての展示。1986年の割れ目噴火をワイドな映像で見られるほか、CGを駆使したシミュレーターカプセルにより火山の地底探検を体験できる。このほか、世界の火山活動も紹介している。

ミュージアムパーク茨城県自然博物館（茨城県）

地球を楽しむ博物館情報
- ■所在地　茨城県坂東市大崎700／つくばエクスプレス守谷駅からバスで約20分／常磐自動車道谷和原ICから20分
- ■TEL　0297-38-2000
- ■展示内容　恐竜の全身骨格のほか、復元ロボットなどが充実。鉱物や宝石原石の展示が美しいのも特色。筑波山の成り立ちなど、茨城の地質の展示もある。

国立科学博物館（東京都）

地球を楽しむ博物館情報
- ■所在地　東京都台東区上野公園7-20／JR上野駅公園口から徒歩5分
- ■TEL　ハローダイヤル：03-5777-8600
- ■展示内容　従来から恐竜化石などの展示が充実した国立科学博物館であったが、平成16年にオープンした「新館」は、従来以上に充実した展示になっている。地下2〜3階が地球と生命の進化に関する展示で、巨大な恐竜化石の美しい展示には目を見張るものがある。

このほか、インターネットで科学博物館の検索をしたいときは……

ホームページ「日本の科学館めぐり」

　科学技術振興機構（JST）がつくる日本全国600以上の科学館・科学博物館を検索するインターネットサイトが「日本の科学館めぐり」。分野別や地域別に検索が可能。イベントの情報も得られる。

アクセス方法　「日本の科学館めぐり」で検索。または、http://museum-dir.tokyo.jst.go.jp/

問い合わせ先　科学技術振興機構（JST）科学技術理解増進部Tel03-5214-7493

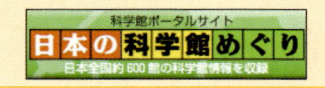

巻末資料

資料1　元素の周期表

族 / 周期	1	2	3	4	5	6	7	8	9
1	$_1$H 水素 1.008								
2	$_3$Li リチウム 6.941	$_4$Be ベリリウム 9.012							
3	$_{11}$Na ナトリウム 22.99	$_{12}$Mg マグネシウム 24.31							
4	$_{19}$K カリウム 39.10	$_{20}$Ca カルシウム 40.08	$_{21}$Sc スカンジウム 44.96	$_{22}$Ti チタン 47.87	$_{23}$V バナジウム 50.94	$_{24}$Cr クロム 52.00	$_{25}$Mn マンガン 54.94	$_{26}$Fe 鉄 55.85	$_{27}$Co コバルト 58.93
5	$_{37}$Rb ルビジウム 85.47	$_{38}$Sr ストロンチウム 87.62	$_{39}$Y イットリウム 88.91	$_{40}$Zr ジルコニウム 91.22	$_{41}$Nb ニオブ 92.91	$_{42}$Mo モリブデン 95.94	$_{43}$Tc テクネチウム (99)	$_{44}$Ru ルテニウム 101.1	$_{45}$Rh ロジウム 102.9
6	$_{55}$Cs セシウム 132.9	$_{56}$Ba バリウム 137.3	57～71 ランタノイド	$_{72}$Hf ハフニウム 178.5	$_{73}$Ta タンタル 180.9	$_{74}$W タングステン 183.8	$_{75}$Re レニウム 186.2	$_{76}$Os オスミウム 190.2	$_{77}$Ir イリジウム 192.2
7	$_{87}$Fr フランシウム (223)	$_{88}$Ra ラジウム (226)	89～103 アクチノイド	$_{104}$Rf ラザホージウム (261)	$_{105}$Db ドブニウム (264)	$_{106}$Sg シーボーギウム (263)	$_{107}$Bh ボーリウム (267)	$_{108}$Hs ハッシウム (269)	$_{109}$Mt マイトネリウム (268)

原子番号 — $_6$C — 元素記号
炭素 — 元素名
12.01 — 原子量

元素の地球化学的分類の例
（分類の仕方は右を参照）

57～71 ランタノイド	$_{57}$La ランタン 138.9	$_{58}$Ce セリウム 140.1	$_{59}$Pr プラセオジム 140.9	$_{60}$Nd ネオジム 144.2	$_{61}$Pm プロメチウム (145)	$_{62}$Sm サマリウム 150.4
89～103 アクチノイド	$_{89}$Ac アクチニウム (227)	$_{90}$Th トリウム 232.0	$_{91}$Pa プロトアクチニウム 231.0	$_{92}$U ウラン 238.0	$_{93}$Np ネプツニウム (237)	$_{94}$Pu プルトニウム (239)

参考資料：『理科年表　平成19年版』

10	11	12	13	14	15	16	17	18
								₂He ヘリウム 4.003

元素の地球化学的分類

親気元素 ● （大気中に入りやすい元素）

親石元素 ● （岩石中に入りやすい元素）

親銅元素 ● （銅とともに硫化物をつくりやすい元素）

親鉄元素 ● （鉄とともに核の金属相に入りやすい元素）

10	11	12	13	14	15	16	17	18
			₅B ホウ素 10.81 ●	₆C 炭素 12.01 ●	₇N 窒素 14.01 ●	₈O 酸素 16.00 ●●	₉F フッ素 19.00 ●	₁₀Ne ネオン 20.18 ●
			₁₃Al アルミニウム 26.98 ●	₁₄Si ケイ素 28.09 ●●	₁₅P リン 30.97 ●	₁₆S 硫黄 32.07 ●	₁₇Cl 塩素 35.45 ●	₁₈Ar アルゴン 39.95 ●
₂₈Ni ニッケル 58.69 ●	₂₉Cu 銅 63.55 ●●	₃₀Zn 亜鉛 65.41 ●●	₃₁Ga ガリウム 69.72 ●●	₃₂Ge ゲルマニウム 72.64 ●●	₃₃As ヒ素 74.92 ●	₃₄Se セレン 78.96 ●	₃₅Br 臭素 79.90 ●	₃₆Kr クリプトン 83.80 ●
₄₆Pd パラジウム 106.4 ●●	₄₇Ag 銀 107.9 ●	₄₈Cd カドミウム 112.4 ●	₄₉In インジウム 114.8 ●●	₅₀Sn スズ 118.7 ●●	₅₁Sb アンチモン 121.8 ●●	₅₂Te テルル 127.6 ●	₅₃I ヨウ素 126.9 ●	₅₄Xe キセノン 131.3
₇₈Pt 白金 195.1 ●	₇₉Au 金 197.0 ●	₈₀Hg 水銀 200.6 ●	₈₁Tl タリウム 204.4 ●	₈₂Pb 鉛 207.2 ●	₈₃Bi ビスマス 209.0 ●	₈₄Po ポロニウム (210)	₈₅At アスタチン (210)	₈₆Rn ラドン (222)
₁₁₀Ds ダームスタチウム (269)								

₆₃Eu ユウロピウム 152.0 ●	₆₄Gd ガドリニウム 157.3 ●	₆₅Tb テルビウム 158.9 ●	₆₆Dy ジスプロシウム 162.5 ●	₆₇Ho ホルミウム 164.9 ●	₆₈Er エルビウム 167.3 ●	₆₉Tm ツリウム 168.9 ●	₇₀Yb イッテルビウム 173.0 ●	₇₁Lu ルテチウム 175.0 ●
₉₅Am アメリシウム (243)	₉₆Cm キュリウム (247)	₉₇Bk バークリウム (247)	₉₈Cf カルホルニウム (252)	₉₉Es アインスタイニウム (252)	₁₀₀Fm フェルミウム (257)	₁₀₁Md メンデレビウム (258)	₁₀₂No ノーベリウム (259)	₁₀₃Lr ローレンシウム (262)

資料2　日本の活断層分布

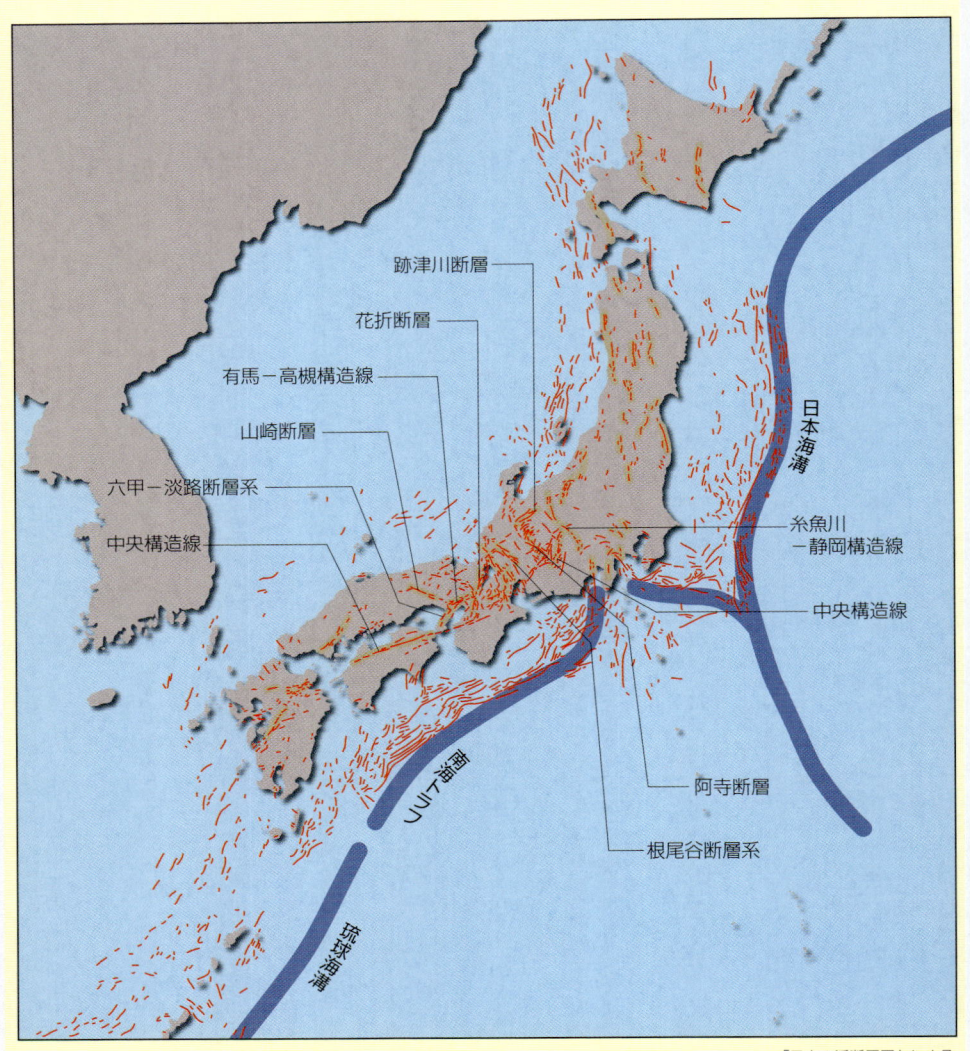

- 跡津川断層
- 花折断層
- 有馬－高槻構造線
- 山崎断層
- 六甲－淡路断層系
- 中央構造線
- 日本海溝
- 糸魚川－静岡構造線
- 中央構造線
- 阿寺断層
- 根尾谷断層系
- 南海トラフ
- 琉球海溝

「日本の活断層図」による

さくいん

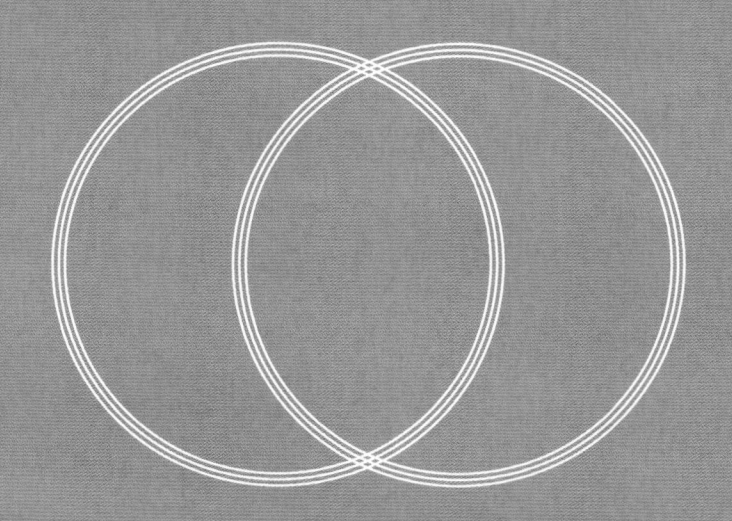

さくいん

▶▶▶ アルファベット ◀◀◀

- K-T境界 ……………………………… 82
- M ……………………………………… 122
- P-T境界 ……………………………… 76
- P波 …………………………… 20, 26, 120
- SiO₄四面体 ………………………… 100, 168
- S波 ……………………………… 20, 120
- U字谷 ………………………………… 205
- V-C境界 ……………………………… 72
- V字谷 ………………………………… 204

▶▶▶ あ ◀◀◀

- アア溶岩 ……………………………… 108
- アイスランド ………………………… 13
- アイスランド式 ……………………… 110
- アイソクロン ………………………… 163
- アイソスタシー …………………… 26, 170
- アカスタ片麻岩 ……………………… 52
- 秋吉台 ………………………………… 197
- アクアマリン ………………………… 33
- 浅間山 ………………………………… 116
- アジアスーパーコールドプルーム … 44
- アスペリティ ………………………… 122
- アセノスフェア ……………………… 26
- 阿蘇山 …………………………… 115, 201
- アノマロカリス ……………………… 72
- アフリカスーパーホットプルーム … 43, 44
- アフリカ大地溝帯 ………………… 36, 84
- アミノ酸 ……………………………… 58
- アメイジア …………………………… 92
- アメジスト …………………………… 32
- アルヴァレス親子 …………………… 82

- 安山岩 ………………………………… 102
- 安山岩質マグマ ………………… 98, 106
- 安定同位体 …………………………… 164
- アンモナイト ……………… 78, 80, 152

▶▶▶ い ◀◀◀

- イーストサイド物語 ………………… 84
- イエローバンド ………………… 8, 32
- イオ …………………………………… 177
- 異常火山活動 ………………………… 48
- 異常震域 ……………………………… 126
- イスア堆積岩 …………………… 52, 58
- イリジウム …………………………… 82
- 岩なだれ ……………………………… 111
- 隕石 ……………………………… 58, 82, 189

▶▶▶ う ◀◀◀

- ウィルソンサイクル ………………… 40
- ウェゲナー …………………………… 22
- 宇宙塵 ………………………………… 82
- 宇宙誕生 ……………………………… 56
- 運搬作用 ……………………………… 144

▶▶▶ え ◀◀◀

- エアーズロック ……………………… 15
- エウロパ ……………………………… 191
- エディアカラ生物群 ………………… 65
- エメラルド ……………………… 34, 49
- 遠洋性堆積物 ……………… 28, 50, 174

▶▶▶ お ◀◀◀

- オウム貝 ……………………………… 73
- 大潮 …………………………………… 176
- 大森公式 ……………………………… 121
- 大谷石 ………………………………… 146

オーロラ	182
オゾン層	74, 179
鬼の洗濯板	87
オパール	36
オパビニア	72
オフィオライト	105
オルドビス紀	54
温室効果	71, 180

▶▶▶ か ◀◀◀

ガーネット	32
カール	205
外核	62
海岸段丘	203
海溝	16〜18, 30, 128
海溝型地震	136
塊状溶岩	108
海食崖	203
海食台	203
海食洞	203
海水	173
海膨	16〜18, 28
海洋地殻	26
海洋底拡大説	23
海洋熱塩循環	194
海洋プレート	26
海流	174
海嶺	16〜18, 23, 28, 104
海嶺中軸谷	28
化学岩	146
河岸段丘	158
核	21
角閃石	100
核の冬	48
花崗岩	58, 102
花崗岩質マグマ	106
火砕丘	112
火砕流	110
火山	108〜116
火山岩塊	108
火山泥流	66
火山灰	108
火山雷	60
火山礫	108
火星	60, 191
化石	152
活断層	130, 210
下部マントル	20
涸沢カール	205
軽石	109
カルスト地形	88
カルデラ	114
含水鉱物	68
岩石質ダスト	56
環太平洋地震帯	128
間氷期	84
カンブリア紀	54
カンブリア爆発	72
かんらん岩	94, 104
かんらん石	100

▶▶▶ き ◀◀◀

輝石	100
北アナトリア断層	140
キタダニリュウ	81
ギャオ	13, 28
逆断層	130
級化層理	150
丘陵	157, 158
凝灰岩	146

恐竜	80〜83
極偏東風帯	179
巨大火成岩石区	48
キラウェア	38
霧島山	113
キリマンジャロ	11
金星	60

▶▶▶ く ◀◀◀

グーテンベルク不連続面	21
クックソニア	74
暗い太陽のパラドックス	192, 193
クリープ性	132
グリーンタフ	89
グレートバリアリーフ	14
グレート・リフト・バレー	36
黒雲母	100
クロスラミナ	150
黒部渓谷	204

▶▶▶ け ◀◀◀

ケイ質頁岩	154
ケーン断列帯	26
頁岩（けつがん）	72, 146
結晶分化作用	98
結晶片岩	148
原核生物	64
原始惑星	56
顕生代	55
原生代	54, 64〜72
元素の周期表	208
玄武岩	102, 104
玄武岩質マグマ	96, 106
玄武洞	198

▶▶▶ こ ◀◀◀

広域変成作用	148

光環	67
光合成	64
鉱床	90
洪水玄武岩台地	48, 77
鉱物	100
コールドプルーム	44
小潮	176
弧状列島	30
古生代	54, 72〜76
古杯類	73
昆虫	79
ゴンドワナ	23

▶▶▶ さ ◀◀◀

サージ	110
最終氷期	156
砕屑岩（さいせつがん）	146
砂岩	146
砂金	90
桜島	110, 116
砂嘴（さし）	203
砂鉄	90
サファイア	36
サヘラントロプス・チャデンシス	85
サン・アンドレアス断層	140
サンゴ	61, 152, 154
三畳紀	55
山地	157
三葉虫	73
三陸大津波	134
残留磁気	23

▶▶▶ し ◀◀◀

シアノバクテリア	61, 64
ジオイド	185
磁気圏	182

示準化石	152	震央	118
地震災害	142	深海平原	172
地震帯	140	真核生物	64
地震動	120, 124	親気元素	209
地震波	20	震源	118, 122
地震波トモグラフィー	42	震災	126
沈み込み帯	30, 106, 140	侵食作用	144
始生代	54, 58, 62	新生代	54
示相化石	152	親石元素	209
始祖鳥	81	深層流	174, 194
シダ植物	74	親鉄元素	82, 209
磁場	23, 62	震度	124
縞状鉄鉱層	64, 75	親銅元素	209
島原大変肥後迷惑	134	人類誕生	36

▶▶▶ す ◀◀◀

四面体	100	彗星	56, 188
ジャイアントインパクト	56	スーパーアノキシア	76
斜交葉理	150	スーパーコールドプルーム	66
シャドーゾーン	21	スコリア	109
周期表	208	ストロマトライト	14, 64
褶曲	32	ストロンボリ式	110
シューメーカー・レビー彗星	177	スノーボールアース	70
重力	184	スピネル相	168
主要動	120	スマトラ沖地震	8, 140
ジュラ紀	55	スローアースクエイク	132
晶質石灰岩	148		

▶▶▶ せ ◀◀◀

衝突帯	32	生痕	150
鍾乳洞	197	成層火山	10, 114
上部マントル	20	成層圏	178
縄文海進	156	正断層	130
昭和新山	113, 196	生物岩	146
初期微動	120	生物圏	193
シリカ	94, 98, 168	石英	100
ジルコン	52, 165	石英安山岩	103
シルル紀	54		

赤外線	180	ダイナモ理論	62
石炭	75	ダイヤモンド	25, 33, 61, 168, 169
石炭紀	54	ダイヤモンド・アンビル	168
石油資源	79	太陽系	56
セグメント	130	太陽風	182
石灰岩	88, 154, 196	大陸移動説	22
接触変成作用	148	大陸棚	173
絶対年代	160	大陸地殻	26
ゼノリス	94, 150	大陸プレート	26
セメント化作用	146	大理石	148
先カンブリア時代	54	対流圏	178
扇状地	204	大量絶滅	48, 73, 76, 82
全地球史解読計画	42	多細胞生物	65
閃緑岩	102	ダスト	56, 188

▶▶▶ そ ◀◀◀

造岩鉱物	100	盾状火山	114
造山帯	52	盾状地	52
走時	20	炭酸塩岩	70
層序	150	単成火山	112
相対年代	160	単層	150
層理	150	断層	122
続成作用	50, 146		

▶▶▶ ち ◀◀◀

▶▶▶ た ◀◀◀

タービダイト	50	地殻	20, 26
大気の大循環	179	ちきゅう	166
太古代	54	地球温暖化	180
第三紀	55	地球型惑星	56
第四紀	55	地球システム	186, 192
大西洋中央海嶺	28	地球楕円体	185
堆積岩	69, 74, 146	地球の熱収支	181
堆積作用	144	地質区分図	86
タイタン	186	地質時代	54, 160
台地	157	地層累重の法則	150
大地溝帯	36	チチェルブ・クレーター	83
		地中海	74, 173
		チャート	154, 172

216

中央火口丘	112
中間圏	178
柱状節理	203
中生代	54, 76～78, 80
超温室状態	71
超巨大噴火	48
超酸素欠乏事件	76
超新星爆発	56
長石	100
潮汐	176
超大陸	23
鳥盤目	80
超変成作用	99
チョモランマ	8
塵	188
チリ沖地震	134

▶▶▶ つ ◀◀◀

ツゾー・ウィルソン	40
津波	8, 134

▶▶▶ て ◀◀◀

泥岩	146
デイサイト質マグマ	98
低地	157
ティラノサウルス	81
テチス海	32
デボン紀	54
天皇海山列	38
天王星型惑星	56, 190
電離層	178

▶▶▶ と ◀◀◀

同位体	160
同位体効果	164
東海地震	137
等時線	163

東尋坊	203
東南海地震	137
等粒状組織	102
トパーズ	37
トモティアン型生物群	72
トラフ	30, 128
トランスフォーム断層	28, 34, 128, 140
トリケラトプス	81

▶▶▶ な ◀◀◀

内陸活断層型地震	138
ナイル川	11
鳴き砂	145
南海地震	137
南海トラフ	136

▶▶▶ に ◀◀◀

新潟県中越地震	139
二酸化ケイ素	94
二酸化炭素	186
日本	86～91
人間圏	193

▶▶▶ ぬ ◀◀◀

ヌーナ	46, 66

▶▶▶ ね ◀◀◀

熱圏	178
熱水鉱床	91, 104
熱水噴出孔	58
ネバド・デル・ルイス火山	66

▶▶▶ の ◀◀◀

濃尾地震	138

▶▶▶ は ◀◀◀

バージェス動物群	72
白亜紀	55
白亜紀スーパークロン	78
パホイホイ溶岩	108

パルス期	47
ハワイ諸島	38
パンゲア	23, 46, 77
半減期	160
斑状組織	102
磐梯山	116
パン皮状火山弾	109
斑れい岩	102

▶▶▶ ひ ◀◀◀

ピナツボ火山	9
氷河	205
氷河期	70, 84
氷河時代	70
氷期	84
標高	185
兵庫県南部地震	138
氷質ダスト	56
表層海流	174
屏風ヶ浦	202
表面波	120
微惑星	56, 60

▶▶▶ ふ ◀◀◀

フィッツ・ロイ山	12
フィヨルド	205
風化作用	144
付加体	50, 58, 88, 154
複成火山	114
富士山	10, 115, 199
フズリナ	152, 154
ブラックスモーカー	58
プリニー式	110
プルーム	42
プルームテクトニクス	42
プルームの化石	48

プルームの冬	48
ブルカノ式	110
プレート	26
プレート残骸	44
プレートテクトニクス	24
分子雲	56

▶▶▶ へ ◀◀◀

平野	157
ペリドット	35
ペルム紀	55
ペルム紀-三畳紀境界	76
ペロプスカイト相	168
変成岩	148
変成作用	148
変成帯	148
偏西風帯	179
ベンド紀-カンブリア紀境界	72
片麻岩	148
片理	148

▶▶▶ ほ ◀◀◀

宝永地震	136
貿易風帯	179
放散虫	154
放射性同位体	160
放射性崩壊	160
放射年代	160
紡錘状火山弾	109
紡錘虫	152
宝石	29
ボーキサイト	90
捕獲岩	150
ホットスポット	38, 104
ホルンフェルス	148

▶▶▶ ま ◀◀◀

マール	112
マウナケア	38
マウナロア	38
マグニチュード	122, 124
マグマ	94〜99
マグマオーシャン	56, 57
枕状溶岩	28, 104, 108
松島	202
マリアナ海溝	30
マリンスノー	172
マンガン団塊	174
マントル	20, 26, 104
マントルオーバーターン	46, 62, 66
マントルトモグラフィー	42
マントル物質	166

▶▶▶ み ◀◀◀

水の添加	96
水惑星	190
ミトコンドリア	65
南太平洋スーパーホットプルーム	43, 44
三宅島	116
三松ダイヤグラム	197

▶▶▶ む ◀◀◀

ムーンストーン	34
無色鉱物	100
紫水晶	32

▶▶▶ め ◀◀◀

冥王代	54, 56, 58
メソサウルス	22
メタンハイドレート	77, 180
メテオクレーター	189

▶▶▶ も ◀◀◀

毛布効果	47
木星	191
木星型惑星	56, 190
モホ面	20
モホロビチッチ不連続面	20
モレーン	205

▶▶▶ ゆ ◀◀◀

有色鉱物	100
雪境界線	57
ゆっくり地震	132

▶▶▶ よ ◀◀◀

溶岩	94, 108
溶岩台地	114
溶岩塔	112
溶岩ドーム	112
溶岩餅	109
溶岩流	110
葉理	150
横ずれ断層	34, 130

▶▶▶ ら ◀◀◀

ラピスラズリ	37

▶▶▶ り ◀◀◀

リアス式海岸	202, 203
陸けい島	203
リソスフェア	26
流星	188
竜泉洞	200
竜盤目	80
流紋岩	102
流紋岩質マグマ	98

▶▶▶ る ◀◀◀

ルビー	35
ルビジウム-ストロンチウム法	162

▶▶▶ れ ◀◀◀

礫岩	146
れん痕	150

▶▶▶ ろ ◀◀◀

ロイヒ海山 …………………………………38
ローラシア …………………………………23
ロディニア …………………………46, 66, 86

▶▶▶ わ ◀◀◀

和達―ベニオフ帯 ………………………118
腕足貝 ………………………………………73

参考文献ほか

【図版作成の参考資料について】
本文中には、図作成のために参考にした資料を『 』で書名のみ表示した（資料図のおおもとの作成者が明らかな場合は書名の前に〔 〕で表示した）。参考資料とした図書の著者名・出版社名などは以下の「参考文献」を参照。

■参考文献

『岩波講座地球惑星科学2―地球システム科学』　岩波書店
『岩波講座地球科学11―変動する地球Ⅱ海洋底』　岩波書店
『新版地学教育講座②―地震と火山』　地学団体研究会編　東海大学出版会
『新版地学教育講座④―岩石と地下資源』　地学団体研究会編　東海大学出版会
『新版地学教育講座⑦地球の歴史』　地学団体研究会　東海大学出版会
『東京大学地震研究所編集地球科学の新展開①地球ダイナミクスとトモグラフィー』川勝均編集　朝倉書店
『図説地球科学』杉村新・中村保夫・井田喜明編　岩波書店
『岩石学Ⅱ・Ⅲ』久城郁夫・都城秋穂著　共立全書
『理科年表』平成17年版・平成18年版・平成19年版　丸善
『理化学辞典』岩波書店
『進化する地球惑星システム』　東京大学地球惑星システム科学講座編　東京大学出版会
『地球の内部で何が起こっているのか』　平朝彦・徐垣・末広潔・木下肇著　光文社新書
『地球学入門―惑星地球と大気・海洋のシステム』　酒井治孝著　東海大学出版会
『プルームテクトニクスと全地球史解読』　熊澤峰夫・丸山茂徳編　岩波書店
『全地球史解説』　熊澤峰男・伊藤孝士・吉田茂生編　東京大学出版会

『大地の躍動を見る』山下輝夫著　岩波ジュニア新書
『最新・地球学』朝日新聞社
『流体的地球像』福田正己・濱田隆士著　放送大学
『沈み込み帯のマグマ学─全マントルダイナミクスに向けて』巽好幸著　東京大学出版会
『新しい地球史─46億年の謎』神奈川県立博物館編　有隣堂
『46億年地球は何をしてきたか』丸山茂徳　岩波書店
『生命と地球の歴史』丸山茂徳・磯崎行雄著　岩波書店
『宇宙と生命の起源』嶺重慎・小久保英一郎編著　岩波ジュニア新書
『全地球凍結』川上紳一　集英社新書
『ホモ・サピエンスはどこから来たか』馬場悠男著　KAWADE夢新書
『図解入門地球史がよくわかる本』川上紳一・東條文治著　秀和システム
『日本列島の誕生』平朝彦著　岩波新書
『日本列島の形成』平朝彦・中村一明編　岩波書店
『火山に強くなる本』下鶴大輔監修　山と渓谷社
『火山及び火山岩』久野久著　岩波全書
『地球は火山がつくった』鎌田浩毅著　岩波ジュニア新書
『火山はすごい』鎌田浩毅著　PHP新書
『日本の火成岩』　久城育夫・荒巻重雄・青木謙一郎編　岩波書店
『地震のすべてがわかる本』土井恵治著　成美堂出版
『地震防災の事典』岡田恒男・土岐憲三編　朝倉書店
『地震の基礎知識』鎌谷秀男・三枝省三　コロナ社
『地震・プレート・陸と海』深尾良夫著　岩波ジュニア新書
『山が楽しくなる地形と地学』広島三朗　山と渓谷社
『埼玉の自然をたずねて』堀口萬吉監修　築地書店
『自然景観の読み方8─日本列島の生い立ちを読む』齋藤靖二著　岩波書店
『自然景観の読み方5─平野と海岸を読む』貝塚爽平著　岩波書店
『大恐竜展』1998年（パンフレット）　国立科学博物館・読売新聞社主催
『日経サイエンス』2006年4月号、2006年2月号
『科学』第68巻第10号,1998　第68巻9号,1998　岩波書店
『月刊地球』号外24　海洋出版株式会社
『新しい高校地学の教科書』杵島正洋・松本直紀・左巻健男編著　講談社ブルーバックス
『新しい科学の教科書Ⅰ～Ⅲ』執筆代表左巻健男　文一総合出版
『高等学校地学Ⅰ・Ⅱ』啓林館
『高等学校地学Ⅰ・ⅠB』第一学習社
『新訂地学図解』監修小島丈兒　第一学習社
『ニューステージ新訂地学図表』浜島書店
『カラー版徹底図解 宇宙のしくみ』新星出版社
『カラー版徹底図解 気象・天気のしくみ』新星出版社

■**参考ホームページ**

ICS（International Commission on Stratigraphy）のホームページ
　http://www.stratigraphy.org/
気象庁・地震津波の知識のホームページ
　http://www.kishou.go.jp/know/jishin.html
国土地理院・四国地方測量部のホームページ
　http://www.gsi.go.jp/LOCAL/shikoku/index.htm
地震調査研究推進本部のホームページ
　http://www.jishin.go.jp/main/
防災科学技術研究所・強震ネットワークK-NETのホームページ
　http://www.kyoshin.bosai.go.jp/k-net/
防災科学技術研究所・高感度地震観測網のホームページ
　http://www.hinet.bosai.go.jp/
防災科学技術研究所・自然災害情報室のホームページ
　http://www.bosai.go.jp/library/bousai/manabou/index.htm
産業技術総合研究所・地質調査総合センターのホームページ
　http://www.gsj.jp/HomePageJP.html
産業技術総合研究所活断層研究センター・佐竹健治のホームページ
　http://staff.aist.go.jp/kenji.satake/index.html
東京大学地震研究所のホームページ
　http://www.eri.u-tokyo.ac.jp/Jhome.html
日本地震学会の広報誌「なゐふる」のホームページ
　http://wwwsoc.nii.ac.jp/ssj/naifuru/
神戸市教育委員会「神戸の大地のなりたちと自然の歴史」のホームページ
　http://www.kobe-c.ed.jp/shizen/strata/
米国地質調査所のホームページ　http://www.usgs.gov/
国立科学博物館「THE地震展」のホームページ
　http://www.kahaku.go.jp/special/past/earthquake/top.html
地質情報整備・活用機構のホームページ　http://www.gupi.jp/
海洋研究開発機構のホームページ　http://www.jamstec.go.jp/
東京工業大学地球惑星科学のホームページ　http://www.geo.titech.ac.jp/
地球科学技術総合推進機構のホームページ　http://www.aesto.or.jp/
日本地球惑星科学連合のホームページ　http://www.jpgu.org/

■**参考ソフトウェア**

『World Wind』（衛星画像を地球儀に表示）：NASA（フリーソフト）
『 EQLIST』（地震検索システム）：鎌田 輝男（フリーソフト）
『活断層詳細デジタルマップ』：中田高・今泉俊文（東京大学出版会）

■写真・資料協力
Wisdom96（ストロマトライトp.14）
NASA（衛星画像など多数）
大林政行・深尾良夫（地震波トモグラフィp.43）
JAMSTEC（熱水噴出口p.59）
平沢茂太郎（恐竜のイラストp.80-81）
埼玉県立本庄高校（化石・岩石）
宮嶋敏（溶岩、露頭など）
高木淳子（岩石）
鎌田輝夫（地震震源分布p.119）
気象庁（震度階級p.124-125、世界の地震分布p.129）
国土地理院（地形図p.157）
海洋研究開発機構（地球深部探査船「ちきゅう」p.166-167）
EUMETSAT（地球p.190）
三松正夫記念館（p196-197）
秋吉台科学博物館（p.197）
福井県立恐竜博物館（p.198）
神奈川県立生命の星・地球博物館（p.199）
竜泉新洞科学館（p.200）
天草私立御所浦白亜紀資料館（p.200）
阿蘇火山博物館（p.201）
斉木啓文（黒部渓谷・涸沢カールp.204-205）
アルピナ
PANA通信社

■校　閲	平賀章三	奈良教育大学教授	
■執　筆	宮嶋　敏	埼玉県立本庄高等学校教諭	
	中島　健	滋賀県立守山中学・高等学校教諭	
	芝川明義	大阪府立花園高等学校教諭	
	高木淳子	京都府立桂高等学校教諭	
	大木勇人	科学書・教科書／編集・執筆	

デザイン　　　　　インフォマップ
編集・レイアウト・DTP
　　　　　　　　　大木勇人
イラスト　　　　　（株）日本グラフィックス

	徹底図解　地球のしくみ	
編　者	新星出版社編集部	
発行者	富　永　靖　弘	
印刷所	慶昌堂印刷株式会社	

発行所　東京都台東区　株式　新星出版社
　　　　台東4丁目7　会社
〒110-0016　☎03(3831)0743　振替00140-1-72233
URL http://www.shin-sei.co.jp/

© SHINSEI Publishing Co., Ltd.　　　　Printed in Japan

ISBN978-4-405-10654-3